KB211333

빙허각 이씨 지음
윤 숙 자 엮음

우리 전통음식의 멋과 운치를 나에게 일깨워준

규합총서의 원저자 빙허각 이씨(憑虛閣李氏).

손끝에서 손끝으로 정성껏 우리 음식의 맥을 이어 온

우리네 어머니와 할머니, 그리고 우리 음식에 애착을 갖고 공부하는

이 땅의 모든 딸과 아들들에게 이 책을 바칩니다.

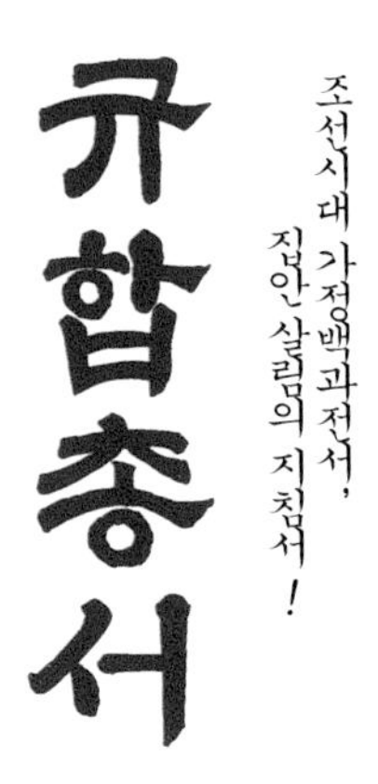

조선시대 가정백과전서,
집안 살림의 지침서!

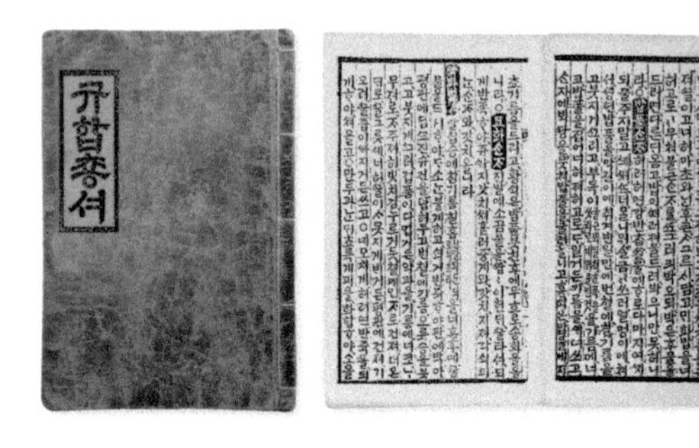

규합총서는 1809년 빙허각 이씨가 부녀자들을 위해 가정살림의 지침이 되는 일을 기록한 책으로, 당시 가정에서 부녀자들이 알아야 하고 행해야 할 집안 살림에 대한 내용이 상세하고 풍부하게 수록되어 있어, 조선시대 가정백과전서로 일컬어진다. 규합총서는 의식주를 비롯, 200여 년 전 당시의 생활규모와 정도, 수준 및 다양성 등 일상적인 삶의 모습을 엿볼 수 있어 조선시대 후기 생활문화를 연구하는 데 있어 매우 중요한 자료이다. 또한 순한글 고어체로 쓰인 이 책은 국어국문학적인 가치 또한 뛰어나다. 현재 필사본과 목판본으로 전해지는 규합총서는 3부 11책으로 된『빙허각전서(憑虛閣全書)』의 제1부로 모두 5책이었다고 한다. 그러나 원본 완질이 전해지지 않아 그 내용의 전모를 알 수 없으며 따라서 목록도 완전히 파악되지 않고 있는 상태이다.

『규합총서』의 내용은 주사의(酒食議), 봉임칙(縫姙測), 산가락(山家樂), 청낭결(青囊訣), 술수략(術數略) 등 5권으로 나누어 기술되어 있다.

권지일, 주사의(술과 음식)

술 빚기, 장 담그기, 초 빚는 법, 밥, 죽, 다품, 반찬 만들기, 떡, 과줄붙이 등

권지이, 봉임칙(바느질, 길쌈)

옷 만들기, 물들이기, 길쌈, 수놓기, 빨래하기, 향 만들기, 누에치기, 그릇 때우기 등

권지삼, 산가락(시골살림의 즐거움)

밭농사 짓기, 실과 따기, 꽃 기르기, 날씨 점치기, 가축 기르기 등 시골살림

권지사, 청낭결(병 다스리기)

태교, 아기 키우기, 구급방문, 벌레 없애기, 경험방 등

권지오, 술수략

집의 방향에 의해 길흉 가리는 법, 돌림병을 물리치는 법, 택일, 부적, 점 등

지은이 : 빙허각 이씨(憑虛閣李氏)

1759~1824년 (영조 35년~순조 24년)

전주 이씨로서 조선 영조 35(1759)년에 서울에서 태어났다. 아버지는 판돈령부사를 지낸 이창수이며 어머니는 『언문지(諺文志)』를 집필한 유희의 고모가 된다. 어릴 때부터 총명하여 15세 때부터 저술에 능하고 한문학에도 뛰어났다. 『규합총서』는 1809년, 51세 때 쓴 글. 학자인 서유본에게 출가하여, 5세 아래인 시숙 서유거(『임원경제지』의 저자)를 초년에 가르쳤으며, 학자인 남편과 '詩'를 주고받을 수 있을 정도로 학문이 깊고 명문장이었다.

남편 서유본, 시숙 서유거와 함께 실학자인 박연암, 정다산 등과 교분이 두터웠으며 실학적인 분위기를 가지고 있는 시댁의 학풍이 생활의 실용적인 내용을 우리 글로 담은 『규합총서』의 저술에 영향을 끼쳤을 것으로 보인다. 1824년, 66세로 세상을 떠났는데 이보다 2년 먼저 죽은 남편을 위해 '절명사(絕命詞)'를 짓고 모든 인사(人事)를 끊은 다음, 머리를 빗지 않고, 얼굴을 씻지 않고 자리에 누워 지낸 지 19개월 만에 남편의 뒤를 따랐다 한다.

빙허각의 저서로는 현재 『규합총서』만이 전해오고 있지만, 남편 서유본의 묘지명에 의하면 『빙허각시집』, 『청규박물지』 등이 더 있었다고 한다.

엮은이 : 윤숙자

現 사단법인 한국전통음식연구소 대표

배화여자대학교 전통조리학과 교수 / 숙명여자대학교 식품영양학과(석사) / 단국대학교 식품영양학과(박사) / 조리기능장 심사위원 / 대한민국 명장(조리부문) 심사위원 / '88 서울올림픽 급식전문위원 / '97 무주, 전주 동계유니버시아드 대회 급식전문위원 / '98 경주 한국의 전통주와 떡 축제 추진위원 / 전국조리학과 교수협의회 회장 역임 / 농림부 전통식품명인 심사위원 / 2000년 ASEM 식음료공급 자문위원회 위원 / 2005 APEC KOREA 정상회의 기념 궁중음식 특별전 개최 / 2007 UN본부 한국음식 축제 / 2007 남북 정상회담 만찬음식 총괄자문 / 2015 밀라노엑스포 한식테마행사 / 2016 한식재단 이사장 / 2018 평창동계올림픽 식음료 전문위원 / 2019 한·아세안 특별정상회의 자문위원/ 2019 민주평화통일 자문회의 상임위원

〈주요 저서〉

『한국전통음식(우리맛)』, 『한국의 저장발효음식』, 『전통건강음료』, 『Korean Traditional Desserts』, 『한국의 떡 · 한과 · 음청류』, 『우리의 부엌살림』, 『한국의 시절음식』, 『한국의 혼례음식』, 『떡이 있는 풍경』, 『장인들의 장맛, 손맛』 외 다수

조선시대 최고의 고조리서 『규합총서』의 개정2판을 내며

변하지 말아야 할 것

빙허각 이씨에 의해 써진『규합총서』가 세상에 나온 것이 1809년이니, 이제 이백여 년 가까운 세월의 문턱을 넘었습니다. 빙허각 이씨가 이 책을 저술한 당시와 지금은 너무도 많은 것이 변하였습니다. 음식을 만드는 재료가 변하고 도구가 바뀌고 방법이 변하였습니다. 사람이 변하고 시대가 변하고 입맛이 바뀌었습니다. 급속한 산업화와 도시화로 인한 생활양식의 변화는 외국의 식재료와 인스턴트식품과 간편한 조리법을 불러들였고, 이로 인해 우리의 전통음식은 차츰 자리를 내어주고 있습니다. 우리네 할머니, 어머니들이 음식에 쏟았던 그 정성마저도 사라져 가고 있습니다.

『규합총서』를 강의하고 연구하며 이 책을 접할 때마다 저는 우리나라 연인들의 멋과 운치, 정갈하고 맛깔스런 음식에 흐르는 정성을 느낄 수 있습니다. 삶을 대하는 지혜와 슬기를 배웁니다. 세상이 아무리 변해도 결코 변하지 말아야 할 것은 음식을 만드는 이의 마음가짐과 정성, 먹는 이를 배려하는 마음임을 이백 년 전에 써진『규합총서』를 읽으며 새삼 깨닫습니다.

전통음식에 생명을 불어넣는 작업

조선후기 집안생활의 지침서로 술과 음식, 바느질과 길쌈, 밭농사 짓기와 가축 기르기, 병 다스리기 등 다양한 생활의 지혜를 다루고 있는 이 책은 순한글 고어로 전해오는『규합총서』의 '권지일(卷之一) 주사의(酒食議)편'을 원문에 충실한 해석을 통해 140여 컷의 사진과 현대화한 레시피로 재현한 전통음식 연구서로서 전통음식과 문화를 연구하는 이들에게는 어두운 길을 헤쳐 나가는 등불과도 같은 소중한 책입니다.『규합총서』를 재현하면서 시대적인 차이로 인해 구하기 어려운 재료도 있었고 불과 이백여 년 전만 해도 이 땅에서 나고 자라던 재료들이 지금은 사라진 것에 대한 아쉬움도 컸습니다. 또한 너무도 간략한 서술과 지금과는 다른 계량단위로 레시피를 현대화하는 데 다소 어려움이 있었습니다. 그러나 우리네 할머니의 할머니쯤 되는 분들이 만들어 드시던 음식을 하나하나 재현하면서 재료 자체의 소중함도 알게 되었고 음식을 만드는 이의 정성뿐만 아니라 대접하는 사람을 얼마나 배려했는지를 몸소 느끼는 계기가 되었습니다.

밀실에서 광장으로, 전통의 우물에서 현실의 바다로

이 책을 펴내면서 정양완 여사의 보진재본『규합총서』를 많이 참고하였습니다. 여사는 글에서『규합총서』의 원본이 온전히 전하지 않는 것을 아쉬워하며 “이 작품이 지금은 어느 마을 뉘 댁 다락 속에 혹은 고서점의 책 더미 속에 파묻혀 있지나 않은지, 그러나 오히려 있어만 준다면 언제고 누구 손에 의해 세상의 빛을 볼 날이 있으리라.” 하셨습니다. 이렇게 빛을 보게 해주셔서 전공하는 학생들이나 연구하는 전문가들이 참고할 수 있게 해주신 정양완 여사께 감사의 인사를 드립니다.

이 책은 2003년 정월에 처음 나왔던 것을 2014년에 다시 연구하고 보완하여 더 좋은 책으로 선보였으며, 2019년 올해 각 음식에 수록되어 있는 원문의 필체를 현대인들이 읽기 좋게 바꾸어 편집하였습니다.
끝으로 이 책이 나오기까지 애써주신 백산출판사의 진욱상 회장님께 감사드립니다.

2019년 10월에

(사)한국전통음식연구소 대표 윤 숙 자

차례

제3부 장, 김치

제4부 생선불이, 고기반찬, 나무새

제5부 떡, 과줄

제6부 유밀과, 차

제7부 『규합총서 원문영인본』: 규합총서 권지일(卷之一) 주사의(酒食議) 305

이 책을 읽기 전에

1. 이 책은 빙허각 이씨 원저, 『규합총서』 제1권인 '권지일 주사의편'에서 현대에 재현이 가능한 음식을 중심으로 실었다.

2. 이 책은 1986년 '보진재'에서 펴낸 정양완 여사의 『규합총서(閨閤叢書)』와 2001년 '한국정신문화연구원'에서 펴낸 『閨閤叢書』를 주로 참고하였다.

3. 이 책은 총 7부로 구성되었는데,

- 제1부에서 6부까지는 『규합총서』 '권지일 주사의편'에서 총 138종의 음식을 골라 사진과 함께 재료, 만드는 법을 현대어로 재현하였으며 원문 영인도 덧붙였다.
- 제1부에서 6부까지 소개되는 음식마다 윤숙자 교수가 소장하고 있는 옛 부엌살림살이와 조리기구 등 전통음식과 관련된 도구들을 수록하였다.
- 제7부에는 『규합총서』 '권지일 주사의편'의 원문 영인을 수록하였다.

4. 이 책에 나오는 계량단위와 재료의 양은 아래를 기준으로 하였다.

- 1컵(cup) = 200cc = 약 13큰술(Table spoon)
- 1큰술(Table spoon)= 15cc = 3작은술(tea spoon)
- 1작은술(tea spoon) = 5cc
- 1주발 = 약 4컵 정도
- 1돈 = 3.75g
- 1냥 = 37.5g
- 1근 = 600g

- 1홉 = 200cc
- 5홉 = 小升 1되
- 10홉 = 大升 1되
- 1되 = 2,000cc = 2ℓ
- 1되 = 10홉
- 1말 = 10되 = 20ℓ = 16kg

- 한 자 길이 = 30.3cm
- 한 종주 = 한 종지
- 복자 = 기름, 술 등 액체를 뜨는 손잡이 달린 용기
  500mℓ = 1복자, 1ℓ(되·병) = 2복자
- 섬 = 메주나 누룩을 띄울 때 쓰는 볏섬
- 한 자밤 = 양념이나 나물 따위를 손가닥 끝으로 잡을 만한 분량

閨閤叢書

앵 병
병이라고 보기엔 목이 너무 짧은 형태의 앵병은 청주나 막걸리를 담아 보관하거나 가을철에 짠지를 담을 때 이용하는 질그릇이다.

구기자주 (枸杞子酒)

경월 샹인일의 뿔히를 키야 음건ᄒᆞ야 ᄒᆞᆫ근을 이월 샹묘일에 쳥쥬
ᄒᆞᆫ말의 담가 일에 되거든 즛긔업시 샹묘 일의 쳥쥬 ᄒᆞᆫ말의 담가 일에
되거든 즛긔없시 ᄒᆞ고 먹으되, 식후는 먹지 말고, ᄉᆞ월 샹ᄉᆞ일의
입흘 키야 오월 샹오일의 술의 담그기을 몬져 넙되로 ᄒᆞ야 먹고,
칠월 샹신일의 꼿칠 싸 팔월 샹유일의 젼법과 ᄀᆞᆺ치 ᄒᆞ야 먹고, 십
월 샹히일의 열미을 싸십일월 샹쟈(일)의 여법히 먹ᄂᆞ니,

재료 및 분량

- 구기자뿌리 한 근(600g)
- 청주 1말(18ℓ)

만드는 법

1 정월 첫 인일(호랑이날)에 뿌리를 캐어 그늘에 말려, 한 근을 이월 첫 묘일(토끼)에 청주 한 말에 담가 일주일 후에 찌꺼기를 걸러 내고 마신다. (식후에는 먹지 않는다)

2 사월 첫 사일(뱀)에 잎을 따서 오월 첫 오일(말)에 청주에 담가 일주일 후에 찌꺼기를 걸러 내고 마신다.

3 칠월 첫 신일(원숭이)에 꽃을 따서 팔월 첫 유일(닭)에 청주에 담가 일주일 후에 찌꺼기를 걸러 내고 마신다.

4 시월 첫 해일(돼지)에 열매를 따서 십일월 첫 자일(쥐)에 청주에 담가 일주일 후에 찌꺼기를 걸러 내고 마신다.

閨閤叢書

술 빚는 법

옹기장군
산간지방이나 고지대 사찰에서 장군을 등에 지고 다니면서 술이나 물 등을 운반, 저장하는 데 이용해 왔다.

오가피주(五加皮酒)

일명은 금영이오、일명은 문댱쵸니 우흐로 오차셩 졍긔을 응ᄒᆞᆫ
고로 닙히 오츈이니 고인의 왈、만일 ᄒᆞᆫ모슴 오가피을 어드면 옥이
슈레의 ᄀᆞ득ᄒᆞᆫ 거ᄉᆞᆯ 쓰지 아니리라 ᄒᆞ고、우왈 문장쵸로 슈을 하면
금이 키ᄒᆞ믈 니로디 못ᄒᆞ리라 ᄒᆞ니、

재료 및 분량

- 멥쌀 1kg • 누룩 300g • 물(가시오가피 끓인 물) 1.5ℓ
- 가시오가피 300g • 소주 2ℓ

만드는 법

1. 누룩은 잘게 부숴서 가루로 만든다.
2. 멥쌀은 하루 전날 깨끗이 씻어 물에 담갔다가 건져 물이 빠지면 고두밥을 지어 차게 식힌다.
3. 분량의 물을 넣어 가시오가피를 넣고 끓인다.
4. 고두밥과 가시오가피 끓인 물을 넣고 버무려서 항아리에 담는다.
5. 23~28℃ 되는 실내에서 2일 둔 다음 단맛이 들면 소주를 붓는다.
6. 7일 후 발효가 끝나 밥알이 뜨면 용수를 박아 채주한다.

✽ 20~25℃로 발효온도를 낮추면 양질의 술을 얻을 수 있다.
약재가 들어가서 구수하고 소주를 부어 알코올 도수가 높다.

주병
술병은 술의 등장과 함께 독 형태로 만들어져 사용되어 오다가, 가볍고 휴대가 편리한 형태의 술병이 만들어졌다.

도화주(桃花酒)

경월의 됴흔 ᄡᆞᆯ 두말 닷되를 ᄇᆡᆨ셰 작말ᄒᆞ고 물 두말 닷되를 ᄭᅳᆯ혀、
기야 어름ᄀᆞᆺ치 ᄎᆞᄒᆞ든 됴흔 누록ᄀᆞ로 ᄒᆞᆫ되、진말 ᄒᆞᆫ되 섯거 항의
너허 두엇다가 도화가 셩히 픠거든 ᄡᆞᆯ과 ᄎᆞᆯᄡᆞᆯ 각 서말을 ᄇᆡᆨ셰ᄒᆞ야
밤 재와 합ᄒᆞ야 ᄶᅵ고、물 늒두를 ᄭᅳᆯ혀 밥과 ᄒᆞᆫ가지로 ᄎᆡ와 도화 두
되를 몬져 독 밋히 너코 몬져 ᄒᆞᆫ 술밋ᄎᆡ 밥을 버무려 너흔 후 도화
가지 서너흘 그 가온ᄃᆡ 너허 ᄡᅳ라。

재료 및 분량

- 멥쌀 2½말 • 물 2½말 • 누룩가루 1되 • 밀가루 1되
- 멥쌀 3말 • 찹쌀 3말 • 물 6말 • 복사꽃 2되 • 복사가지 3~4개

만드는 법

1 정월에 멥쌀은 깨끗이 씻어 가루 내고, 물 2.5말을 끓여 멥쌀가루를 개어 얼음같이 차게 되면, 좋은 누룩가루 한 되와 밀가루 한 되를 섞어 항아리에 두었다가 복사꽃이 활짝 피면 멥쌀과 찹쌀을 깨끗이 씻어 하룻밤 담가 두었다가 섞어서 찐다.

2 물 여섯 말을 끓여 밥과 섞어 둔다.

3 복사꽃 두 되를 먼저 독 밑에 넣고, 해놓은 술밑에 밥을 버무려 넣은 후 복사가지 3~4개를 가운데 넣는다.

연잎주(蓮葉酒)

지승호리병
호리병은 술이나 물을 넣어 가지고 다니는 휴대용 병으로 오지나 백자, 나무의 속을 파서 만든다.

죠흔 ᄡᆞᆯ ᄇᆡᆨ셰ᄒᆞ야 ᄒᆞᆫ말 ᄃᆞᆷ가 경슉한 후 ᄶᅵ고, 됴흔 물 두병을 ᄭᅳᆯ혀
밥과 물이 어름ᄀᆞᆺ치 ᄎᆞ거든 ᄒᆞᆫᄃᆡ 석고 됴흔 누룩 칠홉을 셰말ᄒᆞ야
몬져 년닙흘 독속의 펴고 그 우희 밥을 너코 누룩 ᄲᅵ키를 켸켸 ᄶᅥᆨ
안치ᄃᆞᆺᄒᆞ야 ᄃᆞᆫ이 봉ᄒᆞ야 양괴 업ᄉᆞᆫ ᄎᆞᆫᄃᆡ 두어 낙히ᄃᆡ 일졀 ᄂᆞᆯ물
드리디 말고, 날 더우면 싀기 쉬오니,

재료 및 분량

• 멥쌀 1말 • 물 2병 • 누룩 7홉 • 연잎

만드는 법

1 좋은 쌀 한 말을 깨끗이 씻어 하룻밤 담가 두었다가 찐다.

2 물 두 병을 끓여 식혀서 식힌 밥에 섞는다.

3 누룩 7홉을 가루 내어 놓는다.

4 항아리에 연잎을 펴 담고, 그 위에 밥을 넣고 누룩가루를 켜켜로 뿌려 밀봉하여 그늘에서 익힌다.

5 날물이 들어가지 않도록 하고, 가을에 서늘한 후 서리 내리기 전, 잎이 마르기 전에 빚으면 향이 좋고 오래 두어도 상하지 않는다. 술을 담근 후 좋은 술을 부어도 향과 맛이 변하지 않는다.

두견주(杜鵑酒)

주병
술병 중에서 넓고 긴 목이 수직으로 달려 있고 입구가 넓은 술병을 '광구병(鑛口甁)'이라고 한다.

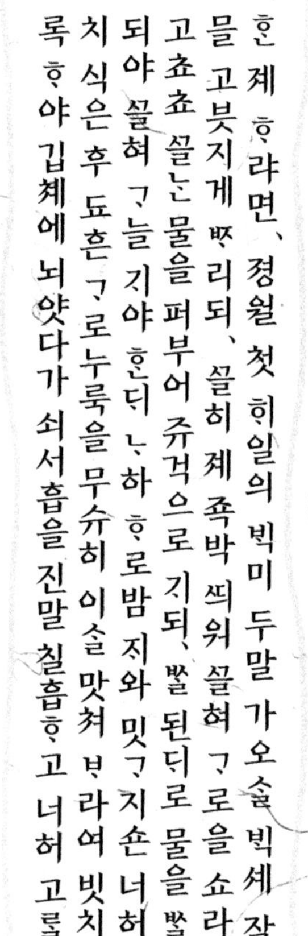

ᄒᆞᆫ졔 ᄒᆞ랴면、졍월 첫 ᄒᆡ일의 ᄇᆡᆨ미 두말 가오술 ᄇᆡᆨ셰 작말ᄒᆞ야、
믈 고븟지게 ᄲᅥ리되、ᄡᆞᆯ히 졔 족박 ᄡᅴ워 ᄡᆞᆯ혀 ᄀᆞ로을 쇼라의 담고、
고쵸쵸 ᄡᆞᆯᄂᆞᆫ 물을 퍼부어 쥬걱으로 ᄀᆡ되、ᄲᆞᆯ된ᄃᆡ로 물을 ᄲᆞᆯ 슈ᄃᆡ로
되야 ᄡᆞᆯ혀 ᄀᆞ늘 ᄀᆡ야 ᄒᆞᆫᄃᆡ ᄂᆞ하 ᄒᆞ로밤 지와 밋ᄀᆞ지 쵼 너허 어롬ᄀᆺ
치 식은 후 됴흔 ᄀᆞ로누룩을 무슈히 이술 맛쳐 ᄇᆞ라여 빗치 뵈희도
록ᄒᆞ야 깁쳬에 뇌얏다가 쇠서홉을 진말 칠홉ᄒᆞ고 너허 고롤 범무려

재료 및 분량

• 멥쌀 2½말 가루낸다 • 끓는 물 쌀가루와 동량 • 누룩가루 1되 3홉
• 밀가루 7홉 • 멥쌀 3말 • 찹쌀 3말 • 진달래꽃 1말

만드는 법

1. 정월 첫 해일에 백미 2말 반을 깨끗이 씻어 가루 내고 물을 팔팔 끓여 가루에 부어 고루 저어 갠 다음 물 두 말 반을 넣고 끓여 차게 식힌다.
2. 가루 누룩을 잘 말려 빛이 뽀얗게 하여 고운체에 내려서 1되 3홉을 준비하고 밀가루 7홉을 넣어 고루 버무린다.
3. 삼월에 진달래가 활짝 피면 백미 세 말과 찹쌀 세 말을 깨끗이 씻어 담갔다가 다시 맑은 물에 헹구어 건져 메밥에는 물을 흠뻑 주어 지에밥을 찌고, 찹쌀을 한 말에 물 한두 되 정도 뿌려 주어 오래 쪄서 바로 헤쳐 식힌다.
4. 멥쌀은 그릇에 펴 놓고, 나머지 물을 넣어 폭폭 끓였다가 넓은 질그릇에 물 두세 박을 펴 헤쳐서 덮어둔다.
5. 지에밥이 충분히 불면 고루 헤쳐 차갑게 식혀서 술밑을 내어 메밥과 찰밥을 각각 그릇에 버무린다.
6. 항아리에 메밥 한 켜, 찰밥 한 켜, 꽃 한 켜 놓고 맨 위에 메밥 버무린 것을 덮는다.
7. 진달래는 꽃술 없이 깨끗이 다듬어 술 한 말 넣는다. 진달래는 켜켜로 가운데 넣었다가 2주나 3주 후 내려앉으면 익은 것이다.

이형귀땡동이
몸체의 어깨 또는 바닥 부분에 귀때를 붙였다. 술을 거를 때 쳇도리를 쓰지 않고 다른 그릇에 바로 옮겨 담을 수 있다.

소국주 (小麯酒)

졍월 첫 ᄒᆡ일의 닝슈 여ᄃᆞᆲ되을 항의 붓고 됴흔 섬누룩을 칠홉을
믈의 담가다가 누록 담근 ᄉᆞ흘만의 누록을 졔 믈 죄죄걸너 쳬예
밧고、ᄇᆡᆨ미 닷되을 ᄇᆡᆨ셰 작말ᄒᆞ야、힌 물리 썩 숀김 뵈지 말고 쪄、
더온김의 막 김 ᄂᆞᆫ 거ᄉᆞᆯ 슬슬 펴 누록 거른 믈의 프러너헛다가
ᄉᆞ흘만의 동도지로 프러지도록 져어 ᄎᆞ게 덥퍼 두엇다가、이월
즈음 마ᄉᆞᆯ 보아 달콤 빨ᄉᆞᆯᄒᆞ거든 ᄇᆡᆨ미 ᄒᆞᆫ말 ᄇᆡᆨ셰ᄒᆞ야 ᄒᆞ로밤

재료 및 분량

- 멥쌀 5되 가루낸다(흰무리떡) • 냉수 8되
- 섬누룩(밀기울 섞인 누룩) 7홉
- 동쪽으로 뻗은 복사가지 • 멥쌀 1말(늘어지게 찐 것)

만드는 법

1 정월 첫 해일에 냉수 8되를 항아리에 붓고, 섬누룩 7홉을 물에 담갔다가 3일 후 걸러 체에 밭친다.

2 멥쌀을 깨끗이 씻어 가루를 내어 백설기로 찌고 헤쳐, 누룩 거른 물에 풀어 넣었다가 3일 후에 동쪽으로 뻗은 복사가지로 풀어지도록 저어 차게 덮어둔다.

3 2월쯤 맛을 보아 달콤 쌉싸름하면 백미를 씻어 담갔다가 지에밥을 찌는데, 물 7 ~ 8되를 고루 뿌려 푹 쪄내고 더울 때 술밑에 넣고 동쪽으로 뻗은 복사가지로 고루 풀리게 저어 두었다가 3주 만에 말긋말긋 앉거든 떠서 쓴다.

閨閤叢書

술 빚는 법

술잔
술을 따라 마시는 그릇으로 잔, 주배(酒杯)라고도 한다.

과하주 (過夏酒)

츈하간의 빅미 두되나 ᄒᆞᆫ되나 작말ᄒᆞ야 범벅ᄀᆡ야 염네업시 선늘리 식거든 ᄀᆞ로 누록 너허 방문쥬쳐로 쳐 너헛다가 마시 뼈지거든 졈미 ᄒᆞᆫ말 지에 쪄 쇽쇽드리 식여 선늘ᄒᆞ거든 그 밋치 범믈여두어다가 마시 뼈진 후 쇼쥬를 고아 부어다가 칠일만의 쇼쥬이십복ᄌᆞ식 부으라。

재료 및 분량

• 백미 1~2되 • 누룩가루 • 찹쌀 1말 • 소주

만드는 법

1 봄과 여름 사이에 백미 두 되나 한 되를 가루 내어 풀같이 되게 쑤어 서늘하게 식으면 가루 누룩을 넣어 밑술을 만든다.

2 맛이 써지면 찹쌀 한 말을 지에밥으로 쪄서 완전히 식혀 차가워지면 술밑에 버무려 두었다가 맛이 써지면 소주를 고아 붓고 일주일 후 소주 20복자를 붓는다.

✽ 술 빚기 좋은 날

정묘(丁卯), 경오(庚午), 계미(癸未)
갑오(甲午), 을미(乙未), 춘저(春氐)
하항(夏亢), 추규(秋奎), 동위(冬危)

감향주 (甘香酒)

누룩고리
술의 주원료인 누룩을 성형하기 위한 용기로 누륵틀이라고도 한다.

졈미 ᄉᆞ승 졍히 ᄡᆞᆯ허 빅셰ᄒᆞ야 ᄃᆞᆷ갓다가 작말ᄒᆞ야 겁체예 쳐、그 젼
의 누록 별로 죠흔 거ᄉᆞᆯ 이ᄉᆞᆯ 맛쳐 여러날 바라、셰말ᄒᆞ야 깁체예 깁
체예 뇌야 ᄎᆞᆯᄡᆞᆯᄀᆞᄅᆞᆯ 구무떡 민ᄃᆞ라 ᄯᅳ도록 ᄶᅵ ᄉᆞᆯ마 푼ᄌᆞᄀᆞᆺ흔ᄃᆡ 더운
김의 ᄃᆞᆷ고、국말 ᄒᆞᆫ되를 너허 술노 ᄭᅩ아리 닉도록 져어 화합ᄒᆞ야 듯
거온 죠흐로 ᄃᆞᆫᄃᆞᆫ 부치고 그로ᄉᆞᆯ 덥허 더온ᄃᆡ 노코 듯거나 덥허

 재료 및 분량

• 찹쌀 4되 가루낸다 • 누룩 가루 1되 • 찹쌀 1말

만드는 법

1 누룩은 가루 내어놓고, 찹쌀은 깨끗이 씻어 물에 담갔다가 가루 내어 고운체에 내린 후 구멍떡을 만들어 그릇에 담는다.

2 누룩가루 한 되를 넣어 꽈리가 일도록 저어 섞어 두꺼운 종이로 단단히 붙이고 뚜껑을 덮어 더운 데 놓는다.

3 3일 후 꿀처럼 단맛이 나면 찹쌀 한 말을 깨끗이 씻어 하룻밤 담갔다가 쪄서 1에 넣어 버무린 다음 항아리에 넣고 단단히 봉하여 더운 데 놓아둔다.

4 단맛이 나면 즉시 내어 서늘한 데 두어 3주 후 마시면 맛있다.

✽ 구멍떡은
찹쌀가루에 끓는 물을 넣고 익반죽하여 도넛 모양으로 만들어 삶은 떡이다.

누룩고리
누룩고리는 나무와 짚을 이용해 만든 것이 주류를 이루는데, 대리석을 깎아 만든 석물과 쇠를 녹여 만든 주물형태의 것도 있다.

송절주(松節酒)

빅미 닷되 빅셰ᄒᆞ야 ᄃᆞᆷ갓다가 작말ᄒᆞ야 ᄲᆞᆯ된 되로 믈 닷되을 ᄭᅳᆯ혀 ᄀᆡ야 어름ᄀᆞᆺ치 ᄎᆞᆫ 후 국말 일승진말 칠홉 너허 범므려 ᄃᆞᆫᄃᆞᆫ이 ᄆᆡ야 블한블열ᄒᆞᆫᄃᆡ 두엇다가 숑졀 두 말을 졍히 ᄡᅵ긔 믈을 부어 진히 고아 ᄎᆡ오고、일견의 빅미 오승 졈미 일두을 빅셰ᄒᆞ야 믈의 담갓다가 각각 지예를 ᄶᅵ되、ᄲᆞᆯ 되로 숑졀 고은물 두믈을 되야 뫼밥의ᄂᆞᆫ 그물을 무슈히 쥬어가며 희스이 ᄶᅵᄂᆡ여 어름ᄀᆞᆺ치 ᄎᆞᆫ 후、

 재료 및 분량

- 멥쌀 5되 • 물 5되 • 누룩가루 1되 • 밀가루 7홉
- 찹쌀 1말+멥쌀 5되 • 소나무 마디 2말

 만드는 법

1 멥쌀 5되를 깨끗이 씻어 담갔다가 가루를 낸다.

2 물 5되를 끓여 개어 차게 식힌 뒤 누룩가루 한 되, 밀가루 7홉을 넣고 버무려 단단히 매어 서늘한 곳에 둔다.

3 소나무마디 두 말을 깨끗이 씻어 물을 부어 진하게 고아 채우고, 멥쌀 5되와 찹쌀 한 말을 깨끗이 씻어 물에 담갔다가 지에밥을 찌되, 소나무마디 고은 물 두 말을 메밥에 주어 가며 푹 쪄내어 차게 식힌 후 술밑을 고루 섞어 소나무마디 달인 건지를 항아리 밑에 넣는다.

4 메밥 버무린 것을 밑에 넣고 찰밥은 위에 넣어 굳게 매어 온도를 잘 맞추어 익힌다.

✽ 가을에는 국화를 위에 넣고, 봄에는 진달래를 넣고, 겨울에는 유자 껍질을 담그지 말고 위에 달아 익히면 향기가 좋다.

송순주 (松荀酒)

소줏고리
술밑을 무쇠솥에 넣고 끓여서 증발해 오른 알코올 성분을 식혀서 흘러내리게 하는 일종의 증류기이다.

ᄒᆞᆫ 말 ᄒᆞ라면 뫼ᄲᆞᆯ 두되 옥ᄀᆞᆺ치 ᄲᆞᆯ허 ᄇᆡᆨ셰ᄒᆞ야 ᄃᆞᆷ가 이튼날 작말 ᄒᆞ야 ᄀᆞ늘게 체 됴흔 국말 ᄒᆞᆫ되 섯거 의이만치 ᄀᆞᆯ느로 뿌어 누록 합ᄒᆞ야 너헛다가 ᄉᆞ오일만의 졈미 일두 졍히 ᄲᆞᆯ허 지예 ᄯᅵ어 룸ᄀᆞᆺ 치 ᄎᆞᆫ후 그젼 숑순 ᄒᆞᆫ말 슈염업시 ᄒᆞᆫ 거 잠간 숄마 역ᄎᆞ온후 술밋 출 ᄀᆞ는 체예 걸너 밥을 고로로 섯거 마진항의 ᄒᆞᆫ 켸식 밥과 숑순 을 쩍 안치듯 ᄎᆞ례로 연ᄒᆞ여 너코 ᄃᆞᆫᄃᆞᆫ히 ᄆᆡ야 불한불열ᄒᆞᆫᄃᆡ

 재료 및 분량

- 솔순 250g • 멥쌀 1kg • 누룩가루 500g • 찹쌀 4kg
- 백소주 5ℓ • 물 4ℓ

 만드는 법

1 멥쌀을 깨끗이 씻어 물에 담갔다가 다음날 가루 낸 다음 물 4ℓ를 넣고 의이처럼 죽을 쑤어 식힌다.

2 식힌 죽에 고운체에 내린 누룩가루를 섞어 밑술을 담아 놓는다.

3 4~5일 후에 찹쌀 한 말을 깨끗이 씻어 불려 찜기에 지에밥을 쪄서 차게 식힌다.

4 밑술을 가는 체에 걸러 밥을 고루 섞어 항아리에 밥과 솔순을 한 켜씩 차례로 넣고 단단히 매어 덧술을 담아 서늘한 곳에 둔다.

5 7일 후 독한 백소주를 부어 익은 후 쓴다.

✽ 솔순을 깨끗이 씻어 살짝 삶아 솔향이 가시지 않게 하고, 밥과 솔순은 차게 식은 뒤에 넣는다.
여러 말 양을 많이 하려면 쌀, 누룩, 솔순, 소주를 2배로 쓴다.

한산춘(韓山春)

술자루
술을 빚을 때, 또는 술을 걸러 낼 때 주원료인 술밥과 누룩, 술바탕을 담는 자루이다.

졈미 일두을 빅셰ᄒᆞ야 ᄃᆞᆷ가다가 뻐 어룸ᄀᆞᆺ치 식은 후 됴흔 누록
무슈히 바라여 칠흡을 끌힌 믈에 담가 일야 디닌 후、명지쥬ᄃᆡ에
너허 녹말 ᄂᆡᄃᆞᆺ 죄 ᄂᆡ여、밥을 범머리되、항의 너허 ᄌᆞ즈을ᄒᆞᆯ 만치
믈을 ᄌᆞᆸ고、실빅ᄌᆞ 오흡 이삼편의 버히고 호쵸 ᄒᆞᆫ돈 굵게 작말ᄒᆞ
야 모시 쥼치예 너허 부리 막고、육후ᄒᆞᆫ ᄃᆡ조 삼칠기와 ᄒᆞᆫ가지로
너흐ᄃᆡ 호쵸쥼치ᄂᆞᆫ 밋히 너코 밥과 다뭇 빅ᄌᆞ ᄃᆡ쵸ᄂᆞᆫ 켸켸너허、

 재료 및 분량

- 찹쌀 1말 • 누룩 7홉 • 잣 5홉 • 후추 1돈
- 살찐 대추 21개 • 백소주 7복자

만드는 법

1 찹쌀 한 말을 깨끗이 씻어 담갔다가 쪄서 차게 식힌다.

2 좋은 누룩 7홉을 잘 말려 끓인 물에 담가 하룻밤 지낸 후 명주 술자루에 넣어 녹말 내듯 하여 밥을 버무리되 항아리에 넣어 자작자작할 만큼 물을 넣는다.

3 잣 5홉을 이등분하고 후추 1돈을 굵게 갈아 모시 주머니에 넣어 부리를 막는다.

4 살찐 대추 21개와 합하여 넣되, 후추주머니는 밑에 넣고, 밥과 잣, 대추는 켜켜로 넣어 항아리 부리를 두꺼운 종이로 단단히 맨다.

5 또 쟁반이나 항아리 뚜껑, 유기로 눌러 덮어 서늘한 곳에 두어 3일 후 쓴맛이 적고 달거든 감렬한 백소주 7복자를 부어 6~7일 숙성시킨다.

閨閤叢書

술 빚는 법

삼일주(三日酒)

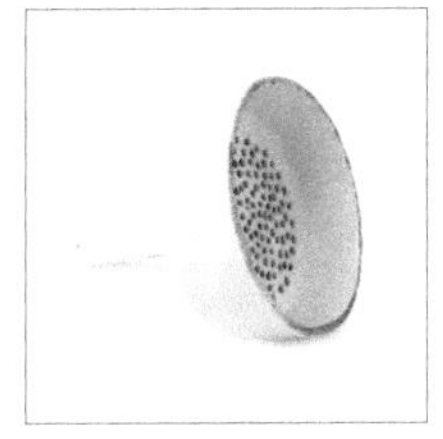

쳇도리
술이나 참기름 등의 액체를 주둥이가 좁은 그릇에 옮겨 담기에 편리하도록 만든 용구로 밑에 작은 구멍이 뚫려 있으며 '깔때기'라고도 한다.

겨을의ᄂᆞᆫ 정화슈오、녀름의ᄂᆞᆫ 쓸힌 물 치와 ᄒᆞᆫ말의 누룩ᄀᆞ로 두 되을 석거 항쇽의 너코、빅미 ᄒᆞᆫ말 빅세ᄒᆞ야 쥭 쑤어 다ᄅᆞᆫ 누룩 석디 말고、그 누록 ᄐᆞᆫ 물의 석거 삼일만의 청쥬가 되ᄂᆞ니라。

재료 및 분량

• 물 1말 • 누룩가루 2되 • 멥쌀 1말

만드는 법

1 물 한 말에 누룩가루 두 되를 섞어 항아리 속에 넣는다.
2 멥쌀 한 말을 깨끗이 씻어 죽을 쑨다.
3 누룩가루 탄 물에 죽을 넣어 익히면 사흘 만에 맑은 술이 된다.

✽ 예전에는 1일주와 3일주 등 급히 담가 먹는 술이 있었다.

체 판
체를 받치는 판으로 '술거르개'라고도 하며 체를 이용하여 술이나 간장을 거를 때 사용한다.

일일주 (一日酒)

겸미 두 되、 믉도 되도 아니케 죽을 쑤어 누록세말 닷홉을 석거 항의 담고、 ᄃᆡ로 젓기를 두어시만 ᄒᆞ면 거품이 일거시니、 직시 항 부리을 둣거이 ᄆᆡ야 ᄃᆞᄉᆞᄒᆞᆫᄃᆡ 두면 젼녁의 술이 되야 극히 청녈ᄒᆞ고 또 ᄀᆞ야미가 우희 쓰ᄂᆞ니라。

 재료 및 분량

- 찹쌀 2되 • 누룩가루 5홉 • 대나무

 만드는 법

1 찹쌀 두 되를 죽을 쑤어 고운 누룩가루 5홉을 섞어 항아리에 담고, 대나무로 2시간 정도 저어 준다.

2 거품이 일면 즉시 항아리 부리를 두껍게 매어 따뜻한 곳에 두면 저녁에 술이 되니 매우 맛있고 개미처럼 위에 뜨게 된다.

✽ 술이 더디 익으면 좋은 술을 항아리 가운데 조금 부으면 즉시 익는다.
술에 가지나무 재가 들어가면 변하여 물이 된다.

閨閤叢書

술 빚는 법

술춘
입구가 좁고 목이 짧은 반면 어깨는 밋밋하다. 주로 오지그릇이 사용되었으며 술 이름을 새기기도 했다.

방문주(方文酒)

ᄇᆡᆨ미 ᄒᆞᆫ 말、ᄇᆡᆨ셰ᄒᆞ여 ᄀᆞ로 ᄆᆞᆫ드러 되드리 그ᄅᆞᄉᆞ로 물 말 두 되
만 ᄭᅳᆯ이다가 ᄎᆡ여 ᄉᆞᄂᆞᆯ케 시겨、누록되 서홉만 너허 밋ᄒᆞ여 두엇
다가、칠일후 믉거든、ᄇᆡᆨ미 두 말 ᄃᆞᆷ갓다가 지예 닉게 ᄧᅧ、물 되
드리로 스물만 ᄭᅳᆯ혀 그 밥을 반동히 ᄀᆞᆺ튼ᄃᆡ 담고、ᄭᅳᆯ힌 물부어
두엇다가 밥의 다 들거든 헤쳐 ᄉᆞᄂᆞᆯ케 시겨 그밋히 버무려 너헛
다가 두 닐에 지난 후 쁜다 ᄒᆞ여도、블 드리미러 보아서

 재료 및 분량

- 멥쌀 3말 • 물 1말 22되 • 누룩 1되 3홉

만드는 법

1 멥쌀 한 말을 깨끗이 씻어 가루를 내어 물 한 말 두 되를 끓여 차게 식혀 누룩 한 되 3홉을 넣어 술밑을 만든다.

2 7일 후 멀겋게 되면 멥쌀 두 말을 담갔다가 찌고, 물 20되를 끓여 그 밥을 큰 그릇에 담고 끓인 물을 붓는다.

3 물이 밥에 다 스며들면 헤져서 차게 식혀 그릇 밑에 술밑과 함께 버무려 두었다가 2주 후에 쓴다.

4 불을 켜 보아서 꺼지지 않으면 완성된 것이니 써라.

✽ 술 마신 뒤에 먹어서는 안 될 음식

- 막걸리 먹고 국수를 먹으면 기운이 없어지고, 취한 뒤에 바람 부는 곳에 누워 있으면 하초(下焦)가 잘못된다.
- 홍시, 황률, 살구씨, 버찌, 조기 등의 음식은 상극이다.

주전자
주로 술이나 차를 담는 데 사용되는 용기로서 재질에 따라 놋쇠, 자기, 오지, 사기, 백동, 청동 주전자 등이 있다.

녹파주(綠波酒)

빅미 서 되 ᄀᆞ로 ᄒᆞ여、되 드리로 믈 열만 ᄭᅳᆯ혀 의이쳐로 뿌워、ᄉᆞ늘케 식여、누록 칠홉만 섯거 너헛다가 묽거든、졈미 ᄒᆞᆫ 말 ᄃᆞᆷ갓다가 지예 믈 주어 닉게 쪄 ᄉᆞ늘케 시겨 버무려 너헛다가 두일에 후、블 혀보아 써지지 아니ᄒᆞᄂᆞᆫᄃᆡ로 뻐라。이ᄃᆡ로 느려 비ᄌᆞ려면 아모만 인들 못느리랴。

재료 및 분량

• 멥쌀 3되 • 물 10되 • 누룩 7홉 • 찹쌀 1말

만드는 법

1 멥쌀 3되를 가루 내어 물 10되를 끓여 의이처럼 쑤어 차게 식힌다.

2 누룩 7홉을 섞어 넣었다가 묽어지거든 찹쌀 한 말을 담갔다가 지에밥을 쪄 차게 식혀 버무려 넣는다.

3 2주 후 불을 켜 보아 꺼지지 않으면 다 된 것이다.

✽ 술 마신 뒤에 먹어서는 안 될 음식

• 술 마신 뒤에 아무리 목마르더라도 찬물은 먹지 말아야 하는 것이니, 찬 기운이 방광에 들어가면 수종, 치질, 소갈증이 생긴다.

오종주방문(五鍾酒方文)

용수
맑은 술을 거르는 데 사용하는 기구이다. 주로 대나무나 싸리를 이용, 둥글고 긴 원통형의 바구니처럼 만든다.

환졔을 ᄒᆞ랴 ᄒᆞ면、찹ᄡᆞᆯ ᄒᆞᆫ 말、가로 누록 ᄒᆞᆫ 되、찹ᄡᆞᆯ ᄡᅳ러 담ᄂᆞᆫ 날、누록 물의 담갓다、찰밥 지어 서늘허게 시켜 누록 담은 물、체의 걸너 찰밥의 범무려 너어、ᄉᆞᆷ일이 되면、비틀달곰ᄒᆞᆫ 마시 들거든、쇼쥬 ᄉᆞ십오 복ᄌᆞ을 부어、일칠일 즈음 되면、밥앙이 쓸어 오르ᄂᆞ니、일칠일이고 이칠일이고 쇼쥬와 빗치 각각 나지 아니ᄒᆞ고 마시 어울거든 써 먹으면 됴흔이라。

재료 및 분량

• 찹쌀 1.4kg • 누룩가루 160g • 소주 2ℓ •통후추 1t(3g) • 계피 3g
• 잣가루 1t(3g) • 생강 3g • 대추 ½컵 • 물 4컵

만드는 법

1 찹쌀은 밥을 지어 차게 식혀 누룩 담근 물을 체에 걸러 찰밥에 버무려 넣는다.

2 3일 후 달콤한 맛이 나면 소주를 붓는다.

3 1주일 후 밥알이 끓어 떠오르면 소주와 빛이 각각 나지 않고 맛이 어울리거든 먹을 수 있다.

4 후추, 계피, 잣은 가루로 만들어 베주머니에 넣고, 생강은 두드려 넣고, 대추는 깨끗이 씻어 넣는다.

✻ • 여름이라도 소주를 부어 더운 데 덮어 두면 쉽게 된다.
• 복자 : 기름, 술 등 액체를 뜨는 손잡이 달린 용기
500mℓ = 1복자　2ℓ = 4복자

밥, 죽

閨閣叢書

청화백자석류문주발
주발은 남자의 밥그릇을 말한다. 그릇의 형태는 아래가 좁고 위는 차츰 넓어지며 뚜껑을 덮게 되어 있고 주로 유기나 사기로 만든다.

팥물밥

됴흔 젹두를 왼이로 진히 살마、 그 폿찬 건지고 됴흔 ᄡᆞᆯ노
밥을 지으면 마시 ᄌᆞ별ᄒᆞ니라。

 재료 및 분량

• 붉은 팥 2컵 • 멥쌀 4컵

 만드는 법

1 원료가 좋은 붉은 팥을 통째로 진하게 삶아 그 팥은 건지고, 팥물에 좋은 쌀로 밥을 지으면 맛이 별스럽게도 좋다.

✽ 팥 삶는 법은

• 팥을 깨끗이 씻어 일어 물을 붓고 3~4분 정도 끓으면 팥물을 따라내고 다시 물을 부어 삶는다.

오곡밥 (五穀飯)

유기주발
유기로 만든 주발. 그릇의 형태는 아래가 좁고 위는 차츰 넓어지며 뚜껑을 덮게 되어 있다.

졈미·출슈슈·왼퐃가두되、쳥양미ᄒᆞᆫ되、됴흔블콩닷홉·
왼ᄃᆡ쵸ᄒᆞᆫ되화합ᄒᆞ야작반ᄒᆞ면감향ᄒᆞ니、만히지으량이면
님의동작ᄒᆞ라。

 재료 및 분량

- 찹쌀 2컵 • 찰수수 1컵 • 통팥 ½컵 • 차조 1컵
- 검은콩 ½컵 • 통대추 1컵 • 소금 1작은술

 만드는 법

1 찹쌀, 찰수수, 검은콩은 깨끗이 씻어서 30분 정도 불린다

2 통팥은 한번 삶아 첫물은 버리고 살짝 익힌다.

3 차조는 깨끗이 씻어 일어 건진다.

4 대추는 면포로 깨끗이 닦아 돌려깎기해서 4등분한다.

5 모든 재료를 섞어서 솥에 안친 후 밥물에 소금을 풀어넣고 밥을 짓는다.

약밥(藥飯)

유기합
국수장국, 떡국, 밥, 약식 등을 담는 그릇으로 속이 깊고 입구에서 바닥까지 직선 형태이며, 뚜껑이 있고 놋쇠로 만든다.

ᄎᆞᆯᄡᆞᆯ ᄒᆞᆫ 말이여든、육후ᄒᆞᆫ ᄃᆡ쵸 ᄒᆞᆫ 말、밤ᄒᆞᆫ 말 ᄒᆞᆫ 되、ᄃᆡ쵸ᄂᆞᆫ ᄒᆞ나흘
서너 조각식 ᄇᆞ르고、밤은 세족식 ᄂᆡᆫ 후、ᄡᆞᆯ을 너모 오ᄅᆡ ᄃᆞᆷ그면
브러 됴치 아니ᄒᆞ니、반날만 ᄃᆞᆷ가 너모희 ᄣᅵ디 말고、ᄡᆞᆯ알이 닉거
든 즉시 ᄂᆡ여 더온 김의 죠·뉼 석고、황쳥 ᄒᆞᆫ 쥬발、기름 ᄒᆞᆫ 되、진
ᄒᆞᆫ 지령 ᄒᆞᆫ 죵ᄌᆞ 쳐 고로로 석거 실ᄂᆡ 안치ᄃᆡ、밤·ᄃᆡ쵸를 남겻다
가ᄉᆞ 얼얼 ᄲᅮ려 안치고 ᄎᆞᆯᄀᆡ를 우흘 덥허 ᄶᅵ면 상업시 검븕ᄂᆞ니라。

 재료 및 분량

- 찹쌀 1되(800g) • 대추 1되 • 밤 1되
- 꿀 ½컵 • 참기름 3큰술 • 진간장 4큰술

만드는 법

1 찹쌀 한 말이거든 대추 한 말, 밤 한 말 하되 대추는 씨 바르고 하나를 서너 조각씩, 밤은 세 쪽 낸다.

2 쌀은 3시간 정도 담가 두었다가 소쿠리에 건져 시루에 찐다.

3 너무 오래 찌지 말고 쌀알이 익거든 즉시 내어 더운 김에 대추, 밤 섞고 꿀 한 주발, 참기름 한 되, 진간장 한 종지 쳐서 고루 섞어 시루에 안치되 밤, 대추를 남겼다가 사이사이 뿌려 안친다.

✱ • 쌀을 너무 오래 담그면 밥알이 힘이 없고 찰지지가 않으니 조심한다. 불린 쌀을 찔 때 40분 정도 찌다가 소금물을 뿌린 후 20분 정도 더 찐다.

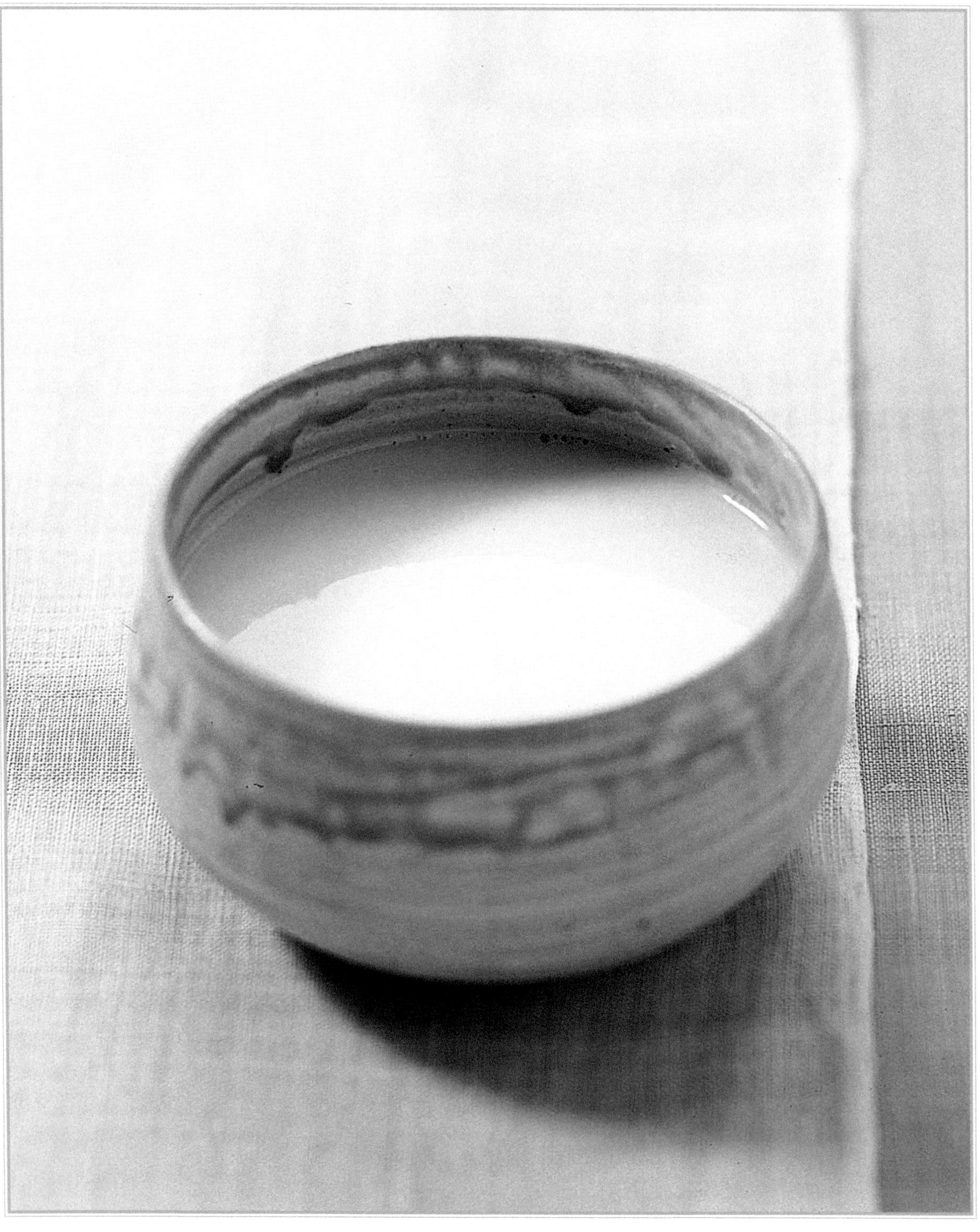

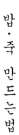

우유죽 (駝酪粥)

유기바리
바리는 여자용 밥그릇으로 입구보다 가운데 부분과 바닥 부분이 둥근 곡선의 형태를 이루며 뚜껑이 있다.

ᄡᆞᆯ을 ᄃᆞᆷ가다가 무리을 졍히 ᄀᆞ라 바치고、 ᄉᆡᆼ우유가 ᄒᆞᆫ사발이면、 무리ᄂᆞᆫ 잠간 젹게 ᄒᆞ야、 묽고 되기ᄂᆞᆫ 잣죽 무리심만치 ᄒᆞ야、 몬져 ᄡᅮ다가、 반만 닉고져 ᄒᆞ거든、 우유을 부어 화합ᄒᆞ야 ᄡᅮ나니、 이거시 ᄂᆡ국 타락법이니라。

재료 및 분량

- 생우유 3컵 • 물 3컵 • 소금 1t • 불린 쌀 1컵

 만드는 법

1 쌀을 불려 분량의 물에 곱게 갈아 밭친다.
2 냄비에 쌀 갈아 밭친 물을 넣고 먼저 쑤다가 반쯤 익으면 우유를 부어 섞어 끓인다.
3 죽을 넘치지 않게 조심해서 쑨다.

* • 무리 : 물에 불린 쌀을 물과 함께 맷돌에 갈아 체에 밭쳐 가라앉힌 앙금.
  • 궁중의 내의원에서 끓이던 우유죽법이다.

우분죽 (藕粉粥)

대접
대접은 대체로 입구의 지름이 넓고 바닥은 지름보다 좁으며 그 사이가 부드러운 곡선으로 되어 있다.

ᄡᆞᆯ을 ᄃᆞᆷ가다가 무리을 졍히 ᄀᆞ라 바치고, ᄉᆡᆼ우유가 ᄒᆞᆫ사발이면,
무리ᄂᆞᆫ 잠간 젹게 ᄒᆞ야, 묽고 되기ᄂᆞᆫ 잣죽 무리심만치 ᄒᆞ야, 몬져
ᄡᆞ다가, 반만 닉고져 ᄒᆞ거든, 우유을 부어 화합ᄒᆞ야 ᄡᆞ나ᄂᆡ, 이거
시 ᄂᆡ국 타락법이니라。

재료 및 분량

• 연근 2컵 • 불린 쌀 1컵 • 꿀 1큰술 • 물 8컵, 소금

만드는 법

1 연근은 껍질 벗겨 잘게 썰어 믹서에 물을 넣고 곱게 갈아 수건에 밭친다.

2 그것을 다시 물을 넣고 곱게 갈아 푸른 찌꺼기가 없이 가라앉힌다.

3 그것이 가라앉아 가루가 되거든 갈분이나 녹말, 꿀을 넣고 죽을 쑤어 먹으면 나이가 들어도 늙지 않는다.

✽ • 또 다른 방법으로는 불린 쌀을 곱게 갈아 흰죽 쑤듯이 하다가 연근 간 것을 넣고 쑤면 시간도 절약되고 조리방법도 간편하다.
• 옛날에는 믹서 대신 맷돌을 사용하였다.

福

유기대접
대접은 국이나 숭늉을 담아 먹는 그릇으로 유기와 사기 등으로 만들었다.

구선왕도고의이(九仙王道糕)

년육·빅봉녕·산양쵸 의이인 각 ᄉᆞ양、믹아·초능인 빅변두 각 이
양·시상 일양·사당 이십원우 쉬말ᄒᆞ야 ᄡᆞᆯᄀᆞ로 닷되예 ᄒᆞᆫᄃᆡ 석거、
떡을 ᄶᅧ、너러 ᄆᆞᆯ르거든 ᄶᅵ허 쳐、의이을 ᄡᅮ면、보위 익긔ᄒᆞ야 노
인의게 맛당ᄒᆞ고、겨를 안쳐 떡을 먹으면 마시 감향ᄒᆞ야 극히
아름답고、원긔를 보ᄒᆞ고、복가 미시로 ᄆᆡᆫ드라 밀슈의 환ᄒᆞ여
먹으면 히갈ᄒᆞ나니라。

 재료 및 분량

- 연육(蓮肉) · 백복령(白茯苓) · 산약초(山藥草)
- 의이인(薏苡仁) 각 2돈(7.5g)씩
- 맥아초(麥芽草)· 능인· 백변두 각 1돈(3.75g), 시상 ½돈(1.8g)
- 설탕 ⅔ 컵 · 쌀가루 5컵, 소금 1t

만드는 법

1 쌀가루에 연육, 백복령, 산약초, 의이인, 맥아초, 능인, 백변두, 시상, 설탕가루를 한데 섞어 수분을 주고 떡을 쪄서 널어 말린다.

2 마르거든 찧어 체에 쳐서 의이를 쑤면 위를 보호하고 기를 더하여 노인에게 매우 좋다.

3 켜를 안쳐 떡을 쪄 먹으면 맛이 달고 향긋하여 매우 아름답고 원기를 보하고, 볶아서 미숫가루 만들어 꿀물에 타 먹으면 갈증이 풀린다.(동의보감에 기록)

✽ • 1냥 : 37.5g
• 1돈 : 3.75g
• 시상(柿霜)은 곶감 표면에 생긴 하얀 가루이다.

삼합미음(三合米飮)

곱돌솥
밥이나 죽, 별미음식을 만드는 솥으로 곱돌이 주재료. 밥을 지으면 뜸이 고르게 들고 잘 타지 않아 밥맛이 좋고 쉽게 식지도 않는다.

복히숨을 둠가다가 돌의 문질너 졍히 튀ᄒᆞ야 검문빗치 업게ᄒᆞ고、동히 홍합을 둠갓다가 털 업시ᄒᆞ고、졍히 씨서 큰 탕관의 안치고、황육 기름긔 업ᄉᆞᆫ 큰 덩이을 ᄒᆞᆫ가지로 너허、됴흔 믈의 부어 숫블의 고아 다 무르녹거든、출ᄡᆞᆯ ᄒᆞᆫ 되을 너허 미음을 밧쳐、삼년 믁근 거믄장을 잠간 타먹으면 노인과 쇼아의겨 크게 보원ᄒᆞ고、병든 ᄉᆞ름의 유닉ᄒᆞ니라。

재료 및 분량

• 북해삼 4마리 • 홍합 한 근 • 쇠고기 덩어리 반 근
• 찹쌀 한 되 • 3년 묵은 검은 장 2큰술 • 물 6ℓ

만드는 법

1 북해삼을 담갔다가 돌에 문질러 깨끗하게 씻어 튀하여 검은 빛 없이 하고, 동해 홍합을 담갔다가 털 없이 하고 깨끗이 씻어 큰 탕관에 안친다.

2 거기에 쇠고기 기름기 없는 덩어리를 같이 넣어 물 붓고 숯불에서 곤다.

3 다 무르녹거든 찹쌀 한 되를 넣어 미음을 밭쳐 삼 년 묵은 검은 장을 조금 타 먹으면, 노인과 어린이의 원기를 크게 보하고 병든 사람에게 유익하다.

✽ 북해삼은 말린 작은 해삼을 말한다.

놋쇠옹
주발로 한두 그릇 정도의 양을 담아 밥을 지을 수 있는 솥으로, 따뜻할 때 솥째로 올리며 주로 사찰에서 이용한다.

개암죽(榛子粥)

ᄀᆡ암을 ᄉᆞᆨ、 ᄀᆞᆯ히여 믈의 ᄃᆞᆷ갓다가 밋돌의 졍히 ᄀᆞ라 슈비ᄒᆞᆫ 므리를 몬져 뿌다가 화합ᄒᆞ야 뿌어ᄂᆡ면 그마시 극히 아ᄅᆞᆷ다올분 아니라 크게 보익ᄒᆞᄂᆞ니라。

 재료 및 분량

• 개암 10컵 • 불린 쌀 2컵 • 물 12컵

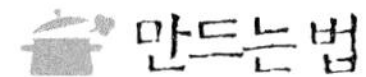

1 개암을 까 물에 담갔다가 맷돌에 깨끗이 갈아 놓는다.

2 냄비에 불린 쌀을 갈아 넣고 수비하여 무리를 만들고 분량의 물을 넣고 죽을 쑤다가 개암을 넣고 화합하여 쑤어내면, 그 맛이 매우 아름다울뿐더러 크게 보익하다.

✽ 수비는 곡식가루나 그릇 만들 흙 따위를 물에 넣고 휘저어 잡물을 없애는 것.

율무의이죽(薏苡仁粥)

나무밥통
밥을 담아 두는 통으로 나무밥통은 자체의 흡수력이 있어 음식이 쉽게 쉬거나 상하지 않아 여름에 좋다.

율므를 작미ᄒᆞ야 믈의 ᄃᆞᆷ가다가 ᄀᆞ라 슈비ᄒᆞ야 말뇌여 ᄲᅮ면、마시 아룸답고 거습ᄒᆞ고 토지를 업시ᄒᆞᄂᆞᆫ고로 한보과 과장균 마왓다가 군즁 시러가니라。
이ᄀᆞ로을 플을 ᄲᅮ어 창호을 발으면 ᄂᆡ풍의 ᄶᅧ러지지 아닛ᄂᆞᆫ고로 바다희 션창을 바르다 ᄒᆞ니라。

재료 및 분량

• 율무가루 2컵 • 물 10컵

만드는 법

1 율무는 까서 알맹이만 물에 담갔다가 맷돌에 갈아 앙금을 가라앉힌다.

2 맑은 물이 나오도록 여러 번 윗물을 바꾸어 준다.

3 앙금을 건져 말리어 죽을 쑤면 맛이 아름답고 거습하며 토질을 없게 한다.

✽ 이 가루로 풀을 쑤어 창호를 바르면 바람에 견디어 떨어지지 않기 때문에 바다에서 선창을 바른다고 한다.

土疾(토질) : 폐디스토마균

놋쇠밥통
놋쇠, 자기, 사기로 만든 밥통은 보온력이 있어 가을, 겨울용으로 적합하다.

호두죽(胡桃粥)

호도을 싸 더온 믈의 ᄃᆞᆷ갓다가 험믈을 벗겨 ᄀᆞ라 무리의 ᄌᆞᆺ죽 뿌듯ᄒᆞ면, 졀가ᄒᆞ고 ᄒᆡ소의 유익ᄒᆞ니라。

재료 및 분량

◦ 호두 2컵 ◦ 불린 쌀 2컵 ◦ 물 12컵

만드는 법

1 호두는 까서 더운물에 담갔다가 속껍질을 벗긴다.

2 호두에 물을 3컵 넣어 곱게 갈고 불린 쌀도 물을 5컵 넣고 곱게 간다.

3 냄비에 곱게 간 쌀과 물 4컵을 넣고 무리죽을 끓이다 호두 간 것을 넣어 잣죽 끓이듯이 끓인다.

4 마지막에 소금을 넣고 간을 맞추어 한소끔 더 끓인다.

✽ 호두죽은 기침해소에 유익하다.

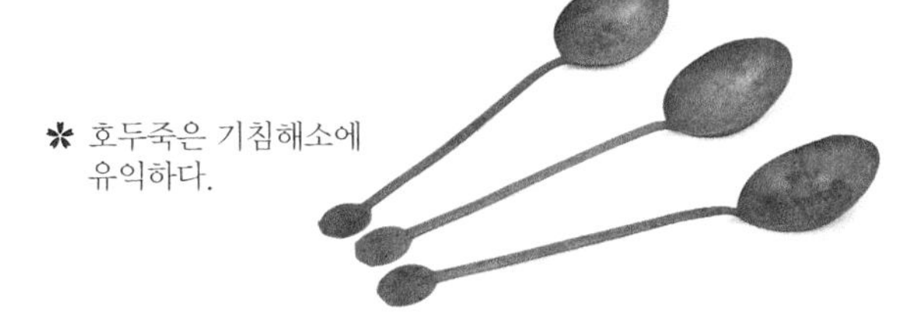

바루
승려의 밥그릇을 말한다. 유기로 만든 것도 있으나 나무로 주로 만들어 '발우', '바릿대', '바리'라고도 한다.

갈분의이 (葛粉薏苡)

오미ᄌᆞ국의 ᄢᅮᆯ을 달게 ᄒᆞ야、 치워 갈분을 마쵸타 뿌면 쳑서ᄒᆞ고、 히쥬ᄒᆞ고 설ᄉᆞ의 유익ᄒᆞ니라。

 재료 및 분량

• 갈분 2컵 • 오미자국물 12컵(오미자 1컵, 물 13컵) • 꿀 2컵

 만드는 법

1 오미자는 씻어 건져서 분량의 물을 넣고 하룻밤 우려 거른다.

2 오미자 국물에 꿀을 달게 하여 갈분을 알맞게 타서 죽을 쑤면 더위를 물리치고 술독을 풀리게 하고 설사에 유익하다.

✻ 갈분은 칡 녹말이다.

장, 김치

閨閤叢書

간장단지
간장을 담아 두는 저장용기로 주로 오지나 질그릇으로 만든다.

어육장(魚肉醬)

크고 됴흔 독을 싸흘 깁피 ᄑᆞ고 뭇고、우두 기름과 힘쥴 업시
ᄒᆞ고、볏ᄒᆡ 말뇌여 믈긔 업시ᄒᆞ고 열근、성치·ᄃᆞᆰ 각 열 마리、
졍히 튀ᄒᆞ야 ᄂᆡ장 업시 코、볏ᄒᆡ 말ᄂᆡ여 믈긔 업시ᄒᆞ야 열마리、
싱복、홍합 ᄃᆡ쇼 새오、므릿 생선뉴ᄂᆞᆫ 아모거시라도 가치 아닌
거시 업고、계란·강·총·두부도 또ᄒᆞᆫ 조흐니、몬져 쇠고기를
둑밋희 너코、지차 싱선을 너코、ᄃᆞᆰ 성치 너흔 후 며묘을 장 ᄃᆞᆷ그ᄂᆞᆫ

 재료 및 분량

• 쇠볼기 10근 • 생치·닭 각 10마리 • 숭어(도미) 10마리 • 생복 3마리 • 홍합 200g • 크고 잔 새우 200g • 계란 3개 • 생강 • 파 • 두부 1모 • 메주 1말 • 소금 7되 • 끓여 식힌 물 약 3말

 만드는 법

1 크고 좋은 독을 짚으로 싸서 땅을 깊이 파고 묻는다.

2 쇠볼기 기름과 힘줄을 없애고 볕에 말리어 물기 없이 하여 10근, 생치, 닭 각 열 마리를 살짝 데쳐 내장을 없애고, 숭어나 도미를 깨끗이 씻어 비늘과 머리를 제거하고 볕에 말리어 물기 없이 해서 열 마리, 생복, 홍합, 크고 잔 새우, 계란, 생강, 파, 두부도 준비한다.

3 쇠고기를 독 밑에 깔고, 생선, 닭, 생치 순으로 넣은 뒤 메주를 장 담그는 법대로 넣는다.

4 메주 1말에 소금 7되를 끓여 식힌 물에 풀어 장 담그는 법과 같이 한다.

5 짚으로 독의 몸을 싸 묻고, 기름종이로 독 부리를 단단히 봉하여 뚜껑 덮고 흙에 묻는다. 1년 후 먹는다.

양념단지
고춧가루, 마늘 다진 것, 깨소금, 후추 등의 양념을 담아 사용하는 저장용기로 옹기로 만들어져 그릇 자체가 숨을 쉬고 흡수성이 있다.

청태장(靑太醬)

신 쳥ᄐᆡ을 실ᄂᆡ 쪄 며됴 덩이을 칼ᄌᆞ루 쳐로 ᄆᆡᆫ드라、콩닙흐로
덥허 섬쇽의 녀허、누른 오ᄉᆞᆯ 닙거든 ᄂᆡ야 ᄃᆞ사ᄒᆞᆫ데 구을녀 ᄆᆞᆯ뇌、
이거나 볏ᄒᆡ 말뇌 쇼금을 너코 ᄧᆞ게 말고 장을 ᄃᆞᆷ그면 그 마시
담ᄒᆞ야 심히 아ᄅᆞᆷ다오되、가시 쐬기 쉬오니、며됴을 극히 말뇌여
오ᄅᆡ 두어도 상치 아니ᄒᆞᄂᆞ니라。

 재료 및 분량

- 햇 청태콩(메주 1말(16kg)분량) • 물 30ℓ • 소금 5홉 • 콩잎

 만드는 법

1 햇 청태콩을 쪄서 메줏덩어리를 칼자루처럼 만들어 콩잎으로 덮어 섬 속에 넣어 띄운다.

2 메주가 누렇게 뜨면 따뜻한 곳에서 말려 준비한다.

3 소금을 짜지 않게 간 맞추어 담그면 맛이 매우 좋으나 구더기가 생기기 쉬우니 메주를 잘 말려야 상하지 않는다.

고추장

단지
18, 19세기에 만들어져 널리 사용된 단지는 담아 두는 내용에 따라 엿단지, 꿀단지, 술단지, 촛단지 등 다양한 이름으로 불린다.

콩 ᄒᆞᆫ 말 며됴 쓔랴면 ᄊᆞᆯ 두 되 ᄀᆞ로 ᄆᆡᆫ드라 흰무리떡 져 ᄉᆞᆯ믄
콩 ᄡᅵ흘 졔、ᄒᆞᆫᄃᆡ 너허 ᄆᆡ이 ᄡᅵ허 며됴를 줌 안희 들게 작게 쥐여
씌오기를 법ᄃᆡ로 ᄒᆞ야、극히 말뇌여 셰말ᄒᆞ야 체예 쳐 며됴ᄀᆞᆯ이
ᄒᆞᆫ 말이여든 쇼금 넉 되ᄅᆞᆯ 됴흔 믈의 타 범므리ᄃᆡ 즐고되기ᄂᆞᆫ
의만치 ᄒᆞ고、고쵸ᄀᆞᆯᄂᆞᆯ 셰말ᄒᆞ야 닷홉이나 칠홉이나 식셩ᄃᆡ로
셕고、ᄎᆞᆯᄊᆞᆯ 두 되 밥 질게 지어 ᄒᆞᆫᄃᆡ 고로 범므리고、흑ᄃᆡ쵸 두ᄃᆞ린

 재료 및 분량

- 메줏가루 400g • 쌀 200g • 고춧가루 300g
- 찹쌀 200g • 대추 두드려 다진 것 60g • 포육가루 60g • 꿀 ½컵
- 소금 200g

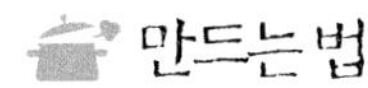 만드는 법

1. 고추장 메주 : 콩 1말로 메주 쑤려면 쌀 2되를 가루내어 백설기를 쪄서 삶은 콩 찧을 때 한데 넣어 곱게 찧는다. 메주를 한 줌 크기로 작게 만들어 띄우고 말려서 곱게 가루로 만들어 체에 쳐 놓는다.

2. 찹쌀은 1시간 전에 깨끗이 씻어 물에 담가 건진 후 진밥을 짓고 식혀 놓는다.

3. 메줏가루를 먼저 물에 풀어 놓은 다음 고춧가루를 넣고 함께 섞는다.

4. 여기에 찹쌀밥, 육포가루, 대추 다진 것을 넣고, 골고루 섞어준 다음 소금을 넣고 잘 섞어서 항아리에 담는다.

단지
단지는 일반적으로 항아리에 비해 목이 짧고 주둥이보다는 배가 더 부른 형태로 소형의 것이 대부분이다.

청육장

콩을 복가 ᄐᆞᆫ 거ᄉᆞᆫ 업시ᄒᆞ고 ᄭᆡ블나 갈아 겁질은 업시ᄒᆞ고, 솟ᄒᆡ 너코 믈을 만히 부어 달혀 그 즙은 항의 잘 두고, 살믄 콩은 오장이예나 열박의나 담아 슈건으로나 둣거이 여러벌 싸 더운ᄃᆡ 두면, 삼ᄉᆞ일후 의ᄂᆞᆫ 실이 날거시니, 솟ᄒᆡ 붓고 두엇던 즙을 ᄒᆞᆫ가지로 달히되, 쇠고기 만히 너코 무우 ᄡᅥ른 것과 다ᄉᆞ마 고쵸 ᄒᆞᆫᄃᆡ 너허 달혀 ᄡᅳ라。

 재료 및 분량

- 콩 1kg • 물 5ℓ • 쇠고기 300g • 무 ⅛개
- 다시마 10cm • 마른 고추 3개

만드는 법

1 콩을 볶아서 탄 것은 없애고 쪼개서 껍질을 없애 솥에 넣고, 물을 많이 부어 달인다(삶는다).
삶으면서 위로 뜨는 껍질은 조리로 건져낸다.

2 그 즙을 항아리에 담고, 삶은 콩은 오쟁이에 담아 잘 봉해서 면포에 싸 따뜻한 곳에 둔다.

3 3~4일 후에 실이 생기면 솥에 붓고 즙을 넣어 달이는데, 쇠고기 넣고 무 썬 것, 다시마, 고추를 같이 넣어 달인다.

✽ 오쟁이 : 짚으로 만든 씨앗 담는 작은 섬(망태기)이다.

섞박지

독
곡물이나 간장, 된장, 김치, 술, 조미료 등을 담아 저장하는 옹기로 독과 항아리가 있다.

츄동간 김장ᄒᆞᆯ 젹、가족이 얇고 크고 연ᄒᆞᆫ 무우을 너모 빠게 말고、됴흔 갓、ᄇᆡᄎᆡ를 각각 그로시 져린지 ᄉᆞ오일만의 맛잇ᄂᆞᆫ 죠긔 젓과 진어 쇼어 등 져술 됴흔 믈의 만히 ᄃᆞᆷ가 ᄒᆞ로밤 자거든、무오ᄂᆞᆫ 겁질 벗겨 길고 동골기를 ᄆᆞ음ᄃᆡ로 빠흘고、ᄇᆡᄎᆡ、가ᄉᆞᆫ 젹죵히 빠흐라 믈의 ᄃᆞᆷ그고、외ᄂᆞᆫ 졀일 젹 소금물을 끌혀 더온 김 붓고 동녹 쁜 돈을 너커나、놋그릇 닥근 슈셰을

재료 및 분량

- 무 2개 • 배추 1통 • 갓 ⅓단 • 오이 5개 • 가지 5개 • 동과 • 소라 10마리
- 낙지 2마리 • 조기젓·준치젓·굴젓·밴댕이젓 각 1컵씩 • 청각 1컵 • 마늘 2컵
- 고추 적당량

만드는 법

1. 껍질이 얇고 크고 연한 무와 좋은 갓, 배추를 각각 절인 뒤 4~5일 만에 조기젓과 준치 밴댕이젓을 물에 담가 하룻밤 재운다.
2. 무도 껍질 벗겨 길고 둥글기를 마음대로 썰고 배추, 갓을 알맞게 썰어 물에 담근다. 오이도 절일 때 소금물을 끓여 뜨거울 때 붓고 동녹 쓴 돈을 넣거나 놋그릇 닦은 수세미를 넣어 두면 빛이 푸르고 싱싱하니 며칠 전에 내어 짠물을 우려낸다. 선동과는 과즐만치 잘라 껍질 벗기지 말고 속은 긁어낸다.
3. 젓갈들은 지느러미 꼬리 없이 하고 비늘을 제거하고, 소라, 낙지는 골을 제거하고 깨끗이 씻는다.
4. 무, 배추는 광주리에 건지고 물이 빠진 후 독을 땅에 묻고 먼저 넣고, 가지, 오이, 동과 등을 넣고 젓을 한 벌 깐 후 청각과 마늘, 고추를 위에 많이 뿌리고 고추, 나무새(채소) 넣기를 떡 안치듯 한다. 항아리에 국물을 넉넉히 채우고 절인 배춧잎과 무껍질 우거지 덮고 가늘고 단단한 나무로 그 위에 가로질러 누른다.
5. 젓국이 ⅔이거든 굴 젓국은 ⅓을 섞어 독에 가득 붓고 두껍게 매고 소래기나 방석으로 덮어둔다.

✽ 겨울에 익거든 먹을 때 젓과 생복, 낙지는 임시하여 썰고 동과는 껍질 벗겨 썰면 빛이 옥 같다.

어육김치 (魚肉)

채독(삼베)
독은 항아리에 비해 운두가 높고 전이 있으며 배가 조금 부르나 크기는 일정하지 않다.

ᄃᆡ구·북어·민어·석어유을 ᄡᅳᆯ 젹마다 두골과 겁질을 만히 모홧다가 서리 쳐음으로 날고, 날이 ᄎᆞ, 짐장ᄒᆞᆯ ᄯᅢ, 됴흔 무우와 연ᄒᆞᆫ 비ᄎᆞ, 굵근 갓, 졍히 ᄡᅵ서 함담 마쵸아 져리고, 외와 가지 법ᄃᆡ로 져린것과, 고쵸닙 어린 고쵸 달인 치 ᄯᅳᆫ 거ᄉᆞᆯ 서리ᄂᆞ리기 젼 미리 골히여 쇼금의 져리면 질고 마시 사오납ᄂᆞ니, 항의 너코 돌노 ᄃᆞᆫᄃᆞᆫ이 누른 후, ᄂᆡᆼ슈을 부어다가 ᄡᅳᆯ ᄯᅢ예 ᄂᆡ여 여러번 졍히 ᄡᅵᄉᆞ면 연ᄒᆞ고 됴흔니라

 재료 및 분량

- 말린 대구 1마리 • 북어 1마리 • 민어 1마리 • 조기 1마리 • 무 3개(4kg) • 배추 1통
- 갓 100g • 오이 3개 • 가지 3개 • 둥근 호박 2개 • 고춧잎 1컵 • 미나리 100g
- 마늘 150g • 파 150g • 생강 30g
- 육수 끓이는 물(쇠고기 600g, 말린 생선대가리와 껍질)
- 절이는 소금물 : 물 3ℓ, 소금 600g

 만드는 법

1 대구, 북어, 민어, 조기를 쓸 적마다 머리와 껍질을 많이 모아둔다.

2 좋은 무와 연한 배추, 굵은 갓을 깨끗이 씻어 통째로 소금에 절인다.

3 오이, 가지를 법대로 절인 것과 둥근 호박 절인 것, 고춧잎에 어린 고추 달린 것을 따서 소금에 절여 항아리에 넣고, 돌로 단단히 누른 후 냉수를 부었다가 쓸 때 여러 번 씻으면 연하고 좋다.

4 김치 담그기 하루 전에 독을 묻은 후 위에 준비한 재료를 넣고 고기 삶은 물(생선 대가리, 껍질 건더기를 많이 넣고 쇠고기 넣어 진하게 달인 물)로 채우고 청각, 마늘, 파, 생강, 고추붙이를 켜켜이 넣는다.

5 마늘은 갈아 붓고 미나리는 사이사이 넣은 후 우거지 덮어 생선과 쇠고기 달인 물이 싱겁거든 무 절인 국을 타서 체에 밭쳐 가득 붓는다.

6 두껍게 싸고 위를 흙으로 덮었다가 섣달 그믐께나 이른봄에 먹으면 좋다.

✽ 이 김치는 담글 때 무나 배추를 썰지 않고 통으로 담근다.

동과(冬瓜)섞박지

이중독
계곡물이나 냇물 속에 뚜껑을 덮어 넣어 두면 위아래에서 물이 닿아 냉각시키게 되어 여름에도 시원한 김치를 먹을 수 있다.

ᄆᆡ이 크고 ᄒᆞᆫ 곳모 상치 아니ᄒᆞᆫ 서리 마즌 분빗ᄀᆞᄐᆞᆫ 동과을 우흘 얇게 베히고 씨와 쇽을 숀을 너허 죄 글거ᄂᆡᆫ 후, 됴흔 조긔젓국을 ᄀᆞ득이 붓고, 쳥각·싱강·ᄑᆞ·고쵸 다ᄒᆞᆫᄃᆡ 섯거 졀구의 갈이도록 져허 그 쇽의 너코, 닥지을 도로 졉허 마쵸고, 희로 틈을 ᄃᆞᆫᄃᆞᆫ이 발나 덥로 마니를 너도 아닐ᄃᆡ 세워 두엇다가 겨을의 녀러 보면 ᄆᆞᆰ은 국이 가득이 괴여거든,

 재료 및 분량

- 동과(동아) 1개 • 조기젓국 10컵 • 청각 1컵
- 생강 • 파 • 고추 • 한지

 만드는 법

1 매우 크고 상하지 않은 서리 맞은 분빛 같은 동과를 위를 얇게 도려 씨와 속을 긁어낸다.

2 그 속에 좋은 조기젓국을 가득 붓고 청각, 생강, 파, 고추를 한데 섞어 절구에 갈아 그 속에 넣고 딱지를 도로 덮고, 종이로 틈을 단단히 발라 덥지도 않고 얼지도 않는 데 세워 둔다.

3 겨울에 열어 보아 맑은 국물이 가득 괴었거든 항아리에 쏟고 동과를 썰어 담가두고 먹으면 좋다.

동치미 (冬沈菹法)

나무김치독
강원도, 함경도 등지의 산촌에서는 옹기를 구하기가 쉽지 않아 쉽게 구할 수 있는 나무로 독을 만들었다.

잘고 모양 에엿분 무우을 쏘리쳐 경이 싹가 함담을 마쵸 져려 ᄒᆞ로 친나、다 졀거든 경히 써셔 독을 뭇고 너코、어린 외를 가지 지예 뭇는 법으로 두면、굿 ᄯᅳᆫ듯ᄒᆞ나 무오 졀일 제 ᄒᆞᆫ가지로、져려다가 노코、됴흔 빅와 유ᄌᆞ을 윈지로 겁질 벗겨 써흐지 말고、총빅 치 기릐식 버혀 우흐로 반식 ᄉᆞ파ᄒᆞᆫ 것과、싱강 넓고 얄게 져민 것과、고쵸 씨 없시 방경히 써흔 것 우히 만히 너코、됴흔

 재료 및 분량

- 무 5개 • 소금 • 오이 3개 • 가지 3개 • 배 1개 • 유자 1개
- 대파 • 생강편 • 후추 • 꿀 • 석류 • 삭힌 고추

만드는 법

1 잘고 모양 예쁜 무를 꼬리째 깨끗이 깎아 간 맞추어 절인다. 하루 지나 다 절거든 독을 묻고 넣는다.

2 어린 오이를 가지 재에 묻는 방법으로 두면 갓 딴 듯하니, 무 절일 때 같이 절였다가 넣고, 배와 유자를 통째로 파 흰 뿌리째 한 치 길이씩 잘라 열 십자 칼집 넣은 것과 생강편, 고추 씨 없이 반듯하게 썬 것을 위에 많이 넣는다.

3 좋은 물에 소금간 맞추어 고운체에 밭쳐 가득 붓고 두껍게 봉하여 둔다.

4 겨울에 익으며 배와 유자는 썰고 그 국물에 꿀을 타고 석류에 잣 뿌려 쓰면 맑고 산뜻하며 맛이 좋다.

✽ 대파 썬 것, 생강편, 후추 등은 작은 면주머니에 넣어서 항아리 밑에 넣는다.

젓갈항아리
젓을 담는 항아리로 멸치젓항아리, 새우젓항아리 등이 있으며 일반 항아리처럼 배가 부르지 않고 일직선인 것이 특징이다.

동가김치 (冬茄)

구월쵸싱의 ᄒᆞᆫ 곳도 유졈 아닌 물 젹은 가지를 씨서 믈긔 업시
ᄒᆞ여、 항을 뭇고 상치 아니케 ᄎᆞ려로 켸 너코、 계관화을 만히
너코 우흐로 슈슈닙히나 견고ᄒᆞᆫ 닙흘 둣거이 덥고、 돌노 누른 후
됴흔 물을 ᄭᅳᆯ혀 어름ᄀᆞᆺ치 치와두고、 쇼금을 동침이 국 죠곰 잠간
ᄧᆞᆫ듯ᄒᆞ게 ᄒᆞ여 붓고、 둣거이 ᄡᆞ미고、 마즌 그로ᄉᆞ로 우흘 덥허 두
엇다가 깁흔 겨을의 ᄂᆡ면 가지와 국이 다 단사ᄀᆞᆺᄒᆞ니 동골게

재료 및 분량

• 가지 10개 • 말린 맨드라미꽃 100g • 수수잎 10장 • 끓여 식힌 물 2ℓ • 소금 • 꿀

만드는 법

1 구월 초에 한 곳도 유점이 없는 물 적은 가지를 씻어 물기 없이 하여 항아리를 묻고 상하지 않게 켜켜이 넣고, 맨드라미꽃을 많이 넣고 위로 수수잎이나 단단한 잎으로 두껍게 덮고 돌로 누른다.

2 물을 끓여 차게 식혀 붓는데 소금을 동치미 국보다 조금 짠 듯하게 하여 붓고 두껍게 싸매고 뚜껑을 덮어 둔다.

3 깊은 겨울에 내면 가지와 국이 붉다.
둥글게 썰거나 길이로 썰어 꿀을 많이 타면 기이하다.

✻ 유점(油點) : 누른 점(누런 점)이다.

閨閤叢書

김치만드는법

동지

감항아리
감처럼 입구가 좁고 아주 펑퍼짐하여 감항아리라고 하며 바깥 공기와의 접촉이 적어서 김치 항아리로 쓰인다.

짐장후 닙 업ᄉᆞᆫ 무오 나거든、크고 됴흔 무오올 쏠라와 우흘
버혀 졍히 다ᄃᆞᆷ고 여러번 씨서 쇼금의 구을녀 무쳐、독을 뭇고
너흐며 켸켸 쇼금을 뿌려 ᄀᆞ득이 너 슈일후 반만 졀거든 상ᄒᆞ을
뒤밧고아、ᄉᆞ오일 후 졀거든、져려던 외、퇴염ᄒᆞ야 너코、고쵸·
청각 너허 됴흔 닝슈의 쇼금 타디 말고 ᄀᆞ득이 부어 ᄃᆞᆫᄃᆞᆫ이 봉ᄒᆞ야
그로솔 덥허 국게 무더다가 셰후 ᄂᆡ면 국이 별노 ᄆᆞᆰ고 쳥닝 소담

 재료 및 분량

- 무 5
- 소금
- 오이지 3개
- 삭힌 고추
- 청각

 만드는 법

1 김장 후 잎 없는 무 나거든 크고 좋은 무를 위와 꼬리를 베어 씻어, 소금에 굴려 묻혀 독을 묻고 넣으며 켜켜이 소금을 뿌려 가득 넣는다.

2 며칠 후 반만 절거든 위아래를 뒤바꾸어, 4~5일 후 절거든 오이 짠맛 우려 넣고 삭힌 고추, 청각 넣는다.

3 냉수에 소금 타지 말고 가득 부어 단단히 봉한 뒤, 설 지난 뒤 내면 국물이 유난히 맑고 시원하며 소담하다.

✲ 소담 : 담소가 잘못 표기된 것

용인오이지법 (龍仁黃瓜菹法)

보시기
김치를 담는 그릇으로 속이 깊고 주둥이보다 배가 약간 더 부른 형태에 굽이 높다.

황과 빅기을 곡지업시ᄒᆞ고 혹 상ᄒᆞᆫ 것 ᄀᆞᆯ히여 항의 너코、말근
씀믈과 닝슈를 화ᄒᆞ야 쇼금을 담ᄒᆞ게 타、외 너흔 항의 붓고、
그 이튼날 닉야 아릭 우흘밧고아 너코、또 그 이튼날 또 이쳐로
ᄒᆞ야 날마다 열닐골번 익히니 뇽인 과지가 아국의 유명ᄒᆞ니라。

 재료 및 분량

• 오이 10개 • 쌀뜨물 20컵 • 소금 1½컵

 만드는 법

1 오이 10개를 꼭지 없이 하고 항아리에 넣는다.

2 맑은 쌀뜨물과 냉수를 섞어 소금을 싱겁게 타 오이 넣은 항아리에 붓는다.

3 그 이튿날 내어 아래위를 바꾸어 놓고 또 그 이튿날 아래위 바꾸고, 이렇게 7번 정도 하여 익히니 용인 오이지가 우리나라에서 유명하다.

김치광
겨울철에 김장김치를 바람이나 눈, 비로부터 막아주고 김치맛을 상하지 않고 오랫동안 보존하기 위한 용도로 만들었다.

녀름의 어린 외와 무우·ᄇᆡᄎᆞ 뉴을 좀간 ᄉᆞᆯ마 쳥장의 져려 숨이 죽거든 춍·강·숑이 기ᄅᆡ로 졈민 것、셩복이나 젼복이나 넓게 졈미고、ᄆᆞ른 쳥각·고쵸등 쇽을 켸켸 너코、쑤미을 만히 너허 됴흔 장을 달히여 함담을 마쵸아 파부어 닉히라。젼복이 업거든 큰 건합혀만 ᄃᆡ용ᄒᆞ여도 이 침치ᄂᆞᆫ 졋부치을 너흐면 됴치 아니ᄒᆞ니라。

재료 및 분량

• 오이 3개• 무 ½ 개 • 배추 ½포기 • 청장 2컵 • 파 2뿌리(150g) • 생강 60g • 송이 5개 • 생복 3마리(전복, 건합) • 마른 청각 40g • 고추붙이 20개(250g)

 만드는 법

1 여름에 어린 오이, 무, 배추를 살짝 데쳐서 청장 1컵에 절여 숨을 죽인다.

2 파, 생강, 송이 저민 것, 생복이나 전복 저며 썰고, 마른 청각, 고추붙이 켜켜이 넣고 나머지 청장으로 간을 맞추어 익힌다.

3 좋은 장을 달여 간 맞추어 타 부어 익힌다.

4 전복이 없거든 큰 건합(마른 조갯살)을 썰어 대신 넣어도 좋다.

5 이 김치는 젓갈을 사용하면 좋지 않다.

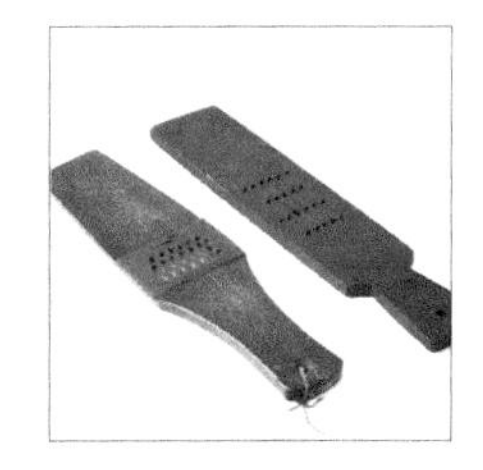

채칼
무, 감자 등의 채를 썰 때 쓰이는 기구로 짧은 시간 내에 많은 양의 채를 썰 수 있는 장점이 있다.

전복김치

젼복을 축여 칼노 넙게 점여 유ᄌᆞ겁질과 ᄇᆡ를 ᄀᆞ늘게 ᄡᅧ흐러 원복을 줌치처로 ᄆᆡᆫᄃᆞᆯ고 그속 너코、 소금물을 담히 ᄒᆞ야 침치를 담가 닉히면 신션 풍미가 잇다 약천집의 ᄒᆞ야시니 무우와 ᄉᆡᆼ강·ᄑᆞ 등쇽을 가입ᄒᆞ야 담그면 더 긔이ᄒᆞ니라。

 재료 및 분량

• 전복 5개 • 유자 껍질 1개 분량 • 배 ¼개 • 소금 2큰술 • 무 50g
• 파채, 생강채 각각 5g씩

 만드는 법

1 전복은 솔로 깨끗이 씻어 내장이 터지지 않도록 숟가락으로 떼어낸 다음 내장을 떼어내고 다시 한 번 씻은 다음 칼로 저민다.

2 유자 껍질과 배를 가늘게 썰어 소를 만들고 전복은 주머니처럼 만들어 소를 넣는다.

3 소금물을 슴슴하게 하여 김치를 담가 익히면 신선 같은 맛이 있다.

4 무와 생강, 파를 더 넣어서 담그면 더욱 맛있다.

생선, 고기, 나무새

閭閻叢書

閨閤叢書

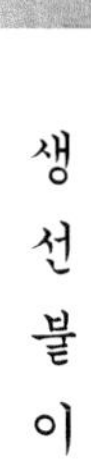
생선불이

수란뜨개
국자 세 개를 한데 묶어 만든 형태. 달걀을 수란뜨개에 담고 끓는 물에 넣어 반숙으로 만드는 데 쓰인다.

완자탕법 (造椀子湯法)

큰 싱선을 겁질과 쎄 업시 ᄒᆞ고, ᄉᆞ롤 ᄀᆞᄂᆞᆯ게 두ᄃᆞ리고, 졔육이나 쇠고기어나 싱치나 ᄃᆞᆰ이나 ᄃᆞᆰ의 ᄯᅩ ᄀᆞᄂᆞᆯ게 두ᄃᆞ려 호쵸 싱강파표고기름장 합ᄒᆞ야 ᄌᆔ믈너 밤만치 환을 민ᄃᆞᄃᆡ, 가온ᄃᆡ 왼빅ᄌᆞ ᄒᆞ나식 너허 계란이나 녹말이나 씌여 장육의 쓿히ᄂᆞ니라。

재료 및 분량

- 흰살생선(대구, 동태) 200g
- 돼지고기(쇠고기, 생치, 닭) 100g
- 표고 2장
- 참기름 1작은술
- 간장 1큰술
- 후추 ⅛작은술
- 생강 1작은술
- 다진 파 1큰술
- 달걀 1개
- 잣 1큰술
- 녹말
- 국간장
- 소금

만드는 법

1 생선은 껍질과 뼈를 바르고 살만 곱게 칼로 두드려 다진다.

2 돼지고기(쇠고기, 생치, 닭)를 살로 곱게 다져서 후추, 생강, 파, 표고 다진 것을 생선살과 합하여 기름장으로 간을 하고 주물러 밤알만 하게 잣을 하나씩 넣고 환(丸)을 만든다.

3 환에 달걀이나 녹말을 씌워 끓는 장국에 넣는다.

4 환(완자)장국이 끓어 환이 떠오르면 국간장으로 색 내고 소금으로 간 맞춰 낸다.(산림경제)

閨閤叢書

생선불이

사발
사발은 위가 넓고 굽이 있는 형태로 밥그릇이나 국그릇으로 이용된다.

준치탕(鰣魚湯)

토막을 ᄉᆞᆱ마 체에 걸너 각식 양염ᄒᆞ야 도로 손ᄋᆞ로 쥰치토막쳐로 ᄆᆡᆫ들거나、ᄉᆡᆼ치 만두쳐로 ᄒᆞ거나 ᄒᆞ야、녹말 씨워 몬져 ᄉᆞᆱ던 믈의 도로 너코 유장·파 등물을 너허 고쳐 ᄭᅳᆯ히면 ᄲᅧᄒᆞ나히 업셔 됴흐니라。

재료 및 분량

- 준치 1마리 • 녹말 ½컵 • 유장(간장 3큰술, 참기름 3큰술)
- 다진 파 1큰술 • 소금

만드는 법

1. 준치를 토막내어 삶아서 체에 걸러 뼈와 가시를 빼낸다. 이때 거른 물을 육수로 따로 둔다.
2. 준치살에 유장과 다진 파를 넣고 갖은 양념하여 도로 손으로 준치토막처럼 만들거나 생치(꿩)만두처럼 타원형으로 빚는다.
3. 녹말을 씌워 먼저 삶은 육수에 넣고 유장, 파 등을 넣고 다시 끓이면 뼈 하나 없이 좋다. 만일 간이 싱거우면 소금으로 간을 한다.

생선불이

곱돌냄비
곱돌로 만든 냄비로 음식을 끓이고 삶고, 볶는 데 쓰이는 조리용구이다. 냄비는 일본말 '나베'에서 온 것이고 우리 고유의 말은 '쟁개비'라고 한다.

붕어찜(鮒魚)

큰 부어 원이로 비늘 거ᄉᆞ려 칼노 등말늘 ᄡᅵ여 쇽을 ᄂᆡ고、어만
도쇼쳐로 민드러 ᄇᆡ쇽의 너코 됴흔 쵸 수 술을 붓고、고기 닙
가온ᄃᆡ ᄇᆡᆨ반 됴고만 죠각을 너코、녹말을 싱션 버혀 구멍난ᄃᆡ
무쳐 실노 동혀、노고의 믈을 자그마치 부어 기름장의 만화로
ᄭᅳᆯ히ᄃᆡ 진말 겨란을 풀나。

 재료 및 분량

- 붕어 1마리 • 식초 2술 • 백반 1조각 • 녹말 2큰술
- 기름장(간장 2큰술, 참기름 2큰술) • 생강즙 1작은술 • 밀가루 4큰술
- 달걀 1개 • 물 2컵

 만드는 법

1 붕어를 깨끗이 씻되 비늘은 거스려 칼로 등마루를 찧어 입속으로 나무젓가락을 넣어 내장을 꺼내고 깨끗이 씻어 어만두처럼 만들어 뱃속에 식초를 붓는다.

2 고기 입 가운데 조그만 백반 조각을 넣는다.

3 녹말을 생선 배 구멍 난 데에 묻혀 실로 동여 냄비에 물을 붓고 기름장을 넣은 후 센 불에서 끓으면 중불로 낮추어 밀가루를 풀어 넣고 20분 정도 끓인 다음 달걀을 풀어 줄알을 친다.

閨閤叢書

생선불이

종지
간장이나 초간장 등의 장류를 담아 내는 그릇으로 20~30cc 정도의 용량을 담을 수 있다. 뚜껑이 있고 놋쇠, 사기, 나무 등으로 만든다.

술, 초로 게젓 담는 법 (酒醋蟹法)

큰 게을 삼 겁질로 빠 항의 너허、더온ᄃᆡ 두엇다가 거픔을 다 토ᄒᆞ거든 ᄂᆡ야 ᄒᆞᆫ 근의 쇼금 닐곱돈·초 술 각 반근·기ᄅᆞᆷ 두 냥 총ᄇᆡᆨ 다셧쌜ᄒᆡ 초ᄒᆞ야 ᄂᆡ여 쟝 반냥의 호초ᄀᆞ로 ᄒᆞᆫ 돈 ᄒᆞᆫ가지로 셕거 그릇쇽 밋ᄒᆡ 조각 ᄒᆞᆫ치 기ᄅᆡ을 너코 게를 너흔 후、술과 쵸을 부어 ᄃᆞᆷ가 반달만의 먹ᄂᆞ니라。

재료 및 분량

• 큰 게 한 근 • 소금 일곱 돈 • 초 반 근 • 술 반 근 • 참기름 두 냥 • 파뿌리 다섯 뿌리 • 간장 반 냥 • 후춧가루 한 돈

만드는 법

1 큰 게를 삼 껍질로 싸서 항아리에 넣어 더운 데 두었다가 거품을 다 토하면 꺼낸다.

2 게에 소금, 초와 술, 참기름, 파뿌리를 섞어 익힌다.

3 장에 후춧가루를 함께 섞어 둔다.

4 그릇 속 밑에 조각(皀角) 한 치 길이를 넣고 게를 넣은 후, 술과 초를 부어 담가 반 달 만에 먹는다. (산림경제)

✽ 육류는 1근이 600g이고 어패류는 400g이다.
• 육류 : 600g
• 어패류: 400g
• 채소류 : 400g
• 1돈 : 3.75g
• 1냥 : 37.5g

閨閤叢書

생선불이

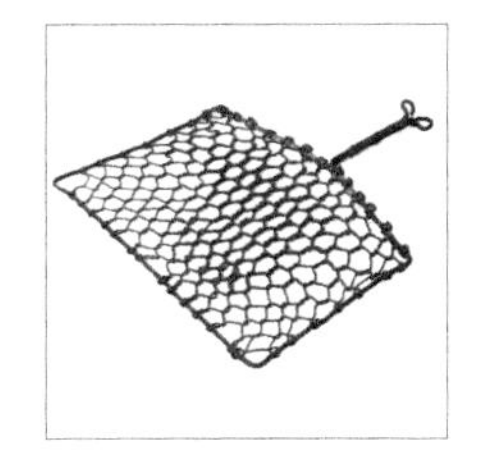

석쇠
육류와 조기, 고등어, 홍합 등의 어패류를 숯불에 올려서 굽거나 익힐 때 불 위에 얹어 놓는 것으로 적쇠라고도 한다.

게 굽는 법(蟹炙法)

싱게를 장을 만히 글거 그로ᄉᆡ ᄃᆞᆷ고、닥디와 발은 칼노 두ᄃᆞ려
체의 걸너 즙을 ᄂᆡ야 게장의 석고、싱강·ᄑᆞ ᄀᆞᄂᆞᆯ게 두ᄃᆞ리고、
호쵸ᄀᆞ로 여허 계란을 짜 섯고 녹말이나 밀갈이나 됴곰 너허
ᄒᆞᆫᄃᆡ 합ᄒᆞᆫ 후、ᄃᆡ통을 밋미ᄃᆡ 뚧디 아냐 막힌 거ᄉᆞᆯ 가온ᄃᆡ을 갈나
고쳐 마쵸고、노ᄒᆞ로 ᄃᆞᆫᄃᆞᆫ이 동혀 게즙을 게긔 붓고、ᄃᆞᆫᄃᆞᆫ이 막아
닉게 살믄 후、동힌 거ᄉᆞᆯ 플고 통을 ᄀᆞᆯ나 ᄲᅢ혀 동골게나 길게나

재료 및 분량

• 살아 있는 게 5마리 • 다진 생강 5g • 다진 파 15g • 후춧가루 ½작은술 • 달걀 1개 • 녹말 ½컵 • 대통 1개 • 기름장 • 꼬치

만드는 법

1 살아 있는 게를 깨끗이 씻어 모래주머니를 버리고 장(게딱지 안의 내용물)을 많이 긁어 그릇에 담고 딱지와 발을 칼로 두드려 체에 걸러 즙을 내어 게장에 섞는다.

2 다진 파와 다진 생강, 후춧가루를 넣고 달걀을 섞고 녹말 또는 밀가루를 조금 넣어 한데 섞는다.

3 밑이 막힌 대통의 가운데를 반으로 갈라 준비한 게즙을 넣고 가른 대통을 뚜껑을 덮고 다시 맞추고 노끈으로 꽁꽁 동여맨 후, 남은 게즙을 통에 붓고 단단히 막아 익게 삶는다.

4 동인 것을 풀고 통을 갈라 익힌 게즙을 빼내어 동글게나 길게 마음대로 저며 꼬치에 꿰어, 기름장 발라 구우면 맛이 아름답다.

閨閤叢書

생선블이

게(蟹)찜

유기접시
음식을 담는 편평한 형태의 그릇으로 형태와 모양이 다양하다.

게 누른 장과 거믄 장을 각각 글거 겨란의 황장을 섯고、장 기름 마쵸아 치고、호쵸·총·강 등쇽을 여법히 너허 굽 업ᄉᆞᆫ 그로시 둠아 듕탕ᄒᆞ야 반만 닉거든、게 거믄 장의 기름을 잠간 쳐 그 우희 고로로 발나 고쳐 듕탕ᄒᆞ야 쪄 익은 후 칼노 졈여 즙국을 잘 민드러 우희 언고、계란 황·빅쳥을 부쳐 치쳐 우희 쎄허 쌔라。

 재료 및 분량

- 살아 있는 게 3마리 • 달걀 1개 • 참기름 1작은술 • 간장 1작은술
- 후추 • 파 • 생강 1작은술 • 황백지단

 만드는 법

1 살아 있는 게의 누른 장과 검은 장을 각각 긁어, 달걀에 게 누른 장을 섞고 장, 기름을 맞추어 치고 후추, 파, 생강을 곱게 다져 넣고, 굽 없는 그릇에 담아 중탕한다.

2 반쯤 익거든 게의 검은 장에 기름을 약간 섞고 그 위에 고루고루 발라 다시 중탕한다.

3 거의 익힌 후 칼로 저며 즙국을 잘 만들어 위에 얹고 황백지단채를 위에 뿌려 낸다.

굽다리접시
삼국시대에 널리 유행한 그릇의 하나로 다리가 붙은 모든 그릇을 굽다리접시라고 한다.

편포 (片脯)

연ᄒᆞ고 기름진 고기를 ᄀᆞ늘게 두ᄃᆞ려 쇼금을 함담마쵸아 너코, 기름 치고·호쵸·젼쵸·실ᄀᆡ 복근 것 잣ᄀᆞ로 ᄒᆞᆫ가지로 석거 쥐믈러 모양을 방졍히 민드라 우희 기름을 좀ᄀᆞᆫ ᄇᆞᆯ나 서거 ᄒᆞ이 ᄡᅳ라。

재료 및 분량

• 쇠고기(살코기) 600g • 소금 1작은술 • 참기름 1큰술
• 후추 • 전초(산초) • 볶은 실깨 1작은술 • 잣가루 1작은술

만드는 법

1 연하고 기름진 고기를 곱게 두드려 소금으로 간을 맞춘다.

2 준비해 둔 고기에 기름을 치고 후추, 전초, 볶은 실깨, 잣가루를 넣어 한데 섞은 뒤 주물러 모양을 반듯하게 만든다.

3 고기 위에 기름을 살짝 발라 햇볕에 말린다.

약포(藥脯)

찬합
여러 가지 반찬을 담을 수 있도록 만든 그릇으로, 포개어 간수하거나 운반할 수 있도록 3~5층으로 이루어진 식기.

연ᄒᆞᆫ 고기 기름긔 업시 ᄒᆞ고 ᄀᆞ늘게 두ᄃᆞ려 굴근 체예 처 힘줄 없시 ᄒᆞ고 기름과 됴흔 달힌 쟝과 총·강 셰말ᄒᆞ고 호쵸 등물을 ᄒᆞᆫᄃᆡ 너허 ᄭᅮᆯ 죠금 쳐 ᄌᆔ믈러 화합ᄒᆞ야 넙고 반반ᄒᆞᆫ 닙ᄒᆡ ᄭᅩᆺ젼쳐로 얇게 펴고 ᄇᆡᆨᄌᆞᄀᆞ로 ᄲᅵ허 반만 ᄆᆞ른 거시 노인의 반찬의 ᄡᅳᄂᆞ니라。

재료 및 분량

- 쇠우둔 600g
- 진간장 3큰술
- 다진 파 1큰술
- 다진 생강 1작은술
- 후추 ⅓작은술
- 꿀 1큰술
- 잣가루 2큰술

만드는 법

1 기름기 없는 연한 고기를 핏물을 빼고 곱게 다져서 굵은체에 내려 힘줄이 없게 한다.

2 기름과 달인 장, 파, 생강을 곱게 다져 후추 등을 미리 준비한 고기와 섞고, 꿀을 넣어 주물러 섞는다.

3 넓고 반반한 판에 화전처럼 얇게 펴고 잣가루를 뿌려 반만 말린 것을 노인의 반찬에 쓴다.

찬 합
원형 또는 방형으로 하나의 큰 그릇 안에 칸이 나뉘어 있는 것과, 서랍형으로 운반이 용이하게 포개어 놓을 수 있는 형태가 있다.

진주좌반(佐飯)

우둔을 얇게 졈여 ᄀᆞ늘게 뻐흐러 또 ᄀᆞ로 진쥬ᄀᆞᆺ치 뻐흐러 번철의 복그면 고기가 반만 닉어 누런 즙이 다 빠지거든 그제야 별노 맛됴흔 진ᄒᆞᆫ 쟝을 함담 마쵸아 치고 기름을 만히 치고 꿀 됴곰 쳐, 고쳐 복다가 강졍 깨를 ᄒᆞᆫ가지로 너허 다 복근 후 호쵸ᄀᆞ로 너허 쓰라。

재료 및 분량

• 쇠볼기(우둔살) 600g • 진간장 5큰술 • 참기름 2큰술
• 꿀1큰술 • 흰깨 1큰술 • 후추 약간

만드는 법

1 쇠볼기(우둔살)를 얇게 저며 가늘게 썰고 또 가로로 진주 같이 썰어 번철에 볶는다.

2 고기가 반쯤 익어 누런 즙이 빠지면 진간장으로 간을 맞추고 기름을 많이 치고 꿀을 조금 넣어 다시 볶는다.

3 흰깨를 한데 섞고 다 볶은 후 후춧가루를 넣는다.

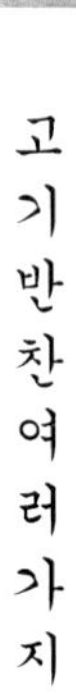

청자백항아리
백항아리는 대개 모란꽃 등의 부귀를 상징하는 화초무늬를 새긴 것이 주를 이루며 밑반찬이나 양념을 담아 둔다.

장볶이

맛됴흔 고쵸쟝을 고기 두ᄃᆞ려 거른 거시 쟝과 고기 숫치 ᄀᆞᆺ게
ᄒᆞ고 꿀을 식셩대로 치고 총빅·싱강을 두ᄃᆞ려 쟉계 너코, 기름
은 만히 복ᄂᆞᆫ 그릇ᄀᆞ의 고이게 쳐 숫블의 만화로 복그ᄃᆡ ᄌᆞ루
저어 눗디 아니케 ᄒᆞ야 기름의 쓸허 스ᄉᆞ로 ᄌᆞ즐만ᄒᆞ거든 고은
실깨를 져기 너허 섯거 복가 ᄡᅳ라。

 재료 및 분량

- 고추장 3컵 • 쇠우둔 300g • 꿀 ½컵 • 파·생강 다진 것 1큰술씩
- 참기름 2큰술 • 실깨 1큰술

 만드는 법

1. 고추장과 두드려 거른 고기와 분량을 같게 준비한다.
2. 꿀은 식성에 따라 넣고 파뿌리 흰 부분과 생강 다진 것을 조금 넣는다.
3. 팬에 기름을 두르고 뭉근한 숯불에 볶아 준다.
4. 자주 저어 눋지 않게 하고 기름에 끓어 스스로 잦을 만하면 고운 실깨를 조금 넣어 섞고 볶아 쓴다.

설하멱 (雪下覓)

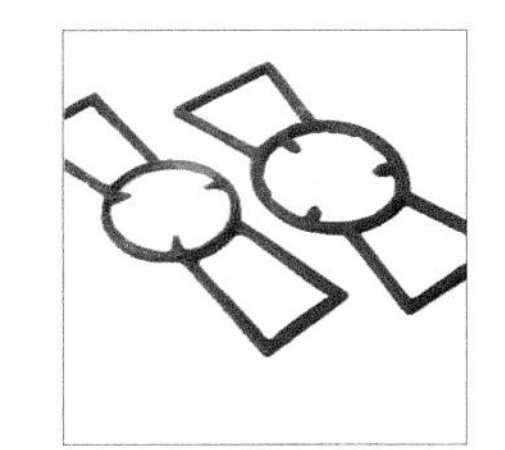

다리쇠
화로나 풍로 위에서 음식물을 끓이거나 데우고 구울 때, 불이 담긴 화로나 풍로 등의 기물 위에 다리처럼 걸쳐놓고 쓴다.

등심ᄉᆞᆯ 넙고 길게 졈여 벙거짓골 고기도곤 ᄆᆡ이 듯거이 ᄒᆞ야
칼노 경경이 두ᄃᆞ려 ᄌᆞᆫ금을 녜여 곳치ᄶᅦ여 유쟝의 쥐믈너 숫불
을 셩히 피워 우ᄒᆡ ᄌᆡ를 얇게 덥고 구으ᄃᆡ、고기가 막 ᄭᅳᆯ커든
닝슈의 ᄌᆞᆷ가 다시 굽기를 이쳐로 세번을 ᄒᆞᆫ 후 고쳐 유쟝 총·
강 두ᄃᆞ린 것과 호쵸만 블나 구어야 연ᄒᆞ니라。

 재료 및 분량

• 등심살 600g • 기름장(참기름 3큰술, 간장 2큰술)

만드는 법

1 등심살을 넓고 길게 저며 전골 고기보다 훨씬 두껍게 하여 칼로 두드려 잔금을 내어 ⅔양의 기름장에 주물러서 꼬치에 꿴다.

2 화로에 숯불을 피워 위에 재를 얇게 덮고 석쇠에 올려 굽는다.

3 고기가 막 끓으면 냉수에 담가 다시 굽기를 3회에 걸쳐서 구운 후 나머지 기름장을 발라 구워야 고기가 연하다.

✻ 설하멱은 눈 오는 날 찾는다는 말이니 근래 설이목은 음을 잘못 읽은 말이다.

족편

도마
칼질을 하는 데 쓰이는 받침대로
두껍고 단단한 나무일수록 좋다.

족편의 소를 ᄒᆞ랴면、족을 고을 제 기름을 거드면 빗치 믉고
곱디 못ᄒᆞ니、ᄒᆞ나토 것디 말고 편ᄒᆞᆫ 그ᄅᆞ시 몬져 ᄒᆞᆫ벌을 얇게
고르게 써 어린 후 싱치를 ᄀᆞ늘게 두ᄃᆞ리고 호쵸 작ᄀᆞ로 유쟝
섯거 마술 마초아 그 우흐로 ᄒᆞᆫ벌을 펴고 족 고은 거술 그 우히
듯겁기 얇기를 맛게 ᄒᆞᆫ벌 언즌 후 황빅 계란 셰셰히 ᄎᆡ 치고
빅ᄌᆞ말 호쵸ᄀᆞ로 쌔허 쓰라。

 재료 및 분량

• 우족 1개 • 꿩살코기 50g • 후추 1작은술 • 잣가루 3큰술
• 기름장 적당량 • 황백지단

만드는 법

1 족편에 소를 하려면, 족을 고을 때 기름을 걷으면 빛이 묽고 곱지 못하므로 걷지 말고 편편한 그릇에 먼저 한 켜를 얇고 고르게 떠 붓는다.

2 그것이 어린 후에 꿩고기를 곱게 두드리고 후추, 잣가루, 기름장을 섞어 간을 맞춘 후 위에 한 켜를 편다.

3 족 고은 것을 그 위에 두께를 알맞게 하여 한 켜 얹은 후, 달걀 흰자, 노른자를 부쳐 가늘게 채치고 잣가루, 후추를 뿌려 쓴다.

✻ 어린 후 : 약간 굳은 후

閨閤叢書

고기반찬여러가지

도마
도마는 나무를 길이 방향으로 켜서 두껍고 넓게 만들어 사용한다.

쇠곱창찜 (牛腸烝方)

재료 및 분량

- 쇠창자 600g
- 쇠고기· 꿩고기· 닭고기 각 600g
- 갖은 양념(소금, 파, 생강, 후추)
- 기름장(참기름:간장 3:1비율)
- 초장(간장 1큰술, 식초 1큰술, 설탕 1큰술)

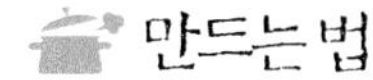

만드는 법

1 쇠창자 안팎을 깨끗이 씻어 한 자 길이로 자른다.

2 쇠고기, 꿩고기, 닭고기를 두드려 갖은 양념과 기름장으로 간을 맞추어 섞고 준비한 창자 속에 넣고 실로 양끝을 묶는다.

3 솥에 물을 붓고 대나무를 가로지르고 그 위에 창자를 얹되, 물에 잠기지 않게 하여 뚜껑을 덮고 뭉근한 불로 고아 익힌다.

4 다 익으면 식힌 후 말발굽 모양으로 썰어 초장과 쓴다.

> 쇠챵ᄌᆞᄅᆞᆯ 안밧글 졍히 ᄲᅵ서 ᄒᆞᆫ자 기릐식 버히고、쇠고기와 치계육을 두드려 온갓 약념과 유쟝 함담 마초 석거 그 챵ᄌᆞ 속의 ᄀᆞ득이너코 실노 두 머리ᄅᆞᆯ ᄆᆡ야 ᄉᆞᆺᄒᆡ 몬져 물을 붓고 대남글 ᄀᆞ로지르고 그 우ᄒᆡ 언저 물의 ᄌᆞᆷ기게 말고、두에를 덥혀 문무화로 고아 ᄆᆡ이 닉은 후 내여 식거든 ᄆᆞᆯ굽형상으로 졈여 쵸쟝의 ᄡᅳ라。

✽ 쇠창자는 소금으로 주물러 씻은 다음 밀가루로 주물러 깨끗이 헹구면 냄새가 나지 않는다.
- 한 자 : 30.3cm
- 한 치 : 3.03cm
- 한 푼 : 0.30cm

뚝배기
찌개나 조림을 할 때 쓰이며 한 번 뜨거워지면 쉽게 식지 않는 장점이 있어 추운 겨울철에 많이 사용한다.

쇠꼬리곰 (牛尾烝方)

쇠꼬리 ᄉᆞᆯ찐 거ᄉᆞᆯ 쌜히 ᄉᆞᆯ재 무르녹게 ᄉᆞᆯ마 줄게 즈뼈 쐬약가리와 부화 ᄉᆞᆯ믄 거ᄉᆞᆫ 빠흐라、ᄒᆞᆫ가지로 유장의 호쵸 등쇽 깨소금을 화합ᄒᆞ야 쥐므르고 ᄉᆞᆯ믄 파를 만ᄒᆞ 너허 쳥장의 고쵸장 잠간 섯거 징을 민들면 개국과 ᄀᆞᆺᄒᆞ되 마시 ᄌᆞ별ᄒᆞ니라。

 재료 및 분량

• 쇠꼬리 1개 • 갈비뼈 600g • 허파 300g • 기름장 • 후추
• 깨소금 • 삶은 파 1단 • 청장 • 소금 약간 • 고추장 3큰술 정도

 만드는 법

1 살찐 쇠꼬리를 무르게 푹 삶아 잘게 찢어 쐬약가리(갈비뼈가 잘고 짧은 부분)와 허파 삶은 것을 썰어 기름장, 후추붙이, 깨소금을 섞어 주무른다.

2 삶은 파를 많이 넣어 청장에 고추장을 약간 섞어 국을 만들면 개국과 같되 맛이 특별하다.

3 고깃국 끓일 때 먼저 국이 끓은 후 고기를 넣는다.

✽ 냉수에 끓기 전에 먼저 고기를 넣으면 맛이 좋지 않으며 생선국 또한 그렇다.

목기쟁첩
반찬을 담는 그릇으로 뚜껑이 있다. 크기가 작으며 쟁첩 수에 따라 반상의 첩수가 달라진다.

개 찌는 법 (烝拘法)

비견일쳑을 법대로 죽여 씻디 마디 다만 챵ᄌᆞ를 졍히 씨서 쳥쟝의 고쵸쟝 잠간 섯거 기름 초 깨소금 호쵸ᄀᆞ로 미나리 파 ᄒᆞᆫ가지로 술므되 몬져 개 가리와 ᄉᆞ각을 너코, 지ᄎᆞ 나모시를 너코 두에를 제혀 덥고 물을 부은 후 슈건으로 둘너 김 나디 아니케 ᄒᆞ야 끌는 소릐가 들니거든 잠간 블을 믈렷다가 두에예 물울 푸고 촌물을 고쳐 부어 만화로 싸혀 이쳐로 ᄒᆞ기를 세번을 하면 고기

재료 및 분량

- 개고기 1.2kg
- 청장· 고추장 3큰술
- 기름· 초· 깨소금· 후춧가루 약간
- 미나리 50g
- 파 50g
- 밀가루 3큰술
- 소금
- 참기름

만드는 법

1 살찐 개 한 마리를 법대로 잡아 씻지 말고 창자만 깨끗이 씻어 청장에 고추장을 조금 섞고 기름, 초, 깨소금, 후춧가루, 미나리, 파를 넣어 함께 삶는다.

2 먼저 고기를 넣고, 그 다음에 나무새를 넣고 뚜껑을 제껴 두고 물을 붓는다. 그리고 수건으로 둘러 김이 나지 않게 하여 끓는 소리가 나면 불에서 내려 뚜껑의 물을 버리고, 찬물을 부어 뭉근한 불로 끓인다. 이렇게 3회를 하면 고기가 무르고 뼈가 스스로 빠진다.

3 다 고아지면 살은 고기 결대로 손으로 찢고 칼은 대지 않는다.

4 내장은 썰어 다시 삶은 국에 양념하고 간을 맞추어 국을 끓인다. 이때 밀가루를 많이 풀면 걸쭉하다. 개장은 깨소금과 기름을 많이 쳐 양념하여 다시 주물러 중탕하여 쓴다.

✻ 본초에 살구씨, 마늘, 소천어와 같이 먹지 말고, 개를 구워 먹으면 소갈증이 난다고 하였다.

냄비
식품이나 음식을 끓이고, 삶고, 튀기고, 볶는 데 쓰이는 조리용구로 손잡이가 고정되어 있으며 바닥은 편평하다.

동아속에 하는 개찜

개뼈를 업시ᄒᆞ고 고기 ᄆᆡᄒᆞᆫ근의 탁쥬 죠흔 초 각ᄒᆞᆫ잔 소금 반냥
유쟝 마쵸 섯거 ᄀᆞ늘게 쯔저 큰 동과 ᄒᆞ나흘 곡지 ᄃᆞᆯ닌편으로
얏게 버혀 ᄡᅵ와 속을 내고 고기를 ᄀᆞ득이 녀코 두에를 도로 덥고
ᄃᆡ쳠으로 ᄃᆞᆫᄃᆞᆫ이 좌우로 지ᄅᆞ고 됴희로 봉ᄒᆞ야 김나지 아니킈
ᄒᆞ고 집흐로 ᄲᆞ고 삭기로 동혀 겻블의 동힌 거시 반만 ᄐᆞ거든
동과를 블속의 아조 무더 ᄒᆞ로밤재와 그 이튼날 ᄂᆡ면 고기마시

재료 및 분량

- 개고기(살코기) 600g
- 막걸리· 식초 각 1잔씩
- 소금 1큰술
- 유장(참기름, 간장)
- 동아
- 대꼬챙이

만드는 법

1 개뼈를 없애고 고기 매 한 근에 막걸리, 좋은 초 각 한 잔씩, 소금 반 냥, 유장을 맞추어 섞는다.

2 가늘게 찢어 큰 동아 하나를 꼭지 달린 편으로 얇게 베어 씨와 속을 내고 고기를 가득 넣고, 뚜껑을 도로 덮어 대꼬챙이로 좌우로 지른다. 종이로 봉하여 김나지 않게 하고 짚으로 싸고 새끼로 동여, 겻불에 동인 것이 반만 타거든 불 속에 동아를 묻어 하룻밤 재운다.

3 그 이튿날 내면 고기 맛이 좋고 동아 맛이 좋다.

구절판
아홉 칸에 아홉 가지 재료를 담았다고 하여 구절판이라고 한다. 원형과 정방형의 두 종류가 있다.

돼지가죽 수정회법
(猪皮水晶膾法)

돼지 껍질을 기름과 잡것 벗기고 정히 ᄲᅵ서 미근의 믈 ᄒᆞᆫ 말과 호쵸 너허 만화로 고아 겁질이 무른 후 ᄂᆡ야 ᄀᆞᄂᆞᆯ게 ᄲᅡᄒᆞ라 몬져 ᄉᆞᆯ믄 믈의 고쳐 너허 고아 믉도 되도 아닌 후 체예 바타 어린 후 초쟝의 ᄡᅳ라。

재료 및 분량

• 돼지껍질 1.2kg • 통후추 1큰술 • 초장

만드는 법

1 돼지껍질은 기름과 잡것을 벗기고 소금과 밀가루로 깨끗이 씻는다.

2 한 근마다 물 한 말과 후추를 넣어 뭉근한 불로 껍질이 무르도록 푹 곤다.

3 꺼내어 식으면 가늘게 썰어 먼저 삶은 물에 다시 넣어 곤다.

4 묽지도 되지도 않게 되거든 체에 밭쳐 어린 후 초장에 쓴다.

✻ 썰어서 뜨거울 때 먹어야 좋다.
그렇지 않으면 쉽게 굳어 묵처럼 된다.

곱돌번철
바닥이 약간 굽은 듯 하면서도 편평하여 전, 지짐이 등을 부치면 눋지 않고 기름이 쉽게 졸지 않는다.

돼지 새끼집(찜)

(猪子帒烝)

무로게 술믄 거술 ᄒᆞᆫ ᄆᆞ디식 버혀 졔육 황육 ᄀᆞ늘게 두ᄃᆞ려 온갓 약념 ᄒᆞ야 모밀ᄀᆞᄅᆞᄂᆡ 화합ᄒᆞ야 그 속의 소를 너코 ᄃᆞᆰ이나 셩치나 ᄒᆞᆫ 가지로 젼복 ᄒᆡ숨 슉복 ᄂᆞᄆᆞᄉᆡ 등쇽 써흐러 너코 깨소금 유쟝 화합ᄒᆞ야 찜을 삿ᄀᆡ집과 ᄒᆞ면 죠흐니라。

재료 및 분량

- 돼지 새끼집 1마디 • 돼지고기 300g • 쇠고기 300g
- 갖은 양념(파, 마늘, 깨소금, 기름장)
- 메밀가루 ½컵 • 닭(꿩) ½마리 • 전복 1개 • 해삼 1마리
- 표고 3장 • 파 1대 • 깨소금·기름장

만드는 법

1 돼지 새끼집을 무르게 삶은 것을 한 마디씩 베어 돼지고기, 쇠고기를 곱게 다져 갖은 양념을 하여 메밀가루에 섞는다.

2 그 속에 소를 넣고 닭이나 꿩과 함께 전복, 해삼, 숙복, 나무새붙이를 썰어 넣고 깨소금, 기름장을 섞어 새끼집과 찜을 하면 좋다.

✽ 나무새붙이 : 온갖 종류의 채소를 일컫는다.

돼지 새끼집(찜)

(兒猪)

오지솥
큰 솥은 물을 데울 때, 중간 것은 밥을 지을 때, 작은 것은 국을 끓일 때 사용한다.

모졔 삿기 빈 거술 잡으면 삿긔집 속의 쥐굿ᄒᆞᆫ 거시 든 거술 경히 삐서 그 비 속의 약념을 ᄒᆞ야 너허 왼이로 찜을 ᄒᆞ면 결미ᄒᆞ나 엇기 쉽디 못ᄒᆞ고 위ᄒᆞ야 잡기ᄂᆞᆫ 음덕의 해로오니

재료 및 분량

- 돼지 새끼 3마리 • 기름장 • 파 · 생강 다진 것 1큰술씩
- 소금 약간 • 후추

만드는 법

1 새끼 가진 어미돼지를 잡으면 새끼집 속에 쥐 같은 것이 든 것을 꺼내어 깨끗이 씻는다.

2 돼지 뱃속에 양념하여 넣고 그대로 찜을 하면 맛이 좋으나 재료를 얻기가 쉽지 않다.

✽ 일부러 어미돼지를 잡는 것은 숨은 덕 쌓기에 좋지 않으므로 그저 연한 돼지를 튀하여 양념하는 것이 좋다.

돼지새끼집(찜) (兒猪)

전골냄비
전골틀, 벙거지골이라고도 부른다. 무쇠로 된 철제 품이 주류를 이루나 곱돌로 된 것도 있다.

그저 연ᄒᆞᆫ 돗출 튀ᄒᆞ 왼이로 닉쟝과 ᄒᆞᆫ가지로 큰 솟히 너코 파와 미ᄂᆞ리를 그 쇽의 만히 너코 쉿무오를 겁질 벗겨 만히 너허 ᄒᆞᆫ가지로 ᄉᆞᆯ므되 고기ᄂᆞᆫ 몬져 너코 ᄂᆞ물은 나죵 너허 무르녹게 ᄉᆞᆯ마 내야 ᄲᅧ업시 ᄒᆞ고 ᄉᆞᆯ흔 ᄀᆞᄂᆞᆯ게 ᄧᅳᆺ고 비계와 닉쟝은 ᄲᅡ흘고 파ᄂᆞᆫ 치기리로 ᄲᅡ흘고 싱복이나 슉복이 업거든 젼복 고은 것과 ᄒᆡᄉᆞᆷ 표고박우거리 등물을 ᄲᅡ흐러 너코 싱총ᄇᆡᆨ과 싱강을 두ᄃᆞ려 ᄒᆞᆫ가지로

재료 및 분량

- 연한 돼지(새끼돼지) 1마리 • 대파 3대 • 미나리 1단 • 순무 ½단
- 생복(숙복) 1개 • 해삼 1마리 • 표고버섯 5장 • 박오가리 300g
- 대파 흰 부분 3큰술 • 생강 다진 것 1큰술 • 참기름 3큰술
- 깨소금 2큰술 • 황백지단 • 후추 • 잣가루

만드는 법

1 연한 돼지를 튀하여 그대로 내장과 같이 큰 솥에 넣고 파와 미나리를 그 속에 많이 넣고, 순무를 껍질 벗겨 많이 넣어 같이 삶되, 고기는 먼저 넣고 나물은 나중에 넣는다.

2 무르익게 삶아 내어 뼈를 없이하고 살은 가늘게 찢는다. 비계와 내장은 썰고 파는 한 치 길이로 썰고, 생복이나 숙복이 없거든 전복 고은 것과 해삼, 표고버섯, 박 오가리 불이를 썰어 넣고, 날파 흰 뿌리와 생강을 두드려 같이 넣는다.

3 좋은 장을 식성대로 간 맞추고 기름, 깨소금을 많이 넣어 주물러 섞어 큰 놋합에 담아 중탕하여 익힌다. 달걀 흰자, 노른자를 부쳐 가늘게 채 친 것을 후추, 잣가루와 같이 뿌려 겨자에 먹는다.

봉총찜(鳳蔥蒸)

달걀망태기
부엌 한 귀퉁이의 선반에 매달아 놓고 필요할 때 달걀을 꺼내 쓰며 짚으로 만든다.

싱치롤 털 쎱을 제、피ᄌᆞ 샹케 말고 고이 쓰더 ᄉᆞ각을 써、다리
겁질을 쟈로처로 잘 벗겨 져치고 쌔롤 아리ᄆᆞᄃᆡ만 두고 웃ᄆᆞᄃᆡᄂᆞᆫ
찍고 ᄉᆞᆯ흔 다 글거ᄂᆡ야 싱치 다ᄅᆞᆫ ᄉᆞᆯ의 황육 죠금 석거 ᄀᆞᄂᆞᆯ게 두
ᄃᆞ려 힘줄을 ᄒᆞ나토 업시 ᄒᆞ고 총빅 싱강 ᄀᆞᄂᆞᆯ게 두ᄃᆞ리고 호쵸
ᄀᆞ로 섯고 고기와 화합ᄒᆞ야 기ᄅᆞᆷ 쟝 함담을 ᄆᆞ초아 쥐물너 반우희
펴노코 큰 싱치 다리 모양을 민든 후 그 져친 겁질을 고이 도로 씌워

 재료 및 분량

- 꿩 2마리 • 쇠고기 100g • 파 다진 것 2큰술 • 생강 다진 것 1큰술
- 후추 약간 • 기름장(참기름, 간장) • 표고 3장 • 대파
- 밀가루 2큰술 정도

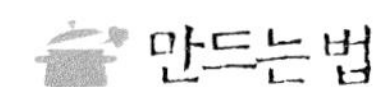

1. 꿩의 털 뽑을 때 껍질이 상하지 않게 곱게 뜯어 사각을 뜨되 다리 껍질을 자루처럼 잘 벗겨 낸다.
2. 다리뼈는 아랫마디만 두고 윗마디의 살은 다 긁어낸다. 꿩 바른 살에 쇠고기를 조금만 섞어 힘줄 없이 곱게 다져 파 흰 뿌리, 생강을 곱게 두드리고 후춧가루와 섞는다.
3. 기름장으로 간을 맞추고 소반 위에 펴 놓고 큰 꿩다리 모양을 만들어, 벗겨 둔 껍질을 다시 씌워 모양을 마음대로 만든다. 이렇게 여러 개 만들어 찜을 하려면 나무새와 온갖 양념을 넣어 밀가루를 풀어 찜을 한다.
4. 굽는 경우는 종이 위에 놓아 반만 익혀 기름장을 발라 굽는다.

✽ 만드는 방법이 번거롭기는 하지만 음식 대접 받는 이를 얼마나 생각했는지 알 수 있다.

반병두리
놋쇠로 된 식기로 국수장국, 떡국, 비빔밥 등의 음식을 담는 데 주로 쓰인다.

메추라기 찜(鶴鶉)

겨울의 들희ᄂᆞ다가 우마를 보면 어려 잡히고, 농의 너허 기ᄅᆞ면
경경이 우ᄂᆞ니라。 찜ᄒᆞ랴면 피ᄌᆞ 샹치 아니케 경히 ᄯᅳ더 두 족과 ᄂᆡ
쟝 업시 ᄒᆞ고 경히 씨서 황육 ᄀᆞᄂᆞᆯ게 두ᄃᆞ려 온갓 약념ᄒᆞ야 그 ᄇᆡ 속
의 소를 너코 ᄂᆞ므새는 엄파 미ᄂᆞ리 약간 너코 표고 셕이 듁슌 등쇽
ᄆᆞᆯ뇌은 것 유쟝 호쵸만 화합ᄒᆞ야 ᄡᅳᄃᆡ 국을 바토ᄒᆞ야 ᄡᅳᄃᆡ 국을 바토
ᄒᆞ야 제 몸이 다 닉은 후는 저즐만ᄒᆞ여야 됴흐니라。

재료 및 분량

- 메추라기 5마리 • 쇠고기 400g
- 갖은 양념(파, 마늘, 깨소금, 기름장)
- 움파 1대 • 미나리 50g • 표고 5장 • 석이버섯 3장 • 죽순 50g
- 기름장 • 후추 • 밀가루 3큰술 정도

만드는 법

1 메추라기 찜을 하려면 껍질이 상하지 않게 정히 뜯어 두 다리와 내장을 빼고 준비한다.

2 메추라기를 깨끗이 씻어 쇠고기를 곱게 다져 갖은 양념하여 뱃속에 소를 넣는다.

3 나무새는 움파, 미나리를 조금 넣고 표고, 석이, 죽순볕이 말린 것을 기름장, 후추만 넣어 주물러 가루즙 조금하여 쓴다.

4 메추라기가 다 익은 후에 국물이 자작하게 있어야 한다.

✽ 본초에 이르기를 돼지 간과 같이 먹으면 얼굴에 사마귀가 난다고 하였다.

삼발이
화로나 장작불 등의 불 위에서 고기를 굽기 위해 석쇠를 올려놓기도 하고 음식물을 끓이는 데 쓰는 취사용 기구.

참새구이 (眞隹(雀))

십월 후로 졍월ᄀᆞ지 가식이오 기여ᄂᆞᆫ먹지 못ᄒᆞᄂᆞ니、독ᄒᆞᆫ 버러지를 먹으며、소혈의 싼 삿기들이 어미를 잡은즉、주려 죽ᄂᆞ니라。 새고기예ᄂᆞᆫ 장을 긔홀 밧、또 마시 됴치 못ᄒᆞ니、굽거나 젼을 지져도 소금 기름의 ᄒᆞᄂᆞ니라。

 재료 및 분량

- 참새 20마리 • 소금기름 : 소금 2큰술, 참기름 3큰술
- 소금 • 참기름 적당량 • 대꼬챙이 10개

만드는 법

1 시월 후로 음력 정월까지 먹을 수 있고 나머지 기간에는 먹지 못한다.

2 새고기에는 장을 쓰지 않으며 장을 쓰면 맛이 좋지 못하다.

3 굽거나 전을 지져도 소금기름을 사용한다.

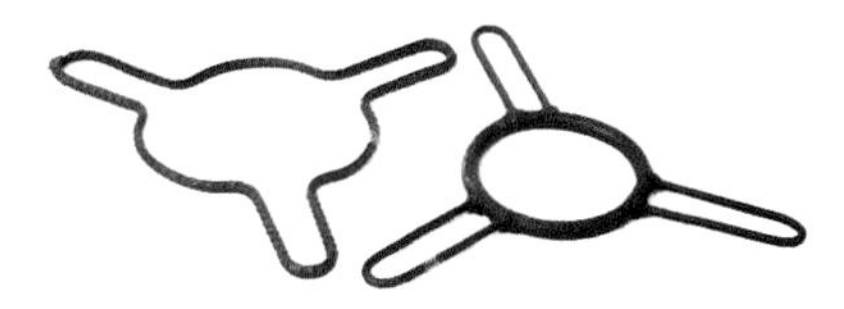

신선로
복판에 굴뚝을 두고 모양은 주둥이가 위로 난 당구호(唐口壺: 입이 좁고 복부가 벌어진 항아리)로 뚜껑이 있다.

열구자탕(悅口子湯)

싱치 진계 ᄒᆡ숨 젼복 양 쳔엽 부화 곤쟈ᄉᆞᆫ 골 졔육 쇳무오 미나리 도랏 파 표고 대하 황육, 다 ᄌᆞᆯ고 방졍이 졈여 번쳘의 기ᄅᆞᆷ 쳐 지지고, 미ᄂᆞ리는 계란을 씌여 지져야 됴코, ᄂᆞ므새ᄂᆞᆫ 그저 지져내고 졔육은 만ᄒᆞ야 됴흐니, 다 열구ᄌᆞ탕 그ᄅᆞ시 겻겻치 ᄃᆞᆷ고 싱션을 빗곱게 황·빅젼유를 지져 그러케 뻐흐러 다각가 기ᄅᆞᆷ을 쳐 복고, 싱치를 약념ᄒᆞ야 소를 너허 ᄎᆞᆯᄡᆞᆯ노 조약을 ᄌᆞᆯ게 비저 지지고 ᄃᆞᆰ과 어육

재료 및 분량

- 꿩 ½마리 • 닭 ½마리 • 해삼 2마리 • 전복 2개 • 양 ½근 • 천엽 ½근 • 부아(허파) ½근 • 곤자손 ½근 • 등골 ½근 • 돼지고기 100g • 순무 2개 • 미나리 1단 • 통도라지 ½근 • 파 • 표고 5장 • 왕새우 10마리 • 쇠고기 100g • 생선전 • 찹쌀가루 2컵 • 황백지단 • 게검은장 • 달걀 • 흰떡 • 가는 국수 • 후추

만드는 법

1. 꿩, 묵은 닭, 해삼, 전복, 양, 천엽, 부아(허파), 곤자손, 등골, 돼지고기, 순무, 미나리, 도라지, 파, 표고, 왕새우, 쇠고기를 반듯하게 저며 팬에 기름을 치고 지진다.
2. 미나리줄기는 달걀을 입혀 미나리 초대를 만들고, 나무새는 그냥 지져야 좋으며, 돼지고기는 많아야 좋다.
3. 준비한 재료 모두를 열구자탕 그릇에 겹겹이 담고 생선은 달걀 흰자, 노른자 따로 전유어를 지져 반듯하게 썬다.
4. 꿩고기를 양념한 소를 넣어 찹쌀로 조악을 잘게 빚어 지지고 닭, 생선, 나무새를 색을 맞추어 그릇에 찬합 넣듯 담고 달걀 흰자, 노른자 지단을 부친다. 게검은장에 기름을 넣고 달걀을 약간 섞어 부치면 주홍색을 띤다. 지단은 각지게 썰어 위에 얹는다.
5. 흰떡을 얇게 썰고 가는 국수를 서너 치 길이씩 베고, 채소, 조악을 한데 담아 둔다.
6. 열구자탕 그릇 통에 숯불을 피우고 돼지고기 삶은 국물에 쇠고기를 많이 넣고, 고기 볶은 즙들을 합하여 국을 끓였다가 탕 그릇에 부어 끓으면 흰떡, 국수, 조악을 한데 넣어 끓이고 후춧가루를 뿌려 쓴다.

신선로
여러 가지 어육과 채소를 돌려 담고 장국을 부어 뚜껑을 닫은 뒤 숯불을 호(壺) 속에 넣고 가열한다.

승기악탕(勝妓樂湯)

ᄉᆞᆯ찐 진계 두 쪽 업시ᄒᆞ고, 거ᄂᆡ쟝ᄒᆞ고, 그 속의 술 ᄒᆞᆫ잔 기름 ᄒᆞᆫ잔, 됴흔 초 ᄒᆞᆫ잔 쳐, 듁침으로 찔너, 박우거리 표고 파 졔육기름긔 써흐러 만히 너코 슈란 싸 너허 탕을 금듕감 민드듯ᄒᆞ니, 이거시 왜관 음식으로 기악도곤 낫다 말이니라。

 재료 및 분량

• 묵은 닭 1마리 • 술 • 기름 • 식초 각 ½ 컵씩 • 대꼬챙이
• 박 오가리 100g • 표고 3장 • 파 50g • 돼지비계 100g • 수란 2개

만드는 법

1 살찐 묵은 닭의 두 발을 잘라 없애고 내장을 꺼내 버린 다음 깨끗이 씻는다.

2 닭 속에 술, 참기름, 좋은 식초를 부어주고 대꼬챙이로 찔러 양념이 잘 스며들게 한다.

3 박 오가리, 표고버섯, 파, 돼지고기 기름기를 썰어 많이 넣고, 수란을 넣어 국을 끓이는데 금중감 만들 듯한다.

✽ 승기악탕은 왜관음식으로 기생이나 음악보다 낫다는 뜻이다.

도시락
찬합 이후에 만들어진 것으로 대나무나 버들로 된 고리짝 형태, 얇은 판자로 짠 정방형의 5층 도시락 등 재료와 형태가 다양하다.

변씨만두 (卞氏饅頭)

비노계 빅숙ᄒᆞ야 그 ᄉᆞᆯᄒᆞᆯ ᄀᆞᄂᆞᆯ게 두ᄃᆞ려 잣ᄀᆞ로 만히 석고 호쵸말 유쟝 맛마초 버므려 잠간 복고、진ᄀᆞ로 깁체의 처셔 반듁ᄒᆞ야 산승 미듯 얇게 비최게 미러 키나게 버혀 키로 ᄡᆞ고 ᄃᆞᆰ숙 믈의 ᄉᆞᆯ마 초쟝의 쁘라。

재료 및 분량

• 늙은 닭 1마리 • 잣가루 ½컵 • 후추 • 기름장
• 밀가루 2컵 • 초장(간장 1큰술, 설탕 1큰술, 식초 1큰술)

만드는 법

1 살찐 늙은 닭을 백숙으로 고아 그 살을 곱게 다진다.

2 다진 닭고기에 잣가루 많이 섞고 후춧가루, 기름장을 맞추어 버무려 슬쩍 볶는다.

3 밀가루를 깁체에 쳐서 반죽하여 산승(웃기떡) 밀듯 얇게 비치게 밀어 귀나게 썰어 귀로 싸고 닭 고은 물에 삶아 초장에 쓴다.

✽ 산승은 찹쌀가루를 반죽하여 얇게 밀어 모지거나 둥글게 만들어 기름에 지진 웃기떡이다.

도시락
찬합 이후에 만들어진 것으로 대나무나 버들로 된 고리짝 형태, 얇은 판자로 짠 정방형의 5층 도시락 등 재료와 형태가 다양하다.

칠향계 (七香鷄)

ᄉᆞᆯ찌고 묵은 암ᄃᆞᆰ을 졍히 튀ᄒᆞ야 아ᄅᆡ로 굼글 ᄂᆡ고、ᄂᆡ장을 쌔혀
속을 졍히 씨ᄉᆞᆫ 후、ᄉᆞᆯ믄 길경 ᄒᆞᆫ밋、싱강 ᄉᆞ오편、총 ᄒᆞᆫ 쟈밤、쳔쵸
ᄒᆞᆫ 쟈밤 지령 ᄒᆞᆫ 죵ᄌᆞ、기ᄅᆞᆷ ᄒᆞᆫ 죵ᄌᆞ、초 반죵ᄌᆞ 닐곱가지를 ᄃᆞᆰ속의 너
코 나믄 약념을 ᄒᆞᆫ가지로 오지항의 너허 유지로 부리를 동히고 사졉
시로 덥고 솟 가온ᄃᆡ 듕탕하야 쓰라。

 재료 및 분량

- 암탉 1마리 • 도라지 1뿌리 • 생강 4～5쪽 • 파 한 자밤
- 천초 한 자밤 • 간장 한 종주(종지) • 기름 한 종주(종지)
- 초 반 종주(종지)

 만드는 법

1 살찌고 묵은 암탉을 깨끗이 튀하여 아래로 구멍을 내고 내장을 빼어 속을 깨끗이 씻어 낸다.

2 삶은 도라지 한 뿌리, 생강 4～5쪽, 파 한 자밤, 천초 한 자밤, 지령(간장) 한 종주, 기름 한 종주, 초 반 종주, 이 일곱 가지를 닭 속에 넣고 남은 양념을 한데 섞어 오지항아리에 넣는다.

3 기름종이로 부리를 동이고 사기접시로 덮어 솥 가운데 중탕하여 쓴다.

✽ 본초에 안으려는 닭은 유독하고, 겨자, 자총이, 개간, 이어, 파, 오얏, 쌀 모두 닭고기와 같이 먹지 말라 하였다.

자총이 : 파의 한 가지, 겉껍질은 자황색이고, 무껍질은 보라색이며, 속은 희다. 파보다 더 맵다.

이 어 : '잉어'의 원말

화채

푼주
양이 적고 간단한 생채나 숙채를
버무릴 때나 식품을 소금이나 간장
에 절일 때 사용한다.

셩ᄒᆞᆫ 슈어 얇게 졈여 녹말 무쳐 ᄀᆞᄂᆞᆯ게 회쳐로 ᄲᅧ흘고, 쳔엽 양 곤쟈
손 부화 싱치 대하 젼복 ᄒᆡ솜 ᄉᆞᆱ은 졔육 다 얇게 졈여 ᄀᆞᄂᆞᆯ게 치쳐로
ᄲᅧ흘고, 빗 프른의 겁질 벗기고, 미ᄂᆞ리·표고·셕이·파·국화
닙·싱강·황 빅 계란 부츤 것, 고쵸 다 치를 쳐 나므시와 고기ᄂᆞᆫ
싱션과 ᄒᆞᆫ가지로 녹말 무쳐 ᄉᆞᆱ으ᄃᆡ 솟히 너허 ᄉᆞᆱ으면 혼잡ᄒᆞ니,

재료 및 분량

- 숭어 1마리 • 녹말 1컵 • 천엽 200g • 양 200g • 곤자소니 200g • 꿩 ½마리
- 왕새우 10마리 • 전복 3마리
- 해삼 2마리 • 삶은 돼지고기 ½근
- 나무새(오이 1개, 미나리 1단, 표고 5장, 석이 3장, 파, 국화잎)
- 생강 1쪽 • 달걀 1개 • 고추 2개 • 무 100g • 연지물 • 겨자 • 초간장

만드는 법

1 숭어를 얇게 저며 녹말을 묻혀 가늘게 회처럼 썰고 천엽, 양, 곤자소니, 꿩, 왕새우, 전복, 해삼, 삶은 돼지고기를 얇게 저며 가늘게 채처럼 썬다.

2 오이는 껍질을 벗기고, 미나리, 표고버섯, 석이버섯, 파, 국화잎, 생강, 달걀 흰자, 노른자 부친 것, 고추를 다 채친다.

3 나무새와 고기는 생선과 마찬가지로 녹말을 묻혀 삶되, 한 가지씩 체에 담아 차례로 삶는다.

4 무채를 곱게 쳐서 연지물을 들여 삶아 생선, 고기, 나무새붙이를 밑에 놓고 달걀지단, 석이버섯, 왕새우, 국화잎 썬 것과, 붉은 무채, 생강, 고추 썬 것은 위에 담는다.

5 맛이 청량하고 오색이 어우러져 보기 좋아 삼월부터 칠월까지 쓴다. 겨자 또는 초간장에 먹는다.

✽ 목판에는 화채를 어처로 표기하였다.

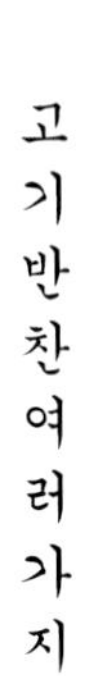

두부틀
직사각형의 나무상자로 되어 있고 바닥과 주변 사방에 작은 구멍을 여러 개 뚫어 두유를 담았을 때 물이 잘 빠지게 한다.

전유어 (煎油魚)

젼유롤 계란을 ᄒᆞᆫ번 부쳐내야 바로 지지면 죠죠ᄒᆞ야 빗차 곱지 못ᄒᆞ니, 계란을 굼글 쟉게 뚤어 빅쳥을 최 뽀든 후, 크게 써히고, 황빅쳥을 각각 그ᄅᆞ시 쯧기를 여러흘 이쳐로 ᄒᆞᆫ 후, 싱션을 넙게 졈여 ᄀᆞᆯᄂᆞᆯ 무쳐 그ᄅᆞ솔 달호고, 황빅을 가각 기름을 만히 치고 계란을 몬져 술노 써 고로로 펴 지져 미ᄎᆞᆫ 닉고 우흔 ᄎᆡ 엉긔지 아녀셔 싱션을 계란의 ᄌᆞᆷ가 그 우희 노흐면 합ᄒᆞ야 닉을 거시니 뒤집어 또 그쳐로

재료 및 분량

- 생선살 1kg • 밀가루 • 기름 1큰술 정도
- 게의 검은장 · 누른장 • 달걀 5개

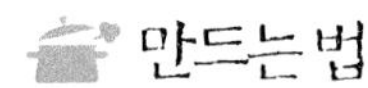

만드는 법

1 달걀은 흰자, 노른자 각각 그릇에 여러 개 쏟은 후 생선을 넓게 저며 밀가루를 묻힌다.

2 팬을 달군 후 달걀 노른자, 흰자에 각각 기름을 많이 넣어 수저로 떠서 고루고루 펴서 지진다.

3 밑은 익고 위는 채 엉기지 않을 때 생선을 달걀에 담가 그 위에 놓으면 합하여 익으므로 뒤집어 또 그렇게 하면 황, 백이 빛나고 윤지다.

4 게를 검은장만 모아 기름을 섞고 달걀을 약간 섞어 저은 후 위 방법대로 지지고, 게 누른장은 달걀에 섞어 법대로 지지면 주황빛 같고 야들야들하다.

閨閤叢書

나무새불이

송이찜

바구니
주로 곡식 등의 농산물을 갈무리하거나 말리는 데 사용된다.

 재료 및 분량

- 자연송이 5개 • 쇠고기· 돼지고기 각 100g씩 • 두부 ¼모
- 기름장 • 갖은 양념(파, 마늘, 깨소금) • 밀가루 • 달걀
- 황백지단 • 후추 • 잣가루 약간

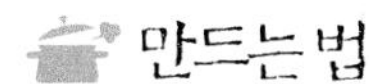

1 송이 껍질을 얇게 벗기고, 줄기는 도려 벗기고 우핀 것은 넓게 저민다.

2 쇠고기, 돼지고기는 곱게 두드려 두부와 섞어 기름장과 갖은 양념을 섞어 크기는 뜻대로 하여 소를 만든다.

3 소는 송이 저민 것으로 덮어 싸서 고운 밀가루를 묻혀 달걀 씌워 지진다.

4 국을 꾸미 많이 넣고 밀가루, 달걀을 풀어 끓이다가 송이 지진 것을 넣고 다시 끓여 황백지단채와 후추, 잣가루를 뿌려 쓴다.

✽ 우핀 것 : 너무 활짝 핀 것이다.

숑이 것겁집 벗기고 얇게 줄기ᄂᆞᆫ 도려 벗기고、우편 거ᄉᆞᆫ 넙게 졈여 황육과 졔육 ᄀᆞ늘게 두ᄃᆞ려 두부섯거 유쟝 ᄆᆞ초고 각식 약념 화합ᄒᆞ야、대쇼ᄂᆞᆫ 임의ᄃᆡ로 ᄒᆞ고 소롤 숑이 졈인 거ᄉᆞ로 덥허 빠 고은 진ᄀᆞᆯᄂᆞᆯ 무쳐 계란 씌워 지지고、국을 쑤미 만히 녀코 진말과 계란 프러 끌히다가 숑이 지진 거ᄉᆞᆯ 녀허 다시 끌형 냥식 계란치와 호쵸 잣ᄀᆞᄅᆞ 쌔허 쓰ᄂᆞ니라。

나무새불이

소쿠리
버들가지나 대나무 껍질을 떠서 엮은 둥근 그릇으로 주로 식품을 담아 말리거나 음식 만들 재료를 담는 데 사용된다.

죽순나물 (竹筍菜)

듁순치 얇게 졈여 뼈흐러 데쳐 ᄃᆞᆷ갓다가 고기와 싱치 ᄀᆞᆺᄒᆞᆫ 것슬 만히 두ᄃᆞ려 너코、표고 셕이 등 쇽 호쵸 ᄀᆞ초아 약념ᄒᆞ야 기름 만히 치고 진말 잠간 녀허 복가ᄡᅳᄃᆡ 먼니셔 저려온 듁순이어든 날포 믈ᄀᆞ라 퇴염ᄒᆞᆫ 후 ᄡᅳ나니라。

 재료 및 분량

- 죽순 3개 • 쇠고기·꿩고기 각 50g씩 • 표고버섯 3장
- 석이버섯 2장 • 밀가루 1작은술 • 파 2큰술 • 마늘 1큰술
- 설탕 1작은술 • 간장 1큰술 • 참기름 2작은술
- 깨소금 • 후춧가루

 만드는 법

1 죽순을 얇게 저며 썰어 끓는 물에 데쳐 담갔다가 쓴다.

2 쇠고기, 꿩고기, 표고버섯, 석이버섯을 채 썰어 갖은 양념하여 준비한다.

3 죽순과 준비한 재료를 섞어, 팬에 기름을 넉넉히 두르고 밀가루를 약간 넣어 볶아 낸다.

✽ 먼 데서 절여 온 죽순이거든 날로 물 갈아가며 짠맛 우려낸 뒤에 쓴다.

나무새불이

소쿠리
일반적으로 짜임새가 촘촘하여 알이 작은 식품을 담아도 빠지지 않아 쌀 등의 곡식을 물에 씻어 물기를 빼는 데 특히 유용하다.

신감초 봄의 연ᄒᆞᆫ 줄기를 데쳐 겁질 벗겨 안심ᄉᆞᆯ 산적의 석꿰어 약념ᄒᆞᆫ 즙 블나 굽고 겨울의 흰움을 싱치젹의 섯거 쎄면 됴흐니라。

재료 및 분량

- 승검초 9줄기 • 쇠고기(안심살) ½근 • 기름장
- 갖은 양념(파, 마늘, 설탕, 간장, 깨소금, 참기름)
- 대꼬챙이

만드는 법

1. 봄에 연한 승검초 줄기를 깨끗이 씻어 데쳐 껍질을 벗긴다.
2. 쇠고기(안심살) 산적에 섞어 꼬치에 꿰어 갖은 양념을 한다.
3. 쇠고기 석쇠에 굽고 겨울에 흰 움을 생치적에 섞어 꿰면 좋다.

기름틀
콩이나 참깨, 피마자, 동백 같은 식물의 씨앗을 원료로 하여 기름을 짤 때 쓰는 기구로 두 개의 나무판과 지지대, 몸통으로 구성.

동과선 (冬瓜膳)

경상 노동과 동골고 방졍이 빠흐라 기름 쳐 복고, 이슬 마쳐 부수
히 ᄇᆞ라인 계ᄌᆞ를 ᄀᆡ야 업헛다가 ᄭᅮᆯ을 만히 쳐 잘 민드러 업헛
다가 ᄡᅳᄂᆞ니라。

 재료 및 분량

• 동과(동아) 400g • 참기름 1큰술 • 겨자 2큰술 • 꿀 3큰술
• 물 3큰술 • 식초 2큰술

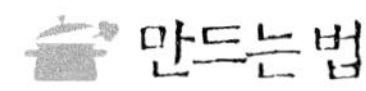

1 서리맞은 늙은 동과를 둥글고 반듯하게 썬다.

2 참기름 쳐서 썬 동과를 팬에 볶는다.

3 이슬 맞아 무수히 바랜 겨자를 개어 뜨거운 뚜껑에 엎었다가 꿀을 많이 쳐서 잘 만들어 쓴다.

✽ 겨자는 되직하게 개어 따뜻한 곳에 잠시 엎어 놓아 발효시키면 매운맛이 잘 난다.

閨閤叢書

나무새불이

기름병
음식을 조리할 때 쓰이는 참기름, 콩기름, 들깨기름 등의 식용유와 머리에 바르는 동백기름 등을 담아 두고 쓰는 병.

호박나물 (越果菜)

쥬먹ᄀᆞᆺ치 어리고 연ᄒᆞᆫ 호박을 ᄀᆞᆺ 짜、후박을 마초아 빠흐라 졔육은 얇게 졈이고 황육은 ᄀᆞᄂᆞᆯ게 두ᄃᆞ려 만히 너코、파·고쵸·성이 너허 노고를 몬져 빠게 달호고 기ᄅᆞᆷ을 만히 부은 후 호박과 고기를 너허 지게 복가 고은 깨소금 쎄허 쓰고 안쥬ᄒᆞ랴면 ᄎᆞ젼병을 돈빡만치 지져 석거 복가 쓰ᄂᆞ니라。

 재료 및 분량

- 호박 1개 • 돼지고기 100g • 쇠고기 100g • 파 • 고추 1개
- 석이버섯 1장 • 깨소금 ½작은술 • 찹쌀가루 1컵 • 기름

만드는 법

1 어리고 연한 주먹 같은 호박을 준비하여 반달썰기 한다.

2 돼지고기는 얇게 저미고, 쇠고기는 다져서 갖은 양념을 한 다음 파, 고추, 석이버섯을 섞어 준다.

3 찹쌀가루를 되게 익반죽하여 찰전병을 부쳐 식으면 굵게 채를 썰어 준비한다.

4 팬이 뜨겁게 달구어지면, 기름을 넉넉히 두르고 호박과 고기를 넣고 볶다가 고운 깨소금을 넣고, 안주를 하려면 준비한 찰전병을 넣고 돈짝만큼 찢어 섞어서 재빨리 볶아 깨소금을 뿌려 낸다.

✻ 찰전병을 0.5cm 두께로 부쳐내어 냉장고에 넣었다가 꺼내 썰면 늘어지지 않아 좋다.

나무새불이

소래기
채소를 담거나 씻기도 하고 보리나 수수 등의 곡류를 씻을 때나 녹말을 가라앉힐 때 등 여러 용도로 쓰인다.

임자좌반(荏子佐飯)

출ᄀᆞᄅᆞᆯ ᄀᆞᄂᆞᆯ게 처 강졍 반듁ᄀᆞᆺ치 ᄒᆞᄃᆡ, 고이 실ᄒᆞ야 복근 깨를 만히 너코, 호쵸 젼쵸 고쵸 세가지 다 셰말ᄒᆞ야 ᄇᆡᆨᄌᆞ ᄀᆞ로와 ᄒᆞᆫ가지로 너코, 됴흔 쟝 됴곰 담히 쳐, 화합ᄒᆞ야 강졍 ᄧᅵ듯ᄒᆞ야 ᄆᆡ이 ᄀᆡ야 얇게 미러서 키지게 뼈흐러 ᄭᅩᆺ젼 지지듯 ᄒᆞᄂᆞ니라。

 재료 및 분량

- 찹쌀가루 3컵 • 볶은 깨 3큰술 • 후춧가루 ½작은술
- 천초(산초)가루 약간 • 고춧가루 1작은술
- 잣가루 2큰술 • 간장 1작은술 • 기름 적당량

 만드는 법

1 실깨를 깨끗이 손질하여 물에 불려 거피하여 볶아 준비한다.

2 찹쌀가루를 곱게 쳐서 강정 반죽같이 준비하여 볶은 깨, 후춧가루, 천초가루, 고춧가루를 섞는다.

3 여기에 간장으로 간을 한 다음, 반죽하여 쳐서 강정을 만들 때처럼 시루에 쪄낸다.

4 쪄낸 반죽을 얇게 썰어서 커지게 썰어 꽃전 지지듯 한다.

✻ 반죽이 질면 만들기가 어렵다.

자배기
주로 보리를 대끼거나 채소를 씻어 절일 때, 나물을 삶아 물에 불리거나 떡쌀을 담글 때 사용하며 설거지통으로도 이용된다.

다시마좌반

다ᄉᆞ마ᄅᆞᆯ 물의 불어 도로 ᄆᆞᆯ뇌여 반건이 되야 믯그럽디 아니커든、됴흔 ᄎᆞᆸᄡᆞᆯ을 기ᄉᆞ로 ᄀᆞᆯ히여 밥을 되게 지어、더온 김의 ᄒᆞᆫ 알식 쩨혀、다ᄉᆞ마를 반ᄃᆞᆺᄃᆞᆺᄒᆞ게 버혀 ᄒᆞᆫ편만 밥알을 뷘 틈업시 박아 볏ᄒᆡ ᄆᆞᆯ뇌여 강반ᄀᆞᆺ치 되거든、기름의 띄여 지져 밥 아니 브튼 편의 ᄭᅮᆯ을 약간 ᄇᆞᆯ나 잣ᄀᆞ로 쎄허 ᄡᅳᄂᆞ니라。

 재료 및 분량

• 다시마 30cm • 찹쌀 1컵 • 기름 • 꿀 • 잣가루

만드는 법

1 다시마를 물에 잠시 불렸다가 다시 말려 적당한 크기로 잘라 미끄럽지 않게 하여 준비한다.

2 찹쌀을 불려 된밥을 지어 한 알씩 떼어 다시마의 한쪽 면에 빈틈없게 붙인다.

3 볕에 말려 누룽지같이 마르면, 기름에 지져 낸다.

4 밥이 안 붙은 편에 꿀을 발라 잣가루를 뿌려 낸다.

나무새불이

섞좌반

과기
과일이나 다과를 담는 그릇이다.

모밀ᄀᆞᄅᆞᆶ 깁체예 뇌여 소금믈의 ᄀᆡ야 술노 드리워 ᄡᅳᆫ허지지 아닐
만치 ᄒᆞᆫ 후、기롬을 섯ᄭᅳᆯ히고 막 ᄭᅳᆯ커든 모밀믈을 술노 ᄀᆞᄂᆞᆯ게 머리
털처로 줄기를 드리워 기롬 우ᄒᆡ 년ᄒᆞ여 동골게 서려 대쇼가 ᄭᅩᆺ젼만
치 최거든 대쪽 둘을 얇고 반반이 짝가 빵슈로 들고 두편으로 마조ᄀᆞ
을 거두어 올녀 모양을 곱게 민드라 지져 섞쟈로 건지ᄂᆞ니 ᄒᆞᆷ긔 여러
흘 못지져 ᄒᆞ나식 지지ᄂᆞ니라。

 재료 및 분량

- 메밀가루 3컵 • 밀가루 ½컵 • 소금 1작은술
- 소 : 잣가루 1컵 • 후추 ⅛작은술 • 지치기름(지지는 기름)

만드는 법

1 메밀가루에 밀가루를 조금 섞어 깁체에 친다.

2 끓인 물에 소금을 조금 넣어 빚기 좋을 만큼 반죽한다.

3 잣가루에 후추를 섞어 소를 빚는다.

4 크기는 대추만하게 석류모양으로 빚어 지치기름에 지진다.

✻ 지치(지추) = 자초(紫草) : 끓는 기름에 지치를 넣어 붉은빛을 낸 기름으로 지지는 떡에도 많이 쓰인다.

✻ 섞쟈(석쟈)는 튀김따위를 건져내는 철사로 그물처럼 엮어 바가지 같이 만든 자루 달린 그릇이다.

✻ 깁체는 아주 고운체이다.

떡,과줄

閨閣叢書

매통
벼의 껍질을 벗기는 데 쓰이는 도구로 크기가 같은 통나무 두 짝으로 만든다.

복령조화고(茯苓調和糕)

빅봉녕 년육 산약 능인 각 ᄉᆞ 냥 사당 일근 다 셰말ᄒᆞ야 빅미 이승 ᄀᆞᆯ닉 섯거 실닉 섯거 실닉 안치고 대칼로 그어 조각나게 경계를 지어 ᄶᅵ딕、보자나 보ᄀᆞᆺᄒᆞᆫ 거ᄉᆞᆯ 덥허 쪄먹고 혹 셔건ᄒᆞ야 의이로 먹으딕 이 ᄯᅥᆨ이 나모 두에를 덥허 ᄶᅵ면 닉디 아니ᄒᆞᄂᆞ니라。

 재료 및 분량

- 백복령(白茯苓) · 연육(蓮肉) · 산약(山藥) · 검인 각 넉 냥
- 설탕 한 근 · 멥쌀가루 두 되

만드는 법

1 백복령, 연육, 산약, 검인을 곱게 가루를 내어 준비한다.

2 멥쌀가루에 백복령, 연육, 산약, 검인, 설탕을 섞는다.

3 준비한 재료를 시루에 안치고, 베보자기를 덮어서 찐다.

4 떡을 말려서 의이로 먹어도 좋다.

✽ 이 떡은 나무 뚜껑을 덮어 찌면 익지 않는다.

절구 · 절굿공이
곡식을 찧거나 빻는 데 사용하는 것으로 통나무나 돌의 속을 파낸 구멍에 곡식을 넣고 절굿공이로 찧는다.

백설고 (白雪糕)

빅미 일승 유미 일승 산약쵸 년육 능실 각 ᄉᆞ냥 극셰말ᄒᆞ야 사당 일근반을 작말ᄒᆞ야 ᄒᆞᆫᄃᆡ 섯거 ᄶᅵ면 극히 아름답고 보익ᄒᆞᄂᆞ니라 。
우ᄂᆞᆫ 동의보감 보약문의셔 쵸픔ᄒᆞᆫ 거시니 보원익긔 보허 보비위 ᄒᆞ고 겸ᄒᆞ야 마시 극히 아름다오니라 。

재료 및 분량

• 불린 멥쌀 500g • 불린 찹쌀 500g • 산약초 • 연육
• 검인가루 각 1냥(37.5g) • 설탕 1컵

만드는 법

1 산약초, 연육, 검인을 곱게 가루로 만들어 준비한다.

2 멥쌀과 찹쌀을 물에 불려 가루로 내어 준비한다.

3 쌀가루와 약재가루를 섞고 수분을 준 다음 설탕을 넣고 섞어 체에 내려 시루에 안쳐 쪄낸다.

✽ 동의보감 보약문 중에서 초품한 것이니 보원익기, 보원, 보비위할 뿐만 아니라 맛 또한 극히 아름답다.

남방애
'나무로 만든 방아'란 뜻의 제주도 방언으로 한복판을 깊게 하여 제주도의 현무암으로 만든 돌확을 박는다.

권전병 (卷煎餅)

사당과 쑬을 모밀ᄀᆞᄅᆡ 반듁ᄒᆞᄃᆡ、ᄌᆞ도 되도 아니케 ᄒᆞ야 실ᄂᆡ 뼈 외얏만치 부븨여 대로 얇게 미러지지면 형상이 연ᄒᆞᆫ 년닙 ᄀᆞᆺᄒᆞ니 권전병이오 동골게 버힌 것ᄉᆞᆫ 송풍병이니라。

 재료 및 분량

- 메밀가루 3컵 • 밀가루 ½컵 • 설탕 ½컵 • 꿀 ⅔컵
- 기름 적당량

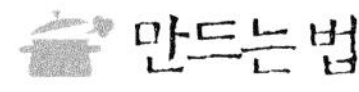 만드는 법

1. 메밀가루에 밀가루와 설탕, 꿀을 넣고 반죽한다.
2. 반죽한 재료를 오얏만큼 떼어 밀대로 얇게 밀어 팬에 기름을 두르고 지져 낸다.
3. 지지면 모양이 연한 연잎과 같으니 권전병이다.

✽ 원본에는 메밀가루만 사용하였다. 오얏(자두)만큼씩 떼어 밀대로 얇게 밀어 지지면 모양이 연한 연잎 같으니 귀전병이고, 둥글게 베인 것은 송풍병이다.

맷돌
주로 곡식을 갈아서 가루로 만들거나 물에 불린 곡식을 갈 때 쓴다.

유자단자 (柚子團子)

유ᄌᆞ졍과 ᄆᆡᆫ드ᄂᆞ라 겁질벗긴 거ᄉᆞᆯ 만히 모아 ᄆᆞᆯ뇌여 작말ᄒᆞ얏다가
죠흔 건시 ᄀᆞᄂᆞᆯ게 두ᄃᆞ려 ᄎᆞᆯᄀᆞ로의 ᄊᆞᆯ 버므려 당키ᄀᆞ로 죠곰 석거
건시와 유ᄌᆞᄀᆞ로 섯거 증편태희 강졍 ᄶᅵ듯ᄒᆞ야 황뉼 ᄉᆞᆯ마 걸너 ᄊᆞᆯ
석고 호쵸 계피 너흔 소를 ᄲᅡ ᄃᆞᆯ게 복근 거피ᄑᆞᆺ무쳐 ᄡᅳ라。

재료 및 분량

• 유자가루 1컵 • 곶감 5개 • 찹쌀가루 3컵
• 꿀 2큰술 • 당귀가루 3큰술 • 황률 1컵 • 후춧가루
• 계핏가루 • 거피팥고물 5컵

 만드는 법

1 유자껍질을 말려 가루로 낸다.

2 곶감을 가늘게 채 썰어 준비한다.

3 찹쌀가루에 꿀, 당귀가루, 곶감, 유자가루를 섞어 쪄낸다.

4 황률을 삶아 체에 걸러 꿀, 후춧가루, 계핏가루를 넣어 소를 만든다.

5 쪄낸 떡 반죽을 강정 치듯이 쳐서 준비한 소를 넣고 단자를 만든 후, 달게 볶은 거피팥고물에 묻혀 낸다.

✽ 단자 : 團子, 團餈
유자정과 만들 때 껍질 벗긴 것을 말려 두었다가 사용한다.

풀매
주로 곡식을 갈아서 가루로 만들거나 물에 불린 곡식을 갈 때 쓴다.

원소병 (圓宵餠)

출ᄀᆞᄅᆞᆯ 깁체예 처, 사당슈의 반듁ᄒᆞ야 대쵸 쪄 거른 소 너허, 대쇼를 큰 경단마치 동골게 부븨여 사당슈를 ᄃᆞᆯ게 ᄒᆞ야 ᄉᆞᆯ마 물슈단ᄀᆞᆺ치 ᄯᅴ워 ᄡᅳ니 이 ᄯᅥᆨ이 북경셔 원쇼의 민드라 먹는고로 위지 원쇼병이라.

재료 및 분량

• 찹쌀가루 3컵 • 설탕 ½컵 • 물 6큰술 정도 • 대추 3컵

만드는 법

1 찹쌀가루를 깁체에 친 후 설탕물에 반죽한다.

2 대추를 쪄서 체에 내린 후, 소를 만든다.

3 큰 경단만큼씩 반죽을 떼어 대추 소를 넣고 둥글게 빚어 끓는 물에 삶아낸 다음, 찬물에 헹구어 준비한다.

4 설탕물을 달게 하여 삶아 낸 떡을 국물에 띄워 낸다.

✽ 이 떡을 북경(北京)에서 정월 보름에 만들어 먹는고로 원소병이라 한다.

깁체 : 고운체

승감초단자(當歸團子)

맷돌받이
맷돌받이는 맷돌로 콩 등의 곡물을 갈아 콩물과 같은 액체나 가루를 낼 때 쓰는 용구이다.

ᄎᆞᆯᄀᆞᆯᄂᆡ 신감초 싱엽을 ᄶᅵ허 ᄀᆞ로 버므려 졀고의 ᄶᅵ허 ᄉᆞᆯ마、ᄡᆞᆯ쳐
기야 복근풋 ᄡᆞᆯ소 너허 잣ᄀᆞ로 무쳐 ᄡᅳᄂᆞ니라。

재료 및 분량

• 찹쌀가루 3컵 • 소금 ½작은술 • 승감초 50g • 꿀 3큰술
• 거피팥가루 2컵 • 꿀 3큰술 • 잣가루 1컵

만드는 법

1 찹쌀을 깨끗이 씻어 물에 8시간 이상 담갔다가 체에 밭쳐 물기를 뺀 후 가루를 내어 준비한다.

2 승감초 생잎을 절구에 찧어 찹쌀가루에 섞은 후 다시 절구에 찧어 반죽하여 끓는 물에 삶아 낸 다음 꿀을 넣어가며 친다.

3 거피팥을 불려 껍질을 없애 깨끗이 하고 푹 무르게 쪄내어 체에 내려 볶아 낸 다음 꿀을 넣고 소를 만든다.

4 준비한 떡 반죽에 팥소를 넣고 단자를 빚은 다음 잣가루를 묻혀 낸다.

✲ 승감초 : 승검초라고도 하는데 당귀잎이다.

맷돌받이
맷돌받이는 맷돌로 콩 등의 곡물을 갈아 콩물과 같은 액체나 가루를 낼 때 쓰는 용구이다.

석탄병(惜呑餠)

슈시 닉고 단단ᄒᆞᆫ 거ᄉᆞᆯ 거피ᄒᆞ야 ᄒᆞᆫ겹을 싱뉼치듯 싹아、너러 ᄆᆞᆯ뇌
여 작말ᄒᆞ고 뫼ᄀᆞ로 참반ᄒᆞ야 석고、ᄉᆞ당ᄀᆞᄅᆞ나 만히 섯거 맛보아 만
일 덜 ᄃᆞᆯ거든 됴흔 싱쳥 더 섯거 ᄎᆞ고、귤병과 민강 얇게 졈여 무우
떡 석듯 섯거 안칠적 잣ᄀᆞ로 계피말 합ᄒᆞ야 안치고、대쵸와 황뉼 ᄉᆞᆯ믄
것 ᄀᆞᄂᆞᆯ게 치쳐 잣ᄀᆞ로와 석거 안칠적、잣ᄀᆞ로 석거 우희 ᄀᆞ득이 흣고
빅지로 ᄡᅳᄉᆞᆫ후 또 죠희를 업고 다른 ᄀᆞᄅᆞ로 우흘 덥허 ᄶᅵ면 감렬ᄒᆞᆫ

재료 및 분량

• 감가루 3컵 • 멥쌀가루 9컵 • 설탕 1컵 • 꿀 • 귤병 ½컵
• 잣가루 2컵 • 계핏가루 • 대추 2컵 • 황률 삶은 것 1컵 • 유산지 2장

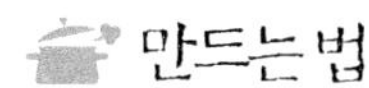

만드는 법

1 단단한 감을 껍질을 벗겨 생률 치듯 깎아 말려 가루를 만든다.

2 귤병을 적당한 크기로 썰어서 준비하고, 밤과 대추는 곱게 채를 썰고, 잣은 가루를 낸다.

3 멥쌀가루에 귤병, 설탕, 꿀, 계핏가루, 잣가루를 섞는다.

4 시루에 쌀가루를 안치고 황률채, 대추채와 잣가루를 섞어서 고물로 뿌린 다음, 유산지를 덮고 쌀가루를 켜켜로 올려서 쪄낸다.

✲ • 원본에는 황률을 삶아 채 썰었음.
• 감렬(甘烈)한 맛이 차마 삼키기 어려운 고로 석탄병이라 한다.
• 감렬이란 달콤하고 향긋한 맛이다.

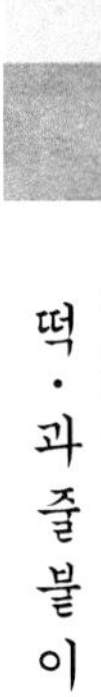

돌확
고추, 마늘, 생강 등의 양념이나 보리, 쌀, 수수 등의 곡식을 갈거나 소금을 빻는 데 쓰는 부엌용구.

도행병(桃杏餠)

도ᄌᆞ ᄒᆡᆼᄌᆞ를 난만이 닉은 쟈를 삐업시 ᄒᆞ고 쎠 체의 걸너 뫼ᄲᆞᆯᄀᆞ로
ᄎᆞᆯᄀᆞ로 도ᄒᆡᆼ즙을 각각 많히 무쳐 버므려 볏ᄒᆡ ᄆᆞᆯ뇌여 유지 줌치의 너
허 샹치 아니케 두엇다가 고쳐 츄동의 작말ᄒᆞ야 사당ᄀᆞᆯ니나 싱쳥이나
버므려 대쵸 밤 빅ᄌᆞ 호쵸 계피 등쇽 고명ᄒᆞ야 뫼ᄀᆞᆯ늘 실늬 안쳐 찌고
ᄎᆞᆯᄀᆞ로ᄂᆞᆫ 구무떡 ᄉᆞᆯ마 내야 개야 복근 ᄭᅮᆯ팟소 너허 ᄭᅮᆯ팟치나 잣ᄀᆞᆯ니
나 무쳐 단ᄌᆞ를 ᄒᆞ면 도ᄒᆡᆼ지긔 만구ᄒᆞ야 신키로오니라

 재료 및 분량

• 복숭아 10개 • 살구 20개 • 멥쌀가루 10컵 • 찹쌀가루 5컵
• 설탕 ½컵 • 꿀 3큰술 • 대추 1컵 • 밤 12개 • 잣 ½ 컵
• 후춧가루 • 계핏가루

만드는 법

1 복숭아와 살구는 잘 익은 것으로 준비하여 씨를 빼고 쪄내어 체에 거른다.

2 멥쌀가루에 복숭아즙을, 찹쌀가루에 살구즙을 각각 넣고 섞어 버무려 볕에 말려 둔다.

3 미리 말려둔 멥쌀가루를 가을이나 겨울에 설탕과 꿀을 섞은 다음, 만들어 밤, 대추, 잣, 후추, 계피 등으로 고명을 하여 쪄낸다. 이것이 도병(桃餠)이다.

4 미리 말려둔 찹쌀가루는 반죽하여 구멍떡으로 만들어 삶아 내어, 팥소를 넣고 만들어 잣가루에 묻혀 내어 단자를 만든다. 이것이 행병(杏餠)이다.

오지확
확은 돌을 파내서 사용하거나 안쪽을 우둘투둘하게 만들어 구워낸 오지로 된 것을 사용한다.

신과병(新果餠)

휫밤 닉은 것、풋대쵸 써흘고、죠흔 침감 겁질 벗겨 얇게 졈이고、
신쳥대와 ᄀᆞᆯᄂᆡ 섯거 신쳥 버므려 휫녹두 거피ᄒᆞ야 ᄲᅮ려 ᄶᅵ라。

 재료 및 분량

- 멥쌀가루 10컵 • 녹두고물 4컵 • 햇밤 1컵 • 풋대추 ½컵
- 단감(침감) 1개 • 풋청대콩 1컵

만드는 법

1 햇밤과 풋대추는 썰어서 준비하고, 단감(침감)은 단단한 것으로 준비하여 껍질을 벗겨 얇게 저민다.

2 쌀가루에 꿀을 버무려 물을 주고 준비한 햇밤, 풋대추, 단감, 풋청대콩을 섞어 버무린다.

3 햇녹두는 거피하여 고물로 준비한다.(거피팥고물 내는 방법과 같다)

4 시루에 녹두고물을 깔고 준비한 쌀가루를 안치고 다시 녹두고물을 뿌린 다음 켜켜이 안쳐 쪄낸다.

✻ 침감 : 연한 소금물에 덜 익은 땡감을 담가 떫은맛을 우려낸 감.

혼돈병(渾沌餠)

폭독
확에 곡식을 넣으면 폭독을 가지고 좌우로 번갈아 가며 간다. 돌멩이를 주워 쓰거나 우둘투둘하게 구워 낸 오지로 된 것을 쓴다.

출ᄀᆞᆯᄂᆡ 싱쳥 버므려 당키ᄀᆞ로 삼분지일만 석고、계피말 두돈、호쵸말
ᄒᆞᆫ돈、건강 오푼 너허 굵게 ᄆᆞ은 빅ᄌᆞ ᄒᆞᆫ홉과 화합ᄒᆞ야 증편테의 보ᄌᆞ
설고、쑬풋 복근 것、계피 섯거 밋히 설고 썩ᄀᆞᆯ늘 ᄒᆞᆫ벌 듯거이 선 후、
쑬 석고 약념ᄒᆞᆫ 황뉼 ᄉᆞᆱ은 소ᄅᆞᆯ 우흔 동골고、밋츤 편ᄒᆞ게 큼죽이 쥐여
민드라 줄지어 노코、ᄀᆞᆯ늘 우희 소 비최지 아니게 방울이 분명ᄒᆞ게
덥고、조뉼 빅ᄌᆞ 고명 빈틈 없이 방울의 박고 복근 풋출듯 거이 쑤린 후

재료 및 분량

• 찹쌀가루 12컵 • 꿀 • 승검초가루 3컵 • 계핏가루 2돈 • 후춧가루 1돈 • 건강 5푼 • 잣 1홉 • 거피팥 6컵 • 황률 3컵 • 대추 5개 • 밤 3개 • 잣 1큰술

만드는 법

1 찹쌀가루에 승검초가루와 계핏가루, 후춧가루, 건강, 굵은 잣가루를 섞고 꿀을 넣고 버무린다.

2 황률을 삶아 내어 체에 내린 다음 꿀을 섞어, 위는 둥글고 아래는 편편한 모양으로 소를 만든다.

3 거피팥을 쪄내어 체에 내린 후 계핏가루를 섞고 팬에 볶아 고물을 만든다.

4 찜통에 볶은 팥고물을 깔고 준비한 찹쌀가루를 두껍게 안치고 준비한 소를 줄지어 올린 후 소가 보이지 않을 만큼 충분히 가루를 덮는다. 다시 그 위에 대추, 밤, 잣 고명을 빈틈 없이 소 위에 박고 볶은 팥고물을 두껍게 뿌린다.

5 터지지 않도록 다시 한번 찹쌀가루를 뿌린 후 쪄내어, 덮은 떡은 걷어 버리고 방울방울 베어 쓴다.

토란병(土卵餠)

시루
떡이나 쌀 등을 찔 때 쓰는 찜기이다.

토란 닉게 ᄉᆞᆯ마 거피ᄒᆞ야 ᄎᆞᆯᄀᆞᄅᆞ 섯거 무로ᄧᅵ허떡 민드라 진유의 지지ᄂᆞ니라。

 재료 및 분량

• 토란 1kg • 찹쌀가루 10컵 • 참기름

 만드는 법

1 토란을 삶아 껍질을 벗겨 내어 체에 내린다.

2 찹쌀가루에 토란을 넣어 반죽한다.

3 참기름에 지져 낸다.

✽ 토란은 가을에 土氣를 듬뿍 받은 식재료이다.

남방감저병

(南方甘藷餠)

질시루
시루는 만드는 재료에 따라 도제시루, 질시루, 동제시루 등이 있다.

감뎌를 겁질재 ᄢᅵ서 ᄆᆞᆯ뇌여 작말ᄒᆞ야 ᄎᆞᆯᄀᆞᄅᆡ 섯거떡을 ᄒᆞ면 ᄃᆞᆯ기 ᄭᅮᆯ 섯근 것도곤 더ᄒᆞ니라。감뎌가 ᄆᆞ른 후 ᄇᆞ람을 ᄡᅩ이면 감미ᄒᆞᆫ 마시 감ᄒᆞ니 원재 ᄆᆞᆯ뇌여 님시 작말ᄒᆞ라。

 재료 및 분량

• 고구마 500g(고구마가루 120) • 찹쌀가루 5컵 • 소금 1큰술

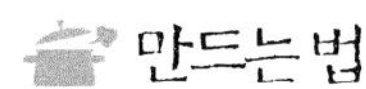

1 고구마를 껍질째 씻어 얇게 썰어 말려 가루로 만든다.

2 찹쌀가루에 고구마가루와 소금을 넣고 체에 내린 다음 수분을 주고, 다시 체에 내린다.

3 시루 안쪽에 기름을 살짝 바르고 떡가루를 앉친 뒤 김이 오르면 15분 정도 쪄낸다.

✽ 감저가 마른 후 바람을 쏘이면 달콤한 맛이 아이니(줄어드니) 왼이로(통째로) 말려 임시하여 가루로 만든다.

질시루
시루는 용도에 따라 떡시루, 콩나물 시루, 약시루, 봉치시루 등이 있다.

잡과편(雜果糕)

대쵸 건시 속 내야 얇게게 겸여 잠간 몰뇌여 머리털ᄀᆞᆺ치 ᄡᅥ흘고 싱뉼 그쳐로 ᄎᆞ 쳐 ᄒᆞᆫᄃᆡ 석고、 ᄎᆞᆯᄀᆞᆯ느로 구무ᄯᅥᆨ ᄉᆞᆯ마 ᄭᅮᆯ쳐 ᄀᆞ야、 황뉼 ᄉᆞᆯ마 걸너 ᄭᅮᆯ 버므려 계피 호쵸 섯근 소를 키나게 ᄆᆡᆫ드라 얇게 ᄡᆞ고 우희 ᄭᅮᆯ 무쳐 실과 ᄎᆞ진거ᄉᆞᆯ 무쳐 잣ᄀᆞ로 무쳐 ᄡᅳ라。

 재료 및 분량

• 찹쌀가루 5컵 • 대추 1컵 • 곶감 5개 • 밤 10개 • 황률 2컵
• 계핏가루 • 후춧가루 • 꿀 4큰술

만드는 법

1 대추, 곶감은 속을 떠내고 얇게 저며 살짝 말려서 가늘게 채 썰고 생률도 채 썬다.

2 황률은 삶아 체에 걸러서 꿀과 계핏가루, 후춧가루를 섞어서 소를 귀나게(모가 반듯하지 아니함) 만든다.

3 찹쌀가루는 구멍떡으로 만들어 삶아 내어, 꿀물을 섞어 가며 쳐서 소를 넣어 얇게 싸고, 위에 꿀을 발라 채 썬 고물과 잣가루를 묻힌다.

증편 (蒸餠)

시루 방석
시루를 이용하여 떡이나 음식을 찔 때 시루 위에 얹는 짚방석이다.

됴흔 ᄡᆞᆯ 옥ᄀᆞᆺ치 ᄭᆞᆯ어 빅세ᄒᆞ야 ᄃᆞᆷ가、경슉후 건져 쳥슈 ᄯᅳ믈긔 업시 ᄒᆞ고、작말ᄒᆞ여 깁체예 처 담고 믈고븟지게 ᄭᅳᆯ혀 된 숑편만치 반듁ᄒᆞ여 약간 쳐 반듁후 탁쥬를 닝슈의 술맛잇게 타、반쥭ᄒᆞᆫ 거ᄉᆞᆯ 헤치고 ᄎᆞᆷ기름 두어푼의치ᄌᆞ음과 ᄒᆞᆫ가지로 쳐、ᄆᆞᆼ얼ᄒᆞ나업시 죄 프러가며 마ᄉᆞᆯ 보아 싀금ᄒᆞ여 술마시 현현이 잇고、반듁ᄒᆞᆫ 거시 손으로 추혀드러 쳔쳔이 ᄯᅥ러지거든、그제야 유지와 보자로 ᄃᆞᆫᄃᆞᆫ이 ᄡᅡ미야

 재료 및 분량

- 멥쌀가루 10컵 • 반죽물(막걸리 2컵, 물 1컵, 소금 1⅓큰술, 설탕 ⅔컵)
- 소(볶은 거피팥 1½컵, 꿀 3큰술, 계핏가루 1작은술, 건강 1큰술, 후춧가루 ⅛작은술, 소금 ¼작은술)
- 고명(대추 8개, 곶감 2개, 잣 2큰술)

 만드는 법

1 쌀을 깨끗이 씻어 하룻밤을 담근 후 씻어 건져 가루를 만들어 끓는 물로 송편 반죽처럼 되게 반죽한 후에 냉수에 막걸리와 참기름을 섞어 넣고 손으로 들면 천천히 떨어지는 정도가 되도록 반죽한다.

2 완성된 반죽은 유지와 보자기로 싸매어 따뜻하고 바람이 잔잔한 방에 놓아둔다.

3 볶은 거피팥고물에 꿀, 계핏가루, 건강, 후춧가루를 넣어 은행알만 하게 만든다.

4 반죽이 부풀면 찜통에 보자기를 펴고 소를 줄지어 놓고 수저로 반죽을 떠서 얹는다.

5 반죽이 다 덮어지면 대추, 곶감을 가늘게 채 썬 것과 잣을 뿌려서 쪄낸다. 다 익은 후 칼에 기름을 바르고 베어 낸다.

시루밑
떡이나 음식을 찔 때 시루 바닥에 깔아서 쌀가루나 내용물이 밑으로 빠지지 않게 한다.

석이병 (石茸餠)

셕이를두ᄃᆞ려 ᄀᆞᆯ니 섯그면 아ᄅᆞᆷ답지 아니ᄒᆞ니、셕이를실ᄒᆞ야 돌업
시 ᄒᆞ고 볏ᄒᆡ 믈뇌여 셰말ᄒᆞ야 체의 처 두엇다가、ᄡᅳ기 님시ᄒᆞ야
놋그ᄅᆞ시 ᄃᆞᆷ고、믈을 고븟나게 ᄭᅳᆯ혀 졋젹 젹여 치며、술노 ᄌᆞ루루
저으면、ᄀᆞᆯ니 블어 졈졈 만코 브드라와지거든 기름 잠간 치고、ᄭᅮᆯ의 재
왓다가 ᄀᆞᆯ니 섯거 ᄶᅵ면 ᄯᅥᆨ이 유활ᄒᆞ고 빗치 긔이ᄒᆞ니라。

재료 및 분량

• 멥쌀가루 10컵 • 소금 1큰술 • 석이버섯가루 2큰술
• 참기름 1작은술 • 꿀 1큰술

만드는 법

1 석이버섯 실한 것을 깨끗이 비벼 씻고 돌을 떼어내고 볕에 말려서 곱게 빻아 체에 내린다.

2 석이가루 손질한 것에 끓는 물로 조금씩 넣어가며 저으면 가루가 불어 점점 많고 보드라워지거든 기름을 조금 치고 꿀에 재웠다가 쓴다.

3 불린 석이버섯가루를 멥쌀가루에 섞어 수분을 주고 비벼서 체에 내린다.

4 시루에 안치고 센 불에 올려 김이 오르면 15분 정도 쪄낸다.

✽ • 떡이 보드랍고 빛이 기이하다.
• 석이버섯을 말려서 가루로 내어 두었다가 마른 가루를 불려 쓰면 색도 곱지만 아껴 쓰게도 되는 것이다.

맷방석
맷돌질을 할 때 맷돌 밑에 깔아서 사용하는 것을 말하며 짚으로 둥글고 작게 만든다.

ᄎᆞᆯᄡᆞᆯ 옥ᄀᆞᆺ치 ᄲᅳᆯ허 무리를 매돌의 ᄀᆞ라、슈비ᄒᆞ야 안거든 믈을 ᄯᆞᆯ오고 체의 보자 ᄭᆞᆯ고 무리를 ᄒᆞᆫ번 고로로 펴고、복근 ᄑᆞᆺ ᄭᅮᆯ소를 대쇼를 알마초 민드라 ᄎᆞ례로 노흐ᄃᆡ 너모 다혀 노치 말고、무리로 우흘 업고 됴흔 건시、대쇼를 굵게 치쳐 ᄌᆞ옥이 쎄허 쎠ᄂᆡ여、소흘 방울방울마다 ᄯᅦ혀ᄂᆡ야 복근 ᄑᆞᆺ 무쳐 ᄡᅳᄃᆡ 무리가 눅으면 못 ᄡᅳ니、ᄆᆡ이 되게 ᄒᆞ라。

재료 및 분량

- 찹쌀가루 10컵 • 볶은 거피팥고물 8컵 • 곶감 6개
- 팥소(볶은팥 1컵, 꿀 2큰술) • 대추1컵 • 설탕 ½컵 • 간장 2큰술

 만드는 법

1 시루에 보자기를 편 뒤 쌀가루를 깔고 볶은 팥에 꿀로 반죽하여 소를 알맞게 만들어 차례로 놓는다.

2 그 위에 쌀가루를 올리고 곶감, 대추채를 뿌려 쪄낸다.

3 소를 방울방울마다 떼어내어 볶은 팥 묻혀 쓰되, 눅으면 못 쓰니 아주 되게 한다.

✽ 두텁떡은 봉우리떡, 후병, 합병이라고도 한다.

동고리
딸기나무, 고리버들가지로 둥글납작하게 만든 고리상자. 아래 위 두 짝으로 되어 닫을 수 있게 되어 있으며 떡이나 엿 등을 담는다.

서여향병(薯蕷香餠)

성마 닉게 쪄 빠ᄒᆞ라 쳥밀의 ᄌᆞᆷ가 실빅 ᄀᆞᄋᆞ리 빠ᄒᆞ라 무치라。
ᄎᆞᆯᄀᆞ로 무쳐 지져도 됴ᄒᆞ니라。

 재료 및 분량

- 마 500g
- 꿀 1컵
- 잣 1½컵
- 찹쌀가루 1컵
- 지지는 기름 ⅓컵

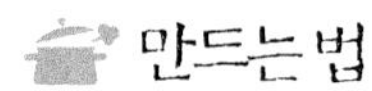

1 생마는 깨끗이 씻는다.

2 마의 껍질을 벗겨 쪄내어 한 김 식은 후 0.4cm 두께로 썬다.

3 찐 마를 꿀에 담가 건져서 잣가루를 묻히거나, 찹쌀가루를 묻혀 기름에 노릇하게 지져 낸 다음 잣가루를 묻힌다.

✽ 서여(薯蕷)는 마의 한자이름이다.

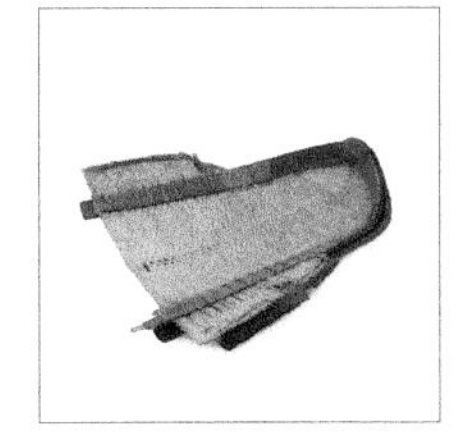

키
곡물 등을 까불러서 쭉정이, 티끌, 검부러기, 뉘 등의 불순물을 걸러 내는 데 사용하였다.

송기떡(松肌餠)

송고를 ᄀᆞᄂᆞ리 ᄶᅵ허 ᄀᆞ로 ᄆᆡᆫ드라 ᄎᆞᆯᄡᆞᆯ 섯거 ᄇᆡᆨᄌᆞ소 너허 ᄯᅥᆨ ᄆᆡᆫ드라 진유의 지지라。 숑고 ᄶᅵ허 ᄎᆞᆯᄀᆞ로 무쳐 진유의 지져 쳥밀의 ᄌᆞᆷ가도 됴흐니라。

재료 및 분량

• 송기 ½컵 • 찹쌀가루 3컵 • 소금 1작은술 • 잣 1½컵 • 참기름

만드는 법

1 송기는 물에 삶아 우려내서 곱게 찧는다.

2 채반에 널어 말려 가루를 만든다.

3 찹쌀가루에 송기가루를 넣고 반죽한 다음 잣 소를 넣고 떡을 빚어 참기름에 지진다.

✲ • 송기를 찧어 찹쌀가루를 묻히고 참기름에 지져 꿀에 담가도 좋다.
• 송기는 소나무 속껍질이다.

떡판
치는 떡을 만들 때나 기름을 짜는 데 쓰이는 기구로 '안반'이라고도 한다.

상화(霜花)

밀ᄀᆞᄅᆞᆯ 깁체의 뇌여 서김을 밀기울죽 뿌어 ᄀᆞ로 누룩 두줌 버므려 일젼 져녁의 너헛다가 이튼날 아ᄎᆞᆷ의 걸너 ᄀᆞᆯ니 샹반ᄒᆞ야 그ᄅᆞᆺ시 담아 더온ᄃᆡ 너코、둣거이 덥고 ᄇᆞ람을 드리지 아니키를 반일을 ᄒᆞ면、긔ᄒᆞ야 만하지고 벌의집 ᄀᆞᆺ거든 약념한 거피ᄑᆞᆺ쓸소를 너흐ᄃᆡ、우흔 둣거이 덥고 밋ᄎᆞᆫ 얇게 비저 빅지를 더온 방의 펴노코、ᄇᆞ람을 긔ᄒᆞ면 니러나 몸이 반반하야 질거시니、테의 뵈자를 펴고、상화를 닝슈

 재료 및 분량

- 밀기울 1컵 • 누룩가루 ½컵
- 밀가루 7컵 • 거피팥소 2컵 • 꿀 4큰술

만드는 법

1 밀기울 죽을 쑤어 누룩가루를 넣고 버무려 전날 저녁에 두었다가 다음날 아침에 거른다.

2 밀가루를 체에 친 다음 만든 죽과 반반씩 섞어 그릇에 담고 더운 곳에 두고 그릇을 두꺼운 이불로 덮어둔다.

3 半日(반일)을 두면 부풀어 벌의 집같이 되면 양념한 팥소를 넣고 떡을 빚는다.

4 더운 방에 백지를 깔고 빚은 떡을 놓아두면 부풀어 몸이 반반하여진다.

5 이것을 찬물에 담갔다가 떠오르면 베보자기를 깔고 쪄낸 다음 익으면 물을 뿌려 낸다.

✻ 1번의 만드는 방법이 어렵거든 막걸리로 반죽하여 만들어도 된다.

떡메
떡판에 떡밥이나 인절미 등을 넣고 칠 때 사용하는 도구

무떡(蘿葍餠)

무오떡을 ᄎᆞᆯᄀᆞᄅᆞᆯ 아니면 시샹 ᄑᆞ는 것ᄀᆞᆺᄒᆞ니、무우를 얇고 넙게 ᄲᅥ흐러 소금믈의 좀가 체의 건져、ᄀᆞᄅᆞᄂᆡ 버므려 도로 혼잡히 ᄆᆞ든 ᄀᆞᄅᆞᆯ 죄 ᄲᅥ러 무우의 ᄆᆞ든 ᄀᆞᄅᆞᆯ 죄 ᄲᅥ러 무든 것만 두고 실니 안치고 다시 뫼ᄀᆞᄅᆞᄂᆞᆫ 말고 ᄎᆞᆯᄀᆞᄅᆞᆯ 둣거이 ᄲᅮ려 무우를 덥고 고명 박아 ᄑᆞᆺ ᄲᅮ려 ᄶᅧ야 유활ᄒᆞ니라.

 재료 및 분량

- 멥쌀가루 6컵 • 찹쌀가루 4컵
- 무 150g • 붉은 팥고물(붉은팥 4컵, 설탕 4큰술, 소금 1작은술)

만드는 법

1 무를 얇고 넓게 썰어 소금물에 담갔다가 건져서 멥쌀가루에 버무린 다음 다시 털어 낸다.

2 통팥을 삶아 굵게 빻아 양념하여 시루 밑에 먼저 뿌린다.

3 무에 묻은 멥쌀가루만 두고 나머지 멥쌀가루를 시루에 먼저 안치고 버무려 놓은 무를 고르게 편다.

4 다시 찹쌀가루를 두껍게 뿌려 무를 덮고 팥을 뿌려 쪄야 야들야들하다.

✽ 10월의 가을무는 인삼과 맞잡이다.

체
곡물을 비롯, 모래 등의 알맹이를 거친 것과 미세한 것으로 선별하는 용구.

백설기(흰무리)
(白雪糕)

반듁ᄒᆞ면 빗치 누르고 됴치 못ᄒᆞ니 ᄲᆞᆯ을 ᄇᆡᆨ셰ᄒᆞ야 ᄭᅵ흘 적 깁체로 속
ᄀᆞᆯᄂᆞᆯ ᄯᆞ로 뇌야 반듁ᄒᆞ디 말고 안치ᄃᆡ、졔ᄉᆞ편이어든 얇고 반반ᄒᆞᆫ 널
로 편긔 대쇼 댱광을 마치 ᄀᆞᆺ게 민드라 긴 ᄌᆞᆯᄂᆞᆯ 솟두에 쏙지쳐로 박아
ᄇᆡᆨ지로 졍히 ᄇᆞᆯ나 ᄇᆡᆨ셜기 안티고 됴히로 ᄡᅳᄉᆞᆫ 후 그 남글 우희 거듕ᄒᆞ
야 업고 쇠칼을 두머리 버힌ᄃᆞ시 편긔도곤 잠간 길게 ᄒᆞ야、두머리 ᄉᆡᆨ
지 ᄂᆞᆯ이 잇게 ᄒᆞ고 등으로 긴 쇠ᄌᆞᆯᄂᆞᆯ 부쳐 민드러 목판 업흔 밧글 버히ᄃᆡ

 재료 및 분량

- 멥쌀가루 15컵 • 소금 1½큰술
- 잣 3큰술 • 한지 3장

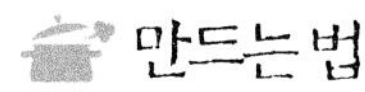

만드는 법

1 쌀을 깨끗이 씻어 가루를 내어 깁체로 쳐서 고운 가루를 낸다.

2 만일 제사편이거든 얇고 반반한 널로 편틀의 크기, 넓이, 길이와 같게 만들어 백설기를 안치는데, 한지를 깔고 쌀가루를 3등분하여 얇게 펴서 쇠칼로 칼집을 깊숙이 넣고 잣을 3개씩 마주 얹고 종이를 덮는 식으로 켜켜이 쪄낸다.

3 김 오르고 15분간 찐 다음 한 김 나간 후 시루를 쏟고 더운 김에 손으로 떡을 떼면 칼금이 도려낸듯이 떨어진다.

4 내는 족족 담고 모를 맞추어 잡으면 담은 것이 깎아 민 듯하고, 빛이 흰 눈 같고 윤지고, 잘 상하지도 않는다.

체
체는 구멍의 크기에 따라 어레미, 도드미, 중거리, 가루체, 고운체 등으로 나눈다.

빙자(餠子)

녹두를 되게 ᄀᆞ라 즉시 번철의 기름이 몸 좀길만치 붓고、녹두즙을 술노 떠 노코、그 우희 밤소 꿀 버므린 소를 노코 녹두즙을 우흘 덥고、술노 넘정ᄒᆞ야 눌너가며 소 쏫젼 모양ᄀᆞᆺ치 민들고、우희 빅ᄌᆞ 박고 대쵸를 ᄉᆞ면으로 박아 지지ᄂᆞ니라。

재료 및 분량

• 녹두 3컵 • 밤 12개 • 꿀 1큰술 • 지지는 기름
• 고명(대추 8개 • 잣 2큰술)

만드는 법

1 녹두를 불려 껍질은 흘려버리고 물을 조금만 잡고 되직하게 간다.

2 번철에 기름을 넉넉히 두르고 간 녹두즙을 한 수저씩 떠놓고 그 위에 밤 소(꿀 버무린 것)를 놓고 다시 녹두즙을 덮어 수저로 눌러 가며 지진다.

3 화전 같은 모양이 되도록 지지며 위에 잣을 박고 대추를 사면으로 박아 지진다.

✽ 밤소는 피밤을 삶아 살만 파내어 체에 내린 후 꿀로 버무리든지, 생률을 그대로 삶아 체에 내려 꿀로 버무려 쓴다.

술체
고운체는 삼 또는 명주로 되어 있고 미세한 가루나 술, 간장 등을 거를 때 사용한다.

대추조악

대쵸조악은 싱반듁을 ᄒᆞ여야 연ᄒᆞ고 죠흐니 닉여 반듁ᄒᆞ면 질긔고 빗치 담ᄒᆞ니라。

 재료 및 분량

- 찹쌀가루 10컵 • 소금 1큰술 • 대추 25개 • 대추씨 끓인 물 1½컵
- 소(통깨 1컵, 꿀 2큰술) • 집청꿀 • 기름

만드는 법

1. 찹쌀은 깨끗이 씻은 후 반나절 물에 담갔다가 소쿠리에 건져 물기를 빼고 가루로 빻는다.

2. 대추는 씨를 돌려 살만 곱게 다지고, 대추씨는 끓여 식혀 둔다.

3. 찹쌀가루에 대추 다진 것을 고루 섞고, 대추씨 끓여 식힌 물로 날반죽을 한다.

4. 깨에 꿀을 섞어 소를 만들고, 반죽을 대추알만 하게 떼내어 한가운데 깨 소를 넣고, 조악 모양으로 빚어 넉넉한 기름에서 골고루 지져 낸 후 꿀에 집청한다.

✽ 날반죽하여야 연하고 좋다.
익반죽하면 질기고 빛이 엷다.

꽃전(花煎)

전함지
함지박은 주로 식품을 담는 데 사용하는 나무그릇으로 큰 나무를 반으로 쪼개고 안을 파서 만든다.

닝슈의 반듁ᄒᆞ면 빗치、누르고 기름이 만히 드ᄂᆞ니、소금믈 ᄭᅳᆯ혀 더운
김의 반듁ᄒᆞ야 ᄀᆞᆯ늘 쥐여 치쳐 허여지지 아닐만치 ᄒᆞ야、반반ᄒᆞᆫ 졉시
의 국화 형상으로 빗고、밤소 너허 족집게로 ᄀᆞᄂᆞᆫ 살을 잡아 ᄡᅳ라。
듀견 쟝미ᄂᆞᆫ 만히 너허야 됴코 국화ᄂᆞᆫ 너모 만히 들면 ᄡᅳ니라。국화
송이를 프른 곡지 업시 ᄒᆞ고 ᄀᆞ로 무쳐 지져도 됴흐니라。

 재료 및 분량

- 찹쌀가루 3컵 • 소금 약간
- 밤 10개 • 꿀 1큰술 • 국화꽃(식용) 10송이(진달래, 장미)

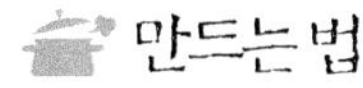

1 소금물을 끓여 찹쌀가루를 익반죽한다.

2 반죽을 국화 모양으로 빚고 밤 소를 넣어 만든다.

3 진달래와 장미는 많이 넣고 국화는 너무 많이 넣으면 쓰다.

✽ 국화송이는 푸른 꼭지 없이 하고 가루 묻혀 지져도 좋다.

전함지
함지박은 떡가루를 버무리거나 반죽을 할 때, 김장 소나 깍두기를 버무릴 때, 떡이나 한과 등을 담아 운반할 때도 사용한다.

송편(松餠)

ᄀᆞ로 곱게 ᄒᆞ야 흰 쩍을 권모도곤 눅게 ᄒᆞ여쪄, ᄆᆡ이 쳐 국근 슈단쳐로 ᄀᆞ로 무치디 ᄆᆞᆯ고 부븨여 그ᄅᆞ싀 서려 ᄃᆞᆷ고 쩨혀 얇게게 소가 비최게 ᄑᆞ고, 거피ᄑᆞᆺ ᄊᆞᆯ ᄃᆞᆯ게 석고, 계피·호쵸·건강ᄀᆞ로 너허 비ᄌᆞᄃᆡ 너모 졸고 동골면 야ᄒᆞ니, 대쇼를 마쵸아 버들닙ᄀᆞᆺ치 비저 솔 격지ᄒᆞ야 찌면 마시 ᄌᆞ별ᄒᆞ니라。

재료 및 분량

- 멥쌀가루 3컵 · 거피팥가루 1½컵 · 꿀 2큰술
- 계핏가루 1작은술 · 후춧가루 ½작은술 · 건강가루 1작은술
- 솔잎 적당량

만드는 법

1 멥쌀가루를 수분을 충분히 주어 쪄낸 다음 꽤 쳐서 적당히 떼어 얇게 소가 비치게 판다.

2 거피팥에 꿀, 계핏가루, 후춧가루, 건강가루를 넣어 달게 반죽하여 소를 만든다.

3 여기에 거피팥소를 넣어 너무 잘고 동글면 야하니 버들잎처럼 빚어 솔잎을 놓아 다시 쪄내면 맛이 유난히 좋다.

민함지
함지박은 만드는 방법에 따라 전이 달리게 만든 전함지, 둥글게 만든 민함지, 안쪽이 주름지게 만든 주름함지가 있다.

인절미 (引截米)

연안 거시 국듕의 졔일이니 그 법은、출ᄡᆞᆯ을 뫼ᄡᆞᆯᄒᆞ나 업시 ᄀᆞᆯ희야
더온 믈의 ᄃᆞᆷ가 날마다 믈 ᄀᆞᆯ기를 ᄉᆞ오일ᄒᆞᆫ 후 건더 무로녹게 뼈、
치기를 무수이 ᄒᆞ여야 됴코 처음 ᄡᆞᆯ 쁠키를 옥ᄀᆞᆺ치 ᄒᆞ고 씻기를 또빅
셰를 ᄒᆞᆫ다 ᄒᆞᄂᆞ니라。대쵸를 ᄀᆞᄂᆞᆯ게 두ᄃᆞ려 ᄯᅥᆨ 칠제 너허 복근 ᄑᆞᆺ무
쳐 구으면 됴흐니라。

 재료 및 분량

• 불린 찹쌀 5컵 • 대추 1컵 • 거피팥가루 10컵

 만드는 법

1 찹쌀을 더운물에 담가 날마다 물 갈기를 사오일 한 다음 건져서 무르녹게 찐다.

2 쪄지면 꺼내어 절구에 넣고 다진 대추를 함께 넣어 친 다음 볶은 거피팥을 묻혀 굳으면 좋다.

✻ 찹쌀은 연안 것이 제일 좋다.

화면(花麵)

주름함지
함지박은 용도에 따라 생칠, 옻칠, 주칠을 하여 썼다.

두견화 여희 업시 ᄒᆞ고、 믈의 적셔 녹말을 고로로 무쳐 ᄉᆞᆯ마 오미ᄌᆞ국의 잣 띄워 ᄡᅳᄂᆞ니라。

 재료 및 분량

- 진달래꽃 • 녹말
- 오미자물(오미자 1컵, 물(생수) 12컵, 꿀 1컵, 설탕시럽 ⅔컵)
- 잣 1큰술

 만드는 법

1 진달래꽃의 꽃술을 제거하고 물에 살짝 적신다.

2 진달래꽃에 녹말을 고루 묻혀 끓는 물에 살짝 데쳐 낸다.

3 오미자물에 데쳐 낸 진달래꽃과 잣을 띄워 낸다.

✽ 오미자는 가을에 서리를 맞고 붉게 익은 열매가 색깔도 곱고 맛도 좋다.

이남박
통나무를 깎아 만든 함지박으로 안쪽 면에는 잘게 여러 줄의 골을 파서 쌀을 씻을 때나 돌을 일 때 매우 편리하다.

난면(卵麵)

진말 깁체의 뇌여 계란 빅쳥을 뽓고 황쳥만 섯거 반듁ᄒᆞ야 ᄡᅵ쳐
얇게 미러 머리털ᄀᆞᆺ치 뼈흐러 ᄉᆞᆱ마 오미ᄌᆞ국의 ᄡᅳ라。

 재료 및 분량

• 밀가루 2컵 • 달걀 노른자 3개 • 오미자 국물

 만드는 법

1 밀가루에 달걀 노른자를 섞어 반죽한다.

2 반죽을 밀대로 얇게 밀어 머리털같이 가늘게 썰어 낸다.

3 끓는 물에 국수를 삶아 내어 냉수에 헹궈 물기를 뺀다.

4 오미자국물에 말아 낸다.

유밀과, 차

閨閤叢書

약과틀
약과를 만들 때 다양한 형태의 문양을 새긴 틀에 밀가루 반죽을 넣고 다져서 판에 새긴 문양을 찍어 내는 틀

약과(藥果)

약과라 ᄒᆞ기ᄂᆞᆫ、 밀은 ᄉᆞ시 졍긔요、 꿀은 빅약지댱이오、기름은 살튱ᄒᆡ독ᄒᆞᄂᆞᆫ고로 니ᄅᆞ미라。 한말ᄒᆞ랴면 유·쳥 각 삼승이 드ᄃᆡ 젼혀 즙쳥의 만히 들고、반듁은 꿀 두되 기름 반되 쇼쥬 한 보오못ᄒᆞ게 쳐、ᄒᆞᆫᄃᆡ 석거 반듁ᄒᆞ야 어울게 ᄆᆡ이 쳐 반우ᄒᆡ 노코 홍독개로 미러 다식과나 약과나 ᄆᆞ음대로 민드러 기름을 붓고 ᄎᆞ례로 버려 노코 숫불의 지지ᄃᆡ 술노 뒤져겨

재료 및 분량

- 밀가루 2컵 • 꿀 4큰술 • 참기름 3큰술 • 소주 2큰술
- 소금 ¼작은술
- 집청(꿀 1컵, 계피, 후추, 건강, 생강즙 각 ½작은술)
- 잣가루 2큰술 • 기름

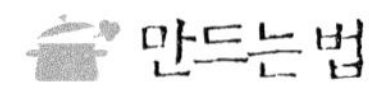

만드는 법

1 밀가루에 꿀과 기름, 소주, 소금으로 반죽하여 홍두깨로 밀어 다식과나 약과나 마음대로 만든다.

2 기름을 붓고 숯불로 지지되 수저로 뒤적여 타지 않게 한다.

3 과줄이 뜨거든 수저로 눌러 꽤 익어 위가 트거든 떠내어 집청한다.

4 집청 후 스며들면 건져내어 바람을 쏘여 굳거든 잣가루를 뿌려 쓴다.

✽ • 건강은 생강가루이다.
• 유밀과를 약과라 하는 것은 꿀이 사시정기로 온갖 약의 으뜸이요 기름은 벌레를 죽이고 해독하기 때문이다.

약과틀
약과틀은 앞면 한 군데 아니면 두 쪽, 또는 사면에 나비, 박쥐, 물고기 등 여러 가지 문양이 음각되어 있다.

강졍은 견병이라 혹 왈, 한구라 ᄒᆞ니, 뉴우셕 한구시의 왈 셤슈사ᄂᆡ옥
수심ᄒᆞ니 벽유젼출연황심이라 ᄒᆞ니라 됴흔 출ᄡᆞᆯ을 졍히 ᄡᆞᆯ허 뫼ᄡᆞᆯ
골히고 ᄃᆞᆷ갓다가 어지 아니케 ᄶᅵ허 ᄀᆞᄂᆞᆫ 체예 여러번 뇌야, 됴흔 술의
빅쳥을 약간 ᄃᆞᆫ 맛이 실만치 타 반듁을 붓구미만치 ᄒᆞ야 닉게 ᄶᅵᄃᆡ,
ᄀᆞᆺ금 저어 속ᄀᆞ지 닉혀 ᄂᆡ여 ᄭᅮᆯ 서너술 더 너허 ᄡᅩ아리 니도록 극진이
기야 떡치ᄃᆞᆺ 홍두개예 ᄀᆞᆷ아쳐, 분ᄀᆞ로 ᄃᆞᆺ거이 노코 펴 졍히

 재료 및 분량

• 찹쌀 5컵 • 소주 3큰술 • 꿀 3큰술 • 술 적당량 • 고물(각색 고물)
• 전분가루 • 기름 • 집청꿀

 만드는 법

1 좋은 찹쌀을 깨끗이 씻어 사나흘 담갔다가 가루로 내어 고운체에 한번 내린다.

2 술과 꿀을 약간 단맛 있을 만큼 타서 반죽을 하여 전병만큼 익게 찐 다음 꿀 서너 수저를 더 넣고 꽈리가 일도록 잘 개어 떡치듯, 홍두깨로 감아 친다.

3 전분가루를 두껍게 뿌리고 밀어 반듯하게 썬 다음, 방을 덥히고 종이에 강정 만든 것을 바로 줄지어 놓고 손으로 모양을 바로 하여 자주자주 뒤적여서 말린다.

4 속이 다 마르면 마르는 족족 그릇에 담아 하룻밤 사이에 다 말리고 술에 살짝 축여 눅눅한 기가 거의 사라질 때, 기름 솥을 두 개 준비하여 하나는 낮은 불에서 서서히 불려 일거든 뜨거운 기름 솥에 옮겨 기름을 자꾸 끼얹어 준다.

5 된 꿀에 집청하여 각종 고물을 묻혀 쓴다.

✻ • 강정은 누에고치 같다 하여 견병(繭餠)이라고도 한다.
• 강정이나 산자 등의 유과류는 좋은 찹쌀을 여름에는 7일, 겨울에는 14일 정도 담갔다가 깨끗이 씻어 곱게 빻아 사용한다.

떡살
떡이나 쑥떡 등 절편의 표면에
도장처럼 눌러 찍는 용구.

매화산자
(梅花饊子)

바탕은 강졍과 ᄀᆞᆺ치 ᄒᆞᄃᆡ 써흘기를 크고 네모가 반ᄃᆞᆺ하게 ᄒᆞ야 ᄆᆞᆯ뇌여 추겨 지지기를 또 강졍과 ᄀᆞᆺ치 ᄒᆞᄃᆡ ᄒᆞ나씩 노코 쟈로 눌러가며 급히 니러 퉁긔치 아니ᄒᆞ고 우희 편ᄒᆞ고 반ᄃᆞᆺᄒᆞ게 지지고, ᄀᆞ장 됴흔 ᄎᆞᆯ벼를 ᄆᆞ이 ᄆᆞᆯ뇌여 또 밤이면 이ᄉᆞᆯ 마치기를 ᄉᆞ오일ᄒᆞ야 그ᄅᆞ시 ᄃᆞᆷ아 밤이 디난 후 솟치 블을 일변 빼오며 축인 ᄎᆞᆯ벼를 쟉쟉 너코 수게로 저으면 튀여나거든 ᄎᆡ반으로 덥허 튀온 후 키로 짜블나겨 업시ᄒᆞ고, 반우희

재료 및 분량

• 찹쌀 5컵 • 소주 3큰술 • 꿀 3큰술
• 술 적당량 • 찹쌀나락 3컵 • 지치기름 • 집청꿀

만드는 법

1 바탕은 강정과 같이하되 썰기를 크고 네모지게 썰어 말려서 다시 축여서 지지기를 강정과 같이한다. 단 하나씩 놓고 자주 눌러 가며 급히 일어나 퉁그러지지 말도록 반듯하게 지진다.

2 좋은 술에 축인 찰벼를 그릇에 담아 밤을 재우고, 이튿날 솥에 불을 세게 하여 축인 찰벼를 조금씩 넣고 주걱으로 저으면 튀어 날 테니, 채반으로 덮어 튀게 하여 키로 까불러 모양이 예쁜 것을 모아 둔다.

3 흰엿과 꿀을 섞어 잠깐 졸인 후 중탕으로 은근히 졸여 집청꿀을 만든다.

4 튀겨 낸 매화밥을 집청한 산자에 줄지어 박는다. 지치기름에 튀겨 낸 산자에 매화밥을 줄지어 박으면 색이 곱고 아름답다.

✽ • 송홧가루, 백년초가루, 녹차가루 등을 묻혀 색을 내기도 한다.
• 바탕 만드는 방법은 p.237(강정)의 1~4번을 참조한다.

떡살
떡살은 나무살을 비롯해 사기, 자기류, 오지로 된 것들이 있다.

밥풀산자

허려 허면 찹쌀물에 ᄒᆞ로 다마 지여 찌되 물 주지 말고 쐐 쪄 ᄯᅳ더ᄆᆞᆯ니 워 ᄉᆞᆯ금 ᄉᆞᆯ금 쓰려 얼멍이에 쳐서 셩헌 밥풀을 막걸리에 ᄎᆔ겨 강반반 일만에 번쳘에 참기름을 고붓지거 ᄭᅳ리고 부독아 굴근뵈 일쳑 ᄒᆞ 폭을 싸려로 네키을 민 것을 기름에 너코 밥풀을 집어 너허 져허 고로ᄃᆞ 일거든 기름을 쎄여 쓰고 ᄉᆞᆫ자에 빅당을 뭇쳐 밥풀을 굴려 올니고 홍식은 밥풀에 지쵸기름을 드。리고 황식은 밥풀 붓친 후에 우흐로 송화을 올니라。

 재료 및 분량

- 찹쌀 5컵 • 소주 3큰술 • 꿀 3큰술
- 술 적당량 • 누룽갱이 찹쌀(乾飯) 3컵 • 집청꿀 • 참기름

 만드는 법

1 산자 바탕은 매화산자와 같이 만들어 튀겨서 만든다.

2 누룽갱이 찹쌀을 물에 하루 담가 지에를 찌되 물 주지 말고 꽤 쪄서, 뜯어 말려 어레미에 쳐서 성한 밥풀을 막걸리에 축인다.

3 반나절 만에 번철에 참기름을 넉넉히 끓이고 한 줌씩 기름에 넣고 일거든 기름을 빼어 쓴다.

4 집청은 흰 엿을 묻혀 밥풀을 굴려 붙인다.

✽ • 붉은빛을 원하면 지치기름을 들이고, 노란빛은 밥풀 붙인 후 위로 송홧가루를 뿌린다.
• 바탕 만드는 방법은 p.237(강정)의 1~4번을 참조한다.

떡살
떡살의 형태는 원형과 정방형, 장방형이 주류를 이룬다.

묘화산자 (描畫饊子)

진말에 소금물을 짭짭이 헌ᄃᆡ ᄭᅮᆯ 타셔 되게 반족ᄒᆞ야 쥬싸지 갓치 쪄흘러 중계와 갓치 지져 각식 의ᄂᆞᆫ손ᄌᆞ와 갓치 올니라。

 재료 및 분량

- 밀가루 2컵 • 반죽물(물 6큰술, 소금 ⅓작은술, 꿀 3큰술)
- 각색고물(세반, 흑임자, 승검초가루) 각각 ½컵 • 튀김기름 3컵
- 바르는 꿀 2큰술

만드는 법

1 밀가루를 체에 내린 다음 소금물과 꿀을 섞어 넣고 되직하게 반죽한다.

2 준비된 반죽을 주(算가지)가치손가락 굵기로 길이는 7~8cm 정도로 썰어 놓는다.

3 140℃의 기름에 지져 낸 후 기름을 뺀다.

4 묘화산자에 꿀을 바르고 세반, 흑임자, 승검초가루 등 각색 고물을 묻혀 낸다.

메밀산자

떡살
사각, 육각, 팔각형의 떡살은 사기, 자기, 오지류 제품이 많고 장방형의 것은 나무로 된 것이 대부분이다.

목말 진말 참반ᄒᆞ야 밀기 죠케 반듁ᄒᆞ야 도마의 홍독개로 얇게 미러 네모가 방졍하게 빠흐라 저즌 김 지지ᄃᆡ 강졍쳐로 문무화로 말고 처음브터 삐와 지져내고 강반 지진 것과 흑임 실ᄒᆞ야 복그면 프르고 그저 복근 것ᄉᆞᆫ 검고 ᄎᆞᆷ깨 그저 희게 복고 노ᄅᆞ게 복가 다ᄉᆞᆺ가지를 즙쳥의 엿 석거 조려 강졍 무치ᄃᆞᆺ 싸블너 무치면 보기 소담ᄒᆞ고 마시 졀가ᄒᆞ니라。

 재료 및 분량

- 메밀가루 2½컵 • 밀가루 2½컵 • 소금 ½큰술
- 소주 4큰술 • 물 1¼컵 • 기름(튀김기름)
- 집청(강정과 동일) • 고물(세반, 흑임자, 참깨) 각각 ½컵

 만드는 법

1. 메밀가루와 밀가루를 반반씩 섞고 소금을 넣어 체에 내린 다음, 소주와 물을 붓고 반죽하여 0.3cm 두께로 얇게 밀어 네모지게 썬다.

2. 처음부터 센 불로 145℃ 정도의 기름에 지져 낸다.

3. 집청에 튀긴 산자를 넣고 강정 묻히듯 하고 망에 건져낸다.

4. 세반, 흑임자, 참깨고물을 묻혀 쓴다.

✽
- 메밀산자는 숙성시간을 두지 않는다.
- 기름의 온도가 높아야 빨리 부풀어 오른다.

떡살
나무떡살은 대개 재질을 박달나무, 대추나무, 감나무, 참나무, 은행나무 등으로 만든다.

감사과산자 (甘絲菓饊子)

반듁과 찌기 다 강졍 ᄀᆞᆺᄒᆞᄃᆡ ᄡᅥᄒᆞᆯ기를 ᄯᅳᆺ치 ᄉᆡᆼ게 엇ᄡᅥ흐러 바로 볏희 ᄆᆞᆯ니워 ᄭᅩᆺ젼 지지ᄃᆞᆺ ᄒᆞᄂᆞ니라。

 재료 및 분량

- 찹쌀 5컵 • 소주 3큰술 • 꿀 3큰술
- 고물(잣가루, 계핏가루, 콩가루) 각각 ½컵 • 집청꿀 • 기름

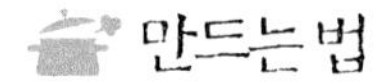

1. 좋은 찹쌀을 깨끗이 씻어 사나흘 담갔다가 가루로 내어 고운체에 한 번 내린다.
2. 좋은 술과 꿀을 약간 단맛 있을 만큼 타서 반죽을 전병만큼 익게 쪄 가끔 저어 속까지 익히고 꿀 서너 수저를 더 넣고 꽈리가 일도록 잘 친다.
3. 반죽과 찌기를 다 강정과 같이 하되 썰기를 떡국 썰듯이 어슷 썰어 바로 볕에 말려 꽃전 지지듯 한다.
4. 집청을 한 후 고물을 묻혀 쓰면 맛이 훨씬 좋다.

연사

떡살
떡살에는 동식물을 비롯 길상문양을 새겨서 절편 위에 눌러 찍었을 때 아름다운 무늬가 나타나 떡의 시각적인 멋과 함께 구미를 돋운다.

여법이 강졍ᄀᆞ치 쪄 얇게게 비최게 미러 모밀산ᄌᆞᄀᆞᆺ치 빠흐라、노고
두에예 자그마치 기룸을 붓고 지져 술노 눌러가며 모양이 들니지
아니케 ᄒᆞ야、ᄒᆞᆫ편의 쑬 좀쇽 ᄇᆞ르고 빅ᄌᆞᄀᆞ로 만히 무치ᄂᆞ니라。

 재료 및 분량

• 찹쌀가루 5컵 • 소주 2큰술 • 꿀 1큰술
• 집청꿀 • 잣가루 • 지지는 기름

만드는 법

1 좋은 찹쌀을 깨끗이 씻어 사나흘 담갔다가 가루로 내어 고운체에 한 번 내린다.

2 좋은 술과 꿀을 약간 단맛 있을 만큼 타서 반죽을 전병만큼 익게 쪄 가끔 저어 속까지 익히고 꿀 서너 수저를 더 넣고 꽈리가 일도록 잘 쳐서 얇게 비치게 민다.

3 메밀산자같이 썰어 기름에 수저로 눌러 가며 모양이 뒤틀리지 않도록 기름에 지져 낸다.

4 한쪽에 꿀을 듬뿍 바르고, 잣가루를 묻혀 쓴다.

채반
곡물이나 음식을 넣어서 말리거나 전, 부침 등을 지져서 펼쳐 식히기 위한 용도로 이용된다.

연사라교

만히 ᄒᆞ랴면 대쵸를 ᄒᆞᆫ말을 ᄒᆞ고 젹게 ᄒᆞ랴면 닷되를 ᄲᅧ 거르고、밤 ᄉᆞᆯ
마 거르고、ᄭᆡ소금 ᄀᆞᄂᆞᆯ게 ᄒᆞ다 ᄒᆞᆫ되、잣ᄀᆞ로 서홉、계피 호쵸 너허 ᄭᅮᆯ
ᄃᆞᆯ게 석고 진ᄀᆞ로 깁체의 처、ᄭᅮᆯ믈의 반듁ᄒᆞ되 기름 죠금쳐、마치 슈교
의 ᄀᆞᆺ치 ᄀᆞᄂᆞᆫ 대로 얇게 비최게 미러 소를 너흐되 소가 즈러야 연ᄒᆞ지
되면 연치 아니ᄒᆞ니、ᄭᅮᆯ을 만히 ᄒᆞ야 블을 ᄡᅵ와 지져 즙쳥의 강즙 석고
계피 호쵸 너허 ᄌᆞᆷ가 몸의 빈 후 잣ᄀᆞ로 쌔허 ᄡᅳᄂᆞ니라。

 재료 및 분량

- 소(대추 5컵, 밤 1컵, 깨소금1컵, 잣가루 5큰술, 계피, 후추 약간, 꿀 3큰술)
- 밀가루 3컵 • 꿀 2큰술 • 물 3큰술
- 식용유 1작은술
- 집청(꿀 1컵, 생강즙 1큰술, 계피, 후추 약간) • 잣가루

만드는 법

1 밀가루를 고운체에 쳐서 꿀물에 반죽하되 기름 조금 넣고 마치 물만두같이 가는 밀대로 얇게 밀어 비치게 만든다.

2 대추는 쪄서 살만 체에 내리고, 밤을 삶아 거르고, 깨소금, 잣가루, 계피, 후추를 약간 섞고 꿀물에 달게 섞어 소를 만든다.

3 밀가루 반죽에 소를 넣고 만두과보다 훨씬 잘게 빚어 가를 틀어 주름을 잡고 손에 기름을 묻혀 빚는다.

4 불을 세게 하여 기름에 지져 집청에 생강즙을 섞고 계피, 후추 넣고 잠가 몸에 밴 후 잣가루를 뿌려 쓴다.

과반
차나 한과 등을 그릇에 담아 낼 때 밑에 받쳐 들고 나르는 그릇으로 원형, 타원형, 사각형, 팔각형 등 매우 다양하다.

계강과(桂薑果)

싱강ᄀᆞ놀게 두ᄃᆞ려 물의 혜워 즙 죄 ᄲᅡ고 계피ᄀᆞᄅᆞᆯ 만히 석거, 모밀ᄀᆞ로, ᄎᆞᆯᄀᆞ로 각각 ᄒᆞᆫ자밤식 너허 화합ᄒᆞ야 체의 ᄃᆞᆷ아 ᄡᅧ내야 잣ᄀᆞᄅᆞ니 ᄭᅮᆯ 섯근 소를 너허 세 ᄲᅮᆯ 나게 고이 비저 젼유 지지ᄃᆞᆺ 지져 즙쳥 무쳐 잣ᄀᆞ로 ᄡᅵ허 ᄡᅳ라。

 재료 및 분량

- 찹쌀가루 1컵 • 메밀가루 1컵 • 생강즙 1큰술 • 계핏가루 1작은술
- 설탕 2큰술 • 소금 ½작은술 • 소(꿀 3큰술, 잣가루 4큰술)
- 꿀 4큰술 • 잣가루 5큰술

 만드는 법

1 생강은 즙을 내고 잣은 다져서 꿀에 섞어 소를 만든다.

2 찹쌀가루와 메밀가루를 체에 내린 다음, 생강즙과 계핏가루, 설탕, 소금을 넣고 가볍게 고루 섞어 끓는 물로 익반죽한 뒤 조금씩 떼어 잣 소를 넣고 생강 모양으로 세 뿔을 나게 만든다.

3 찜통에 잠시 쪄내어 식힌다.

4 전유어 지지듯이 지져 꿀을 바르고 잣가루를 뿌린다.

✻ • 잣은 아래위로 한지를 깔고 덮어 밀대로 밀어서 기름을 빼고 다진다.
• 팬에 지질 때는 식용유를 많이 넣지 않는다.

생강과(生薑果)

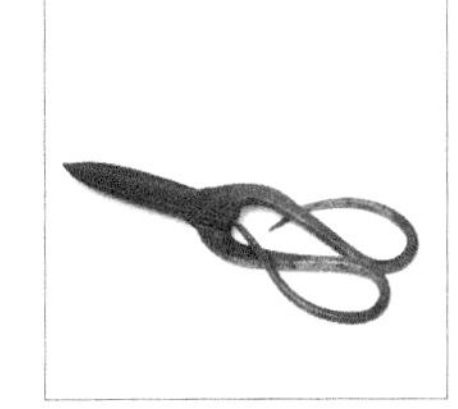

떡가위
두 개의 다리에 각각 손가락을 끼고 벌렸다 오므렸다 하여 지레의 원리로 떡을 자르게 되어 있다.

신강을 ᄀᆞᄂᆞᆯ게 다져 ᄀᆞᆯ니 되도록 ᄒᆞ야 믈의 ᄌᆞᆷ가 체의 바타 빠 믈긔 업시 ᄒᆞ야 노고를 ᄉᆞᆺ블의 너코 싱강을 너허 술노 저어 이윽이 복가 믈이 다 ᄆᆞ르거든 ᄇᆡᆨ쳥을 만히 쳐 조려 ᄭᅮᆯ과 싱강이 합ᄒᆞ야 거의 어린 후, 빗 고은 여ᄉᆞᆯ 다쇼ᄂᆞᆫ 식셩대로 너허 조려 손의 무쳐 ᄯᆞᆫᄯᆞᆫᄒᆞ거든 ᄂᆡ여 ᄆᆡᆫᄃᆞ라 ᄇᆡᆨᄌᆞ 말무치라。

재료 및 분량

- 생강(햇 생강) 1근 • 꿀 1컵 • 잣가루 2컵

만드는 법

1 햇 생강을 곱게 다져 가루가 되도록 하여 물에 담가 체에 밭쳐 짜서 물기 없이 한다.

2 솥에 생강을 넣어 수저로 저어 꽤 볶아 물이 다 마르거든 꿀을 많이 넣고 조린다.

3 꿀과 생강이 조려진 후, 빛 고운 엿을 식성대로 넣고 조려 손에 묻혀 끈끈하거든 내어 생강모양으로 만든다.

4 젓가락으로 집어 잣가루를 묻힌다.

건시단자(乾柿團子)

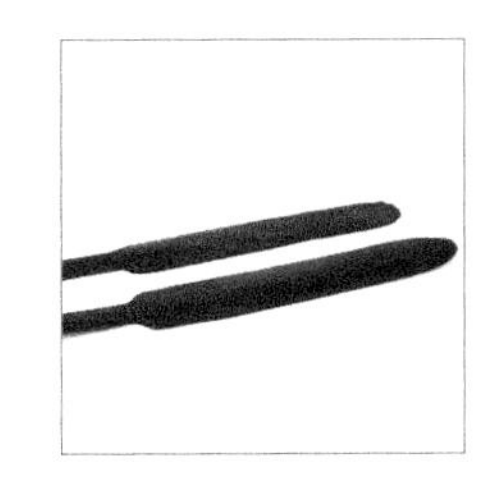

편칼
인절미와 같은 떡을 썰거나 떡을 형태 그대로 그릇에 담기 위해 제작된 칼로 시루칼이라고도 한다.

빗곱고 ᄎᆞ진 건시를 속과 겁질을 다 ᄇᆞ리고 넓고 얇게 졈여 사완의 ᄃᆞᆷ고、ᄭᅮᆯ의 ᄌᆞᆷ왓다가 황뉼 소 약념ᄒᆞ야 반듯듯 ᄆᆞᆫ드라 고이 틈업시 빠 잣ᄀᆞ로 무치라。

재료 및 분량

• 빛 좋은 곶감 8개 • 황률가루 2컵 • 꿀 ½컵 • 잣가루 ⅓컵

만드는 법

1 좋은 곶감을 속과 씨를 없애고 얇게 저민다.

2 손질한 곶감을 꿀에 잠시 재운다.

3 황률에 꿀을 섞어 소를 만들고 꿀에 재웠던 곶감에 소를 넣고 빈틈없이 싼다.

4 곶감 표면에 잣가루를 묻혀 쓴다.

편칼
나무와 쇠, 청동, 놋쇠로 된 것들이 있으며 궁중에서는 놋쇠와 청동을, 서민층에서는 나무나 쇠로 된 편칼을 주로 사용했다.

밤조악

황뉼ᄀᆞ로 깁체의 처, 빅쳥을 다식 반듁도곤 즐게ᄒᆞ야 잣ᄀᆞᆯ니 계피 건강ᄀᆞ로 석거 ᄭᅮᆯ 버므린 거ᄉᆞᆯ 소 너허 쟉게 만두과쳐로 ᄀᆞ을 트러 살잡아 비저 우희 ᄭᅮᆯ ᄇᆞᆯ나 잣ᄀᆞ로 무치ᄂᆞ니라.

재료 및 분량

- 황률가루 2컵 • 꿀 5큰술 • 잣가루 ½컵
- 계피 2작은술 • 건강가루(생강가루) 2작은술

만드는 법

1 황률가루를 고운체에 내려 꿀을 넣고 다식반죽보다 질게 한다.

2 잣가루에 계피와 건강가루를 섞어 꿀에 버무린 것을 소로 만든다.

3 황률 반죽에 소를 넣고 작은 만두과처럼 가장자리를 틀어 주름을 잡아 빚는다.

4 위에 꿀을 발라 잣가루를 묻힌다.

✱ • 황률(말린 밤)을 구입하여 가루를 내어 쓴다.

황률다식(黃栗茶食)

다식판
다식판은 대개 길이 30~60cm 정도 크기로 위짝과 아래짝 두 쪽, 또는 판 하나로 이루어져 있다.

ᄀᆞᆯ니 굵고 ᄭᅮᆯ 믈의 반듁ᄒᆞ면 거츨고 마시 사오납고 빗치 곱디 아니니、황뉼을 죄 보믜업시 ᄒᆞ고、깁체의 처 고은 ᄇᆡᆨ쳥의 반듁ᄒᆞ야 힘센 손으로 무수이 부븨여 다식확의 너코 쇠마치로 ᄆᆡ이 두ᄃᆞ려야 윤지고 반반ᄒᆞ니라。

 재료 및 분량

- 황률(黃栗) 2컵 · 꿀(白淸) 5큰술

 만드는 법

1 황률은 가루가 굵으면 꿀물에 반죽해도 거칠고 맛이 좋지 않고 빛도 곱지 않으므로 황률의 속껍질은 없애고 가루를 낸다.

2 고운체에 쳐서 고운 꿀에 반죽하여 세게 오래 비빈다.

3 다식확에 넣고 꼭꼭 눌러 박아야 윤이 나고 반반하다.

✽ • 다식확은 다식틀, 다식판을 말한다.
• 본문에는 꿀을 넣고 반죽하여 힘센 손으로 꽤 비벼 다식확에 넣고 쇠망치로 세게 두드려야 윤지고 반반하다라고 기록되어 있다.

다식판
두 짝으로 된 것 중 아래판은 원형 또는 방형으로 볼록하게 5~10개가 한 줄 또는 두 줄로 나란히 솟아 있다.

흑임자다식 (黑荏子茶食)

호마 거믄깨 반의 노코、흰깨 낫나치 ᄀᆞᆯ히고 ᄐᆞ게 복그면 못 ᄡᆞᄂᆞ니
마초 복가 ᄶᅵ허 ᄀᆞᄂᆞᆫ 체로 처 됴흔 ᄭᅮᆯ 줄게 반듁ᄒᆞ야 돌졀구의 마조
ᄡᅧᄡᅧ 힘것 오래 ᄶᅵ허 우흐로 기름이 흐르거든 덩이지어 슈건의나
센 손으로 ᄶᅬ 기름을 ᄧᆞᆫ 후、글ᄌᆞ 깁고 분명이 삭인 판의 사당ᄀᆞᆯ늘
글ᄌᆞ만 뷘 틈 업시 메우고、다ᄅᆞᆫ듸 무든 거ᄉᆞᆫ 다 ᄡᅵᆺ고 흑임ᄌᆞᆫ 거ᄉᆞᆯ
미리 다식모양쳐로 ᄆᆡᆫ드라 판의 박아ᄂᆡ면、흑ᄇᆡᆨ이 분명ᄒᆞ야 거믄

재료 및 분량

- 흑임자가루 2컵 • 꿀 4큰술 • 설탕 3큰술

만드는 법

1. 검은깨를 알맞게 볶아 빻아서 고운체로 쳐 좋은 꿀을 넣고 반죽하여 곱게 빻는다.
2. 위로 기름이 흐르면 덩어리를 만들어 수건이나 손으로 모두 기름을 짠다.
3. 글자가 깊고 분명히 새긴 판에 설탕가루를 글자만 빈 틈 없이 메우고, 다른 곳에 묻은 것은 다 털고 검은깨를 미리 다식 모양처럼 만들어 판에 박아내면, 흑백이 분명하여 검은 비단에 흰 실로 글자를 수놓은 듯하다.

✽
- 현대에는 흑임자 가루를 찜기에 넣고 10분 정도 쪄서 방망이로 찧어 기름을 나오게 한 다음, 다시 찜통에 넣어서 찌고 찧기를 3번 정도 반복하면 기름이 많이 나와 부드럽고 색이 검고 예쁘다.
- 설탕을 잘못 놓아 여러 곳에 묻으면 깔끔하지 못하니 글자가 새겨진 판에 설탕을 잘 넣는다.

다식판
볼록한 부분의 윗면에는 완자모양, 꽃모양 등 기하학적인 선문양이 음각으로 새겨져 있다.

용안다식(龍眼茶食)

뇽안육을 ᄀᆞ늘게 두ᄃᆞ려 손의 무쳐믈을 뭇쳐 모양 민드라 사당 노하 박기를 쌔다식쳐로 ᄒᆞᄂᆞ니라。

 재료 및 분량

• 용안육 2컵 • 설탕 2큰술

 만드는 법

1 용안육을 곱게 다져서 손에 물을 묻혀 가며 모양을 만든다.

2 글자가 깊고 분명히 새긴 다식판에 설탕가루를 글자만 빈 틈 없이 메우고, 다른 곳에 묻은 것은 다 털고 다진 용안육을 미리 다식 모양처럼 만들어 판에 박아낸다.

3 흑백이 분명하여 검은 비단에 흰 실로 글자를 수놓은 듯하다.

4 설탕을 잘못 놓아 여러 곳에 묻으면 깔끔하지 못하다.

✽ 용안육은 끈적거리므로 다지기가 다소 불편하지만 잘 뭉쳐지는 장점도 있다.

녹말다식(末菉食)

다식판
수(壽), 복(福), 강(康), 영(寧)이 새겨진 다식판은 흔히 볼 수 있는데 이는 다식이 혼례, 제례, 연회 등에 빠지지 않는 음식이기 때문이다.

진ᄒᆞᆫ 오미ᄌᆞ국의 졍ᄒᆞᆫ 연지를 ᄡᅴ서 녹말의 무쳐 화합ᄒᆞ기를 고로로 ᄒᆞ고 신맛 잇게 ᄒᆞᄃᆡ 볏ᄒᆡᄂᆞᆫ 말고 음건ᄒᆞ야 몰니와 고쳐 부븨여 ᄀᆞᄂᆞᆫ 체의 처 빅쳥의 반듁ᄒᆞ약 박으면 마시 됴흐ᄃᆡ 계피ᄂᆞᆫ 블근 빗치 아니 섯그니만 못ᄒᆞᄂᆞ니라。

재료 및 분량

- 녹두녹말 2컵 • 오미자국물 2큰술 • 연지 2g
- 설탕 2큰술 • 꿀 3큰술 • 건강(乾薑) 1큰술

만드는 법

1 진한 오미자 국에 연지를 넣고 색을 우려낸다.

2 녹말에 오미자와 연지물을 넣고 고루 섞어 비벼서 말려 색과 신맛이 들도록 한다.

3 설탕을 넣고 계피와 건강가루를 넣어 반죽하여 다식판에 박으면 맛이 좋지만 계피는 붉은빛이 나므로 섞지 않는 것이 좋다.

4 설탕과 꿀로 차지게 반죽을 하여 다식판에 박는다.

✻ 연지는 붉은 꽃이 피는데 연지꽃 또는 명자나무꽃이라고도 한다.

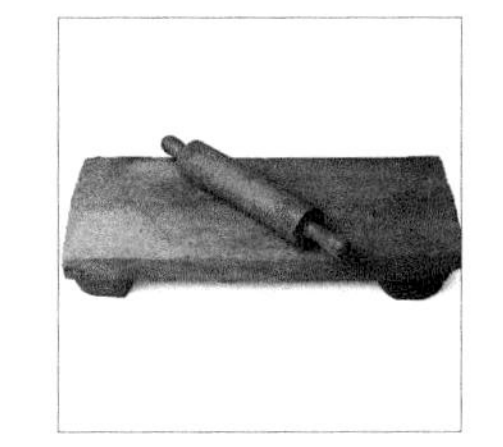

밀판·밀방망이
밀판은 가루반죽을 밀어서 얇고 넓게 펴는 데 쓰는 통나무판이며 밀방망이는 밀판 위에서 반죽을 펼 때 굴리는 둥글고 긴 나무막대이다.

산사편(山楂餠)

저울눈 박히고 됴흔 댱님산사를 삐ᄇᆞ르고 물 쌔지지 아니케 듕탕ᄒᆞ야 쪄ᄀᆞᄂᆞᆫ 체의 두번 걸너 상젼산사ᄂᆞᆫ 싱꿀을 버므려도 어ᄅᆡ거니와、상후산사ᄂᆞᆫ 빅쳥을 숫블의 만화로 조리ᄃᆡ 거품은 거더내며 조려 끈끈ᄒᆞ거든 산ᄉᆞ를 반듯ᄒᆞ고 큰 그ᄅᆞᄉᆡ ᄃᆞᆷ고 더운 김의 부어 화합ᄒᆞᄃᆡ ᄆᆡ이 저으면 쇠아리 닐고 빗치 부희ᄂᆞ니 ᄀᆞ만만 눌너 저어 고로로 석긴후 우흘 반반이 ᄒᆞ야 ᄎᆞᆫ ᄃᆡ 두면 족편 어ᄅᆡᄃᆞᆺᄒᆞ고、ᄃᆞᆫᄃᆞᆫ이

재료 및 분량

- 산사 500g
- 꿀 1컵 정도

만드는 법

1 좋은 장림 산사의 씨를 발라내고 물 빠지지 않게 중탕하여 쪄서 고운체에 두 번 거른다.

2 서리 내리기 전 산사는 생꿀로 버무려도 섞이지만, 서리 내린 뒤의 산사는 꿀을 숯불에 뭉근하게 조리는데 거품은 걷어 낸다.

3 조려 끈끈해지면 산사를 반듯하고 큰 그릇에 담고 더운 김에 꿀을 부어 섞는데, 많이 저으면 꽈리가 일고 빛깔이 흐려지니 가만히 저어 고루 섞은 후 위를 반반히 하여 찬 곳에 둔다.

4 족편처럼 단단히 엉기면 베어 쓴다.

산사쪽정과
천문동정과

엿틀
술이나 엿을 짜낼 때 사용하는 틀로서 지렛대의 원리를 이용한 고정식과 간이식 두 가지가 있다.

됴흔 산사를 ᄀᆞᆯᄒᆡ여 아릐우 얏치 버히고 허리를 버혀 씨 업시 ᄒᆞ고、새옹의 믈을 산사 잠길만치 붓고、잠간 데쳐 믈은 ᄯᅡ라 ᄂᆡ고 ᄇᆡᆨ쳥을 부어두면 경동ᄒᆞ야 봄ᄀᆞ치 두어도 ᄉᆡᆨ미가 여전ᄒᆞ고、믈을 두면 오래면 빗치 샹ᄒᆞ고 괴ᄂᆞ니、슈정과로 ᄡᅳ랴면 몬져 ᄭᅮᆯ을 부어 오래면 산사가 오고라지ᄂᆞ니라。

 재료 및 분량

- 산사 200g • 꿀 1컵
- 천문동 200g • 꿀 1컵

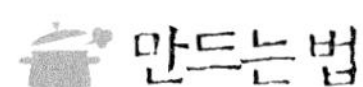

만드는 법

1 산사는 좋은 열매를 골라 씨없이 하여 솥에 산사가 잠길 만큼 물을 붓고 살짝 데친다.

2 물을 따라내고 꿀을 부어 두면 겨울 지나 봄까지 두어도 빛과 맛이 변함없다. 물을 따라내지 않고 오래두면 빛이 상하고 거품이 생긴다.

3 천문동을 물에 담가서 불린다.

4 풀잎같이 저며 살짝 데쳐서 꿀에 숯불로 조리면 명패(明貝) 같아진다.

✻ • 산사를 삶지 않고 꿀을 부어 오래되면 산사가 오그라진다.
• 산사는 삶아서 꿀을 붓고 봉해두었다가 필요할 때 수정과로 쓰면 좋다.

말
물질의 분량을 측정하는 그릇이다. 재래의 말은 정방형으로 된 모말을 사용하였으며, 원통형의 말은 일본에서 유입된 형태이다.

복분자딸기편(覆盆子)

잉도편법대로 ᄒᆞᄂᆞ니、이ᄂᆞᆫ 잉도예셔 더 잘되기 쉽ᄂᆞ니라。

재료 및 분량

• 복분자(산딸기) 5컵 • 녹두녹말 1컵
• 물 1컵 • 꿀 1½컵

만드는 법

1 복분자를 그릇에 담아 잠깐 쪄내어 중간체에 거른다.

2 꿀을 알맞게 넣고 솥(새옹)에 조린다.

3 수저로 떠서 흘려 보아 죽처럼 엉기면 녹말물을 조금씩 넣으면서 조린다.

4 떠보아 족편처럼 엉길 때 사기그릇에 베어 쓰면 산사편 빛깔 같고, 녹말을 많이 타면 빛깔이 흐려지고 딱딱하며 너무 조리면 빛깔이 검다.

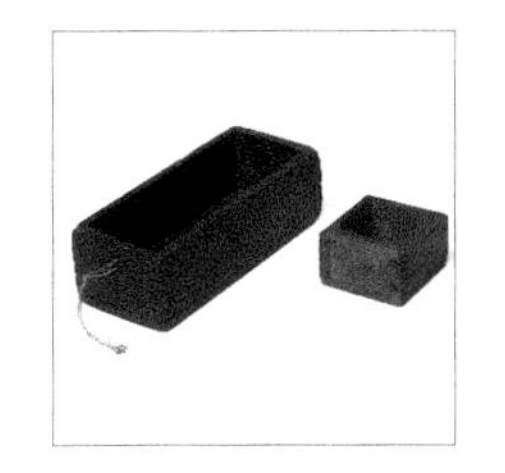

되홉
되의 형태는 입방체 또는 직육면체로 나무와 쇠로 만든다. 보통 10홉이면 1되, 10되는 1말.

모과정과
(모과거르ᄂᆞᆫ정과)
(木瓜正果)

됴흔 모과 씨 닉고 빗 누른 거술 무로게 솔마 ᄀᆞᄂᆞᆫ 채의 걸너 빅쳥을 모과숫도곤 됴곰 더 잡고、 강즙 ᄒᆞ야 쓰면 됴코、 편을 민들냐면、 잉도편쳐로 ᄒᆞ되 조리기를 노샹 덜ᄒᆞ고 녹말을 되게 기야 타야 빗치 곱고 어리ᄂᆞ니라。

 재료 및 분량

- 모과 500g • 꿀 300g • 녹두녹말 1컵 • 물 1컵

만드는 법

1 잘 익고 빛깔이 누른 좋은 모과를 무르게 삶는다.

2 고운체에 걸러 꿀을 모과의 분량보다 조금 더 넣어 강즙하여 쓰면 좋다.

3 편을 만들려면 앵도편처럼 하는데 조리기를 덜하고, 녹말을 되게 개어 타야 빛깔이 곱고 잘 엉기게 된다.

✻ 모과 쪽 정과

1 모과를 무르게 오래 삶아 국물은 모두 따른다.

2 매우 고운 꿀을 모과가 잠기게 부어 녹을 만하면 즉시 그릇에 담아야 빛깔이 변하지 않고, 삶은 국물이 있어도 빛깔이 곱지 않고, 꿀의 분량이 조금만 틀려도 산사와 달라 빛깔이 곱지 않다.

구절판
아홉 칸에 아홉 가지 재료를 담았다고 하여 구절판이라고 한다. 원형과 정방형의 두 종류가 있다.

유자정과(柚子正果)

됴흔 유ᄌᆞ를 엷게 것겁질 벗겨 ᄉᆞ파ᄒᆞ야 흰속 약간 졈여ᄂᆡ고 엷고 납작작ᄒᆞ게 엇게 졈여 잠간 데쳐 듬갓다가 ᄇᆡᆨ쳥을 녹여 붓고 유ᄌᆞ 속은 뽁뽁이 ᄂᆡ여 다담아 ᄒᆞᆫᄃᆡ 지어 쓰라。

재료 및 분량

• 유자 200g • 꿀물(물 2컵, 꿀 2큰술) • 꿀 1C

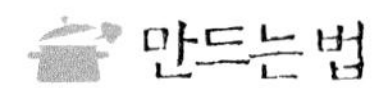

만드는 법

1 좋은 유자의 겉껍질을 얇게 벗긴다.

2 유자껍질을 4등분하여 흰속껍질을 약간 저며내고, 꿀물에 슬쩍 데친다.

3 데친 유자에 백청을 녹여 붓고 유자속은 쪽쪽이 떼어 내어 한데 넣고 윤기나게 조린다.

✽ 규합총서의 모든 정과는 "재료를 꿀물에 데쳐내고, 백청을 녹여 붓고 지어쓴다"고 했다. 지어 쓴다는 말은 조린다는 뜻인 듯하다.

보자기
물건을 싸거나 덮기 위해 헝겊으로 네모지게 만든 것을 지칭하는 것으로 특히 작게 만든 것을 보자기라 한다.

살구편 (杏子)

다 잉도편법대로 ᄒᆞ면, 이런 후 버히면 살고는 모과편ᄀᆞᆺ고, 벗편은 젼약ᄀᆞᆺᄒᆞ니라.

 재료 및 분량

- 살구 6컵 • 녹두녹말 1컵 • 물 1컵 • 꿀 2컵

만드는 법

1 살구를 놋그릇에 담아 잠깐 쪄내어 중간체에 걸러 꿀을 알맞게 타 솥(새옹)에 조린다.

2 수저로 떠서 흘려 보아 죽처럼 엉기면 녹말물을 조금씩 넣으면서 조린다.

3 접시에 떠보아 족편처럼 엉길 때 사기그릇에 베어 쓰면 좋고, 녹말을 많이 타면 빛깔이 흐려지고 딱딱하며 너무 조리면 빛깔이 검다.

✻ 새옹은 놋쇠로 만든 작은 솥이다.

벗편

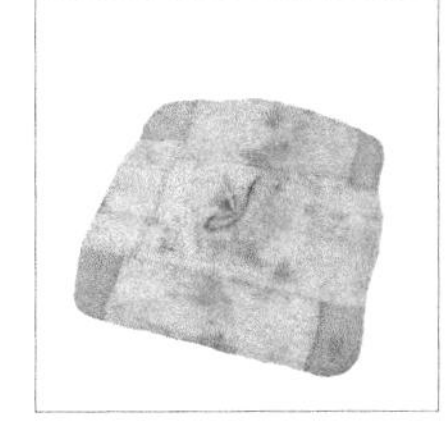

모시보
여름용 상보는 얇은 견직물이나 모시로 만든 홑보를 사용하여 통풍이 잘 되어 음식물이 상하지 않게 하였다.

다 잉도편법대로 ᄒᆞ면, 이린 후 버히면 살고ᄂᆞᆫ 모과편ᄀᆞᆺ고, 벗편은
젼약ᄀᆞᆺᄒᆞ니라。

 재료 및 분량

- 버찌 4컵
- 녹두녹말 1컵
- 물 1컵
- 꿀 1½컵

 만드는 법

1 버찌를 그릇에 담아 잠깐 쪄내어 중간체에 걸러 꿀을 알맞게 타 솥(새옹)에 조린다.

2 수저로 떠서 흘려 보아 죽처럼 엉기면 녹말물을 조금씩 넣으면서 조린다.

3 접시에 떠보아 족편처럼 엉길 때 사기그릇에 베어 쓰면 산사편 빛깔 같고, 녹말을 많이 타면 빛깔이 흐려지고 딱딱하며 너무 조리면 빛깔이 검다.

행주치마
음식을 조리할 때 치마를 더럽히거나 물이 묻지 않도록 하기 위해 치마 위에 겹쳐 입는 옷.

연근정과(蓮根正果)

년근을 연ᄒᆞᆫ 거ᄉᆞᆯ 졍히 글거 후박 맛게 ᄲᅡᄒᆞ라 ᄭᅮᆯ믈의 데친 후、
ᄇᆡᆨ쳥의 지어 ᄡᅳᄂᆞ니라。

재료 및 분량

• 연근 200g • 꿀물(물 2컵, 꿀 2큰술) • 꿀 1컵

만드는 법

1 연근은 껍질을 깨끗이 벗긴다.

2 연근의 두께를 알맞게 썬다.

3 꿀물에 데친 다음 다시 꿀을 넣어 윤기 나게 조린다.

✽ 조릴 때는 뚜껑을 덮지 않고 조려야 윤기가 난다.
원본에는 없으나 연근을 썰어서 물에 담가 전분을 빼야 좋다.

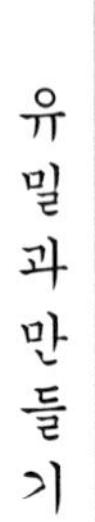

수저집
숟가락과 젓가락을 넣어 두는 주머니로 남녀의 수저 한 벌씩이 들어갈 정도의 크기이다.

익힌 동과정과 (煎冬瓜正果)

어린 동과 털 죄 글거 마초 ᄀᆞ로 뻐흐듸 둣게를 침쳑 ᄒᆞᆫ푼식이나 ᄒᆞ야 ᄉᆞ회를 믈의 타고、동과를 ᄃᆞᆷ그고 막대로 젓기를 죵일 부ᄌᆞ런이 ᄒᆞ면、동과조각이 믈속의셔 ᄌᆞ연니치여 반반ᄒᆞ고 모양이 칼 흔젹 없시 쳔연ᄒᆞ야지거든 꿀믈의 데쳐 회믈을 토ᄒᆞ든 빅쳥 부어 짓ᄂᆞ니라。

재료 및 분량

- 동과 1개 - 꿀 적당량

만드는 법

1 어린 동과의 털을 전부 긁어내어 알맞게 썰고 두께를 바느질자 한 푼쯤 되게 한다.

2 불이 꺼진 재를 물에 타고, 동과를 담근다.

3 그리고 부지런히 저으면 동과 조각이 물속에서 자연히 흔들리고 부딪혀 반반해진다.

4 칼 자국 없이 자연스러워지거든 꿀물에 데쳐 잿물을 토하게 하고 꿀을 부어 만든다.

수저통
숟가락과 젓가락을 담는 통. 도자기나 오지그릇으로 된 것이 많고 대오리나 싸리로 엮은 수저통도 있다.

생강정과 (生薑正果)

싱강 졍히 벗겨 칼ᄂᆞᆯ이 비최게 ᄲᅮᆯ대로 졈여 두번 ᄉᆞᆯ마 ᄇᆞ리고, ᄇᆡᆨ쳥을 믈의 ᄃᆞᆯ게 타고 너허 만화로 숫블의 지으ᄃᆡ 퉁노고 두에를 ᄌᆞ루 벗겨 이ᄉᆞᆯ 미친 거ᄉᆞᆯ 업시 ᄒᆞ라。이ᄉᆞᆯ이 ᄯᅥᆯ어지면 졍과가 윤이 업고, 반남아 되거든 ᄭᅮᆯ을 더 쳐야 ᄌᆞ윤ᄒᆞ니 ᄭᅳᆫᄭᅳᆫ하여 엉긔여 부터야 됴흐니라。

 재료 및 분량

- 생강 300g
- 꿀 1½컵

 만드는 법

1 생강을 깨끗이 벗겨 칼날이 비치게 뿔대로 저며 두 번 삶아 버린다.

2 꿀을 물에 달게 타 넣어 뭉근한 불로 숯불에 조리는데, 솥뚜껑을 자주 열어 수증기를 없앤다.

3 물기가 있으면 정과가 윤기가 없고, 너무 되면 꿀을 쳐야 윤기가 흐르니 끈끈하게 엉기어 붙어야 좋다.

閨閤叢書

유밀과 만들기

향설고 (香雪膏)

수저통
한 개의 통으로 된 것과 두 개의 통을 붙여 만든 것이 있으며 물기가 빠질 수 있도록 작은 구멍이 여러 개 뚫려 있다.

ᄉᆡ고 ᄃᆞᆫᄃᆞᆫ한 문ᄇᆡ를 겁질 벗겨 ᄭᅮᆯ물을 ᄃᆞᆯ게 타 통 노고의 붓고、문문ᄇᆡ에 왼 호쵸를 만히 박아 싱강 얇게 졈여 너허 숫블의 만화로 지어 빗치 븕곡 ᄉᆞᆺ속드리 ᄭᅮᆯ이 드러 ᄡᅵᄭᆞ지 윤지거든 ᄡᅳᄃᆡ ᄇᆡ가 ᄉᆡ여야 빗치 븕고 고으니 ᄉᆡᆫ 마시 적거든 오미ᄌᆞ국을 잠간 치면 됴코、건졍과의 겻드리면 국을 조려 ᄌᆞᆫᄌᆞᆫᄒᆞᆫ 긔운이 잇게 ᄒᆞ고 슈졍과를 ᄒᆞ랴면 얼조려 국을 넉넉이 ᄒᆞ고 계피ᄀᆞ로 잠간 ᄐᆞ고 빅ᄌᆞ 흐터 ᄡᅳ라。

 재료 및 분량

- 문배 2개 • 꿀 1컵 • 물 4컵 • 생강 2쪽
- 계핏가루 • 잣

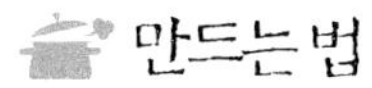 만드는 법

1. 시고 단단한 문배의 껍질을 벗겨 꿀물을 달게 타서 솥에 붓고 문배에 통후추를 많이 박아 생강을 얇게 저며 넣고 숯불에 뭉근한 불로 끓인다.
2. 빛깔이 붉고 속속들이 꿀이 들어 씨까지 윤이 나면 쓰는데 배가 시어야 빛깔이 붉고 곱다.
3. 신맛이 적으면 오미자 국물을 약간 치면 좋다.
4. 마른 정과에 곁들이려면 국물을 졸여 간간한 맛이 있게 하고, 수정과를 하려면 덜 졸여 국물을 넉넉히 한다.
5. 계핏가루를 약간 타고 잣을 뿌려 쓴다.

흑칠사각목반
음식을 담아 나르는 나무 그릇으로 목반의 안팎으로 두세 번의 칠을 하여 나무의 결과 문양을 살린 것이 특색이다.

순정과 (蓴菜)

순은 년모시 업고 슈ᄐᆡᆨ 듕의 이시니 모양의 픠지 못ᄒᆞᆫ 년엽ᄀᆞᆺ고 쳥ᄂᆡᆼ 연환ᄒᆞ야 녹말 무쳐 ᄉᆞᆯ믄 ᄃᆞᆺᄒᆞ니 본초의 삼ᄉᆞ월노 칠팔월ᄀᆞ지ᄂᆞᆫ 통명으로 ᄉᆞ순이라 ᄒᆞ니 미감치열ᄒᆞ고、ᄇᆡᆨ약 독을 플고 비위를 열고、구월노 십이월ᄀᆞ지ᄂᆞᆫ 칭왈 괴순이라 ᄒᆞ니 마시 ᄡᅳ고 ᄧᅥᆯ워진다 ᄒᆞᄂᆞ니 녀름의 오미ᄌᆞ국의 너허 ᄇᆡᆨᄌᆞ ᄣᅴ워 슈졍과를 ᄒᆞ면 극히 쳥활ᄒᆞ야 됴흐니라。

재료 및 분량

• 순채 1컵 • 꿀 ½컵

만드는 법

1 순은 연못에 없고 수택 가운데 있으니 모양이 피지 못한 연잎처럼 깨끗하고 연하며 부드러워 녹말을 묻혀 삶은 듯하다.

2 본초에 3~4월로부터 7~8월까지는 사순이라 하니 맛이 좋고 열을 내리게 하여 온갖 약의 독을 풀어 주고, 비위를 열어 입맛을 돋운다.

3 9월 초로부터 10월까지는 괴순이라 하여 맛이 쓰고 떫어진다 하였다.

4 여름에 오미자국에 넣고 잣을 띄워 수정과를 하면 매우 좋다.

찻주전자
찻물을 끓이는 주전자를 말한다. 무쇠로 된 주전자를 쓸 경우 녹이 나지 않도록 주의해야 한다.

계장(桂漿)

댱뉴슈를 기러 설흔 쥬발을 ᄭᅳᆯ혀 열 쥬발이 되게 ᄒᆞᆫ 후、됴빙ᄒᆞ야 극히 ᄎᆞ거든 극품 ᄇᆡᆨ쳥ᄒᆞᆫ 쥬발 관계 두양 ᄀᆞ로 ᄆᆡᆫ드러 오지병이 크도 작도 아니 ᄒᆞ야 믈 붓기 마즌 ᄃᆡ、ᄭᅮᆯ과 약ᄌᆡ와 믈을 화합하야 붓고、유디로 ᄃᆞᆫᄃᆞᆫ이 부리을 막고、구 우흐로 ᄯᅩ 일곱 장을 덥혀 ᄆᆡ야 봉ᄒᆞ고、쇼라의 어름을 ᄃᆞᆷ아 병을 드려 노하 극히 ᄎᆞ게 ᄒᆞ고、ᄒᆞ로 덥흔 됴을 ᄒᆞᆫ댱식 벗겨 일의가 ᄎᆞ면、일곱 댱을 다 벗긴 후 먹으면

 재료 및 분량

- 끓인 물 10주발 • 얼음 • 술 1주발
- 관계(官桂) 2냥(가루) • 유지(기름종이) 10장

만드는 법

1. 장류수(長流水) 30주발을 끓여 10주발 되게 한 뒤 얼음을 채운다.
2. 술 한 주발, 관계 2냥 가루 만들어 오지 병에 술과 약재와 물을 섞어 붓고, 유지로 부리를 단단히 막는다.
3. 그 위로 유지 7장을 덮어 매어 봉하고 매우 차게 한다.
4. 덮은 종이를 하루에 한 장씩 벗겨 이레가 지나서 먹으면 가래가 삭고 하초를 보하며 맛이 매우 아름답다.
질병과 사기병(沙器甁)은 쓰지 않는다.

✲ • 관계 : 계핏가루
• 1돈 : 3.75g
• 1냥 : 37.5g

화로
차를 끓일 숯불을 피우는 다구의 하나이다.

귀계장 (歸桂漿)

됴흔 믈 이십완의 당키 이근을 너허 달려 네 사발이 된후 당키ᄂᆞᆫ 건지고 녹각교 일근을 또 너허 녹혀 화합ᄒᆞᆫ 후 ᄂᆡ야 건강 계심 각 어양을 극품 싱쳥두 되와 됴균ᄒᆞ야 ᄎᆞ거든 빅항의 너코 됴희 네 겹、뵈 셰 겹을 격지 두어 우덥허 열룸의ᄂᆞᆫ ᄂᆡᆼ쳐ᄒᆞ고、겨을의ᄂᆞᆫ 온쳐ᄒᆞ얏다가 공심의 반잔식 먹으라 쌍보긔혈 기위셩약이니라。

재료 및 분량

- 물 20사발
- 당귀 2근
- 녹각교 1근
- 생강가루·계심각 각 2냥
- 꿀 2되

만드는 법

1 좋은 물 20사발에 당귀 2근을 넣고 달여 4사발이 되게 한다.

2 당귀는 건지고 녹각교 한 근을 더 넣고 녹여 섞는다.

3 생강가루, 계심각 각 2냥을 꿀 2되와 고루 섞어 차거든 백항아리에 넣고 종이 네 겹, 베 세 겹을 격지 두어 우 덮는다.

4 여름에는 찬 데 두고 겨울에는 더운 데 두었다가 빈속에 반 잔 씩 먹으면 기운과 피를 아울러 보한다.

✽ 기운과 피를 아울러 보하니 가히 성약이라 이름직하다라고 기록되어 있다.

찻숟가락
차의 가루나 잎을 넣어 차를 우려 마실 때 쓰는 숟가락.

매화차 (梅花茶)

납월 후、 ᄃᆡ칼노 반ᄀᆡᄒᆞᆫ ᄆᆡ화 봉오리을 ᄯᅡ 나리워 말뇌여 ᄭᅮᆯ의 너허 너름 텬긔 방열ᄒᆞ거든 글ᄂᆞᆫ 믈의 너흐면 ᄭᅩᆺ치 즉시 ᄯᅳ고 쳥향 간ᄋᆡᄒᆞ니라。 국화도 이법으로 ᄒᆞᄂᆞ니라。

 재료 및 분량

• 매화 한 줌 • 꿀 1종지

 만드는 법

1 섣달 지난 뒤 반만 핀 매화 봉오리를 따내 말려서 꿀에 넣어 둔다.

2 여름 햇살 한창 내리쬘 때 그것을 물에 넣으면 꽃이 즉시 뜨고 맑은 향기 사랑스럽다.

3 국화도 이 법으로 한다.

풍로
차나 약, 전골 등의 음식을 달이고 끓이기 위해 불씨를 담은 그릇의 아랫부분에 화구와 바람구멍을 내어 만든 용구.

포도차 (葡萄茶)

포도와 문ᄇᆡ을 ᄊᆡ야 즙을 ᄂᆡ야 싱강 ᄌᆞ년즙의 ᄇᆡᆨ쳥을 화ᄒᆞ야 ᄇᆡᆨ비탕을 ᄎᆡ와 셰즙을 됴화ᄒᆞ면 졀미ᄒᆞ니라。

재료 및 분량

- 포도 1k • 문배 1개 • 생강즙 ½컵
- 꿀 1½컵 • 끓인 물 10컵

만드는 법

1 포도와 문배를 깨끗이 씻어 즙을 내어 생강즙과 꿀을 섞는다.

2 팔팔 끓인 물을 차게 식혀 세 가지 즙을 섞으면 그 맛이 그지없이 아름답다.

3 차가 진할 경우 시원하게 얼음을 띄워 낸다.

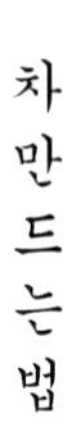

석간주항아리
대청마루나 뒤주 위에 놓고 꿀이나 엿 등을 담아 두는 작은 항아리.

국화차 (菊花茶)

감국화 반개시의 ᄯᅡ셔 프른 ᄭᅩᆨ지 업시 ᄒᆞ고 됴흔믈의 달혀 빅쳥 타먹ᄂᆞ니라。

재료 및 분량

• 감국화 • 꿀

만드는 법

1 감국화가 반만 피었을 때 따서 푸른 꼭지를 떼어 낸다.

2 좋은 물에 달여 꿀에 타 먹는다.

푼주
양이 적고 간단한 생채나 숙채를 버무릴 때나 식품을 소금이나 간장에 절일 때 사용한다.

매실차 (梅子茶)

오ᄆᆡ육 셰말ᄒᆞ야 ᄇᆡᆨ쳥을 죠리고 쓸커든 ᄆᆡ실말 죠균ᄒᆞ야 사항의 담아다가 여름의 믈의 타면 ᄒᆡ갈이 졔호탕 ᄃᆡ신이니라。

 재료 및 분량

• 오매육 15g • 물5컵 • 꿀 ½컵

만드는 법

1 오매육을 가루로 만든다.

2 꿀을 끓여 졸거든 매실가루를 넣고 섞어, 항아리에 담는다.

3 여름에 물을 타 먹으면 제호탕 대신 갈증을 풀어준다.

✽ • 오매육(烏梅肉)은 옛날에는 매실의 껍질을 벗기고 짚불의 연기에 그슬려서 말린 것이다.
• 현대에는 초여름에 덜 익은 푸른 매실을 따서 질그릇 냄비에 넣어 연기가 나지 않을 때까지 검게 구워 말린 것이다.

여기에 수록된 『규합총서』 원문은
'정양완가장본(鄭良婉家藏本)'과 '동경대소장본(東京大所藏本)'에서
'권지일 주사의편'에 해당하는 부분을 발췌하여 영인하였습니다.
지면 관계로 1쪽에 원문 4쪽씩 게재하였으며,
읽는 순서는 맨 위 오른쪽에서 왼쪽, 아래 오른쪽에서 왼쪽입니다.
영인본의 분량이 너무 많아 원문의 ¼크기로 축소하여 이 책에 실었습니다.
원문 그대로 싣지 못한 것에 대해 독자 여러분의 양해를 구합니다.

【원문영인본】

규합총서

주ᄉᆞ의 권지이

네 거시 츌편의 왈 쇠고기를 쓰거든 ᄆᆞᆰᄂᆞ 밥을 ᄒᆞ고 양을 쓰거든 피로 밥을 ᄒᆞ고 돗츠로 쓰거든 기장으로 밥을 ᄒᆞ고 ᄀᆡ를 쓰거든 조로 밥을 ᄒᆞ고 기러기로 쓰거든 보리로 밥을 ᄒᆞ고 션을 쓰거든 외로 쓰라 ᄒᆞ니 조미ᄒᆞᄂᆞ시ᄂᆞᆫ 니로시라 밥 닉기ᄂᆞᆫ 봄 ᄀᆞᆺ치 ᄒᆞ고 깅닉기ᄂᆞᆫ 녀름 ᄀᆞᆺ치 ᄒᆞ고 장 닉이ᄂᆞᆫ ᄀᆞ을 ᄀᆞᆺ치 ᄒᆞ고 술 ᄭᆡ시기ᄂᆞᆫ 겨울 ᄀᆞᆺ치 ᄒᆞ라 ᄒᆞ니 밥은 다ᄉᆞᆺᄒᆞᆫ 디 ᄒᆞᆯ고 깅은 더운 거시 ᄒᆞᆯ고 장은 서늘ᄒᆞᆫ 거시 ᄒᆞᆯ고 술은 ᄎᆞᆫ 거시 올흔 ᄆᆞᆺ 거ᄉᆞ로 미이라 ○ 므릇 봄의ᄂᆞᆫ 신 거시 만코 녀름의ᄂᆞᆫ 쓴 거시 만코 ᄀᆞ을의 ᄆᆡ온 거시 만코 겨울의ᄂᆞᆫ ᄶᆞᆫ 거시 만ᄒᆞ니 [illegible] 이 네 가지 마시 [illegible] 다 치ᄂᆞᆫ 바라 [illegible] [illegible] ᄉᆞ시를 다 [illegible] 이 도ᄂᆞᆫ 미의 비 [illegible] 비 [illegible] ᄯᅢ이라

○ 녜 거 팔진 [illegible] 먹던 것

일왈 순오 [illegible]

이왈 순모 [illegible]

삼왈 포돈 [illegible]

ᄉᆞ왈 포양 [illegible]

오왈 도진 [illegible]

뉵왈 ᄌᆞ [illegible]

칠왈 효 [illegible]

팔왈 간료 [illegible]

○ 후세팔진

용간 [illegible] 봉슈 [illegible] 표태 [illegible] 리미 [illegible] 셩슌 [illegible] 웅장 [illegible] 타봉 [illegible]

[illegible] 녕창합 [illegible] 원 [illegible]

[illegible]

○ [illegible]

○ 뼐미

[illegible]

○ 스티우식시오관 [illegible]

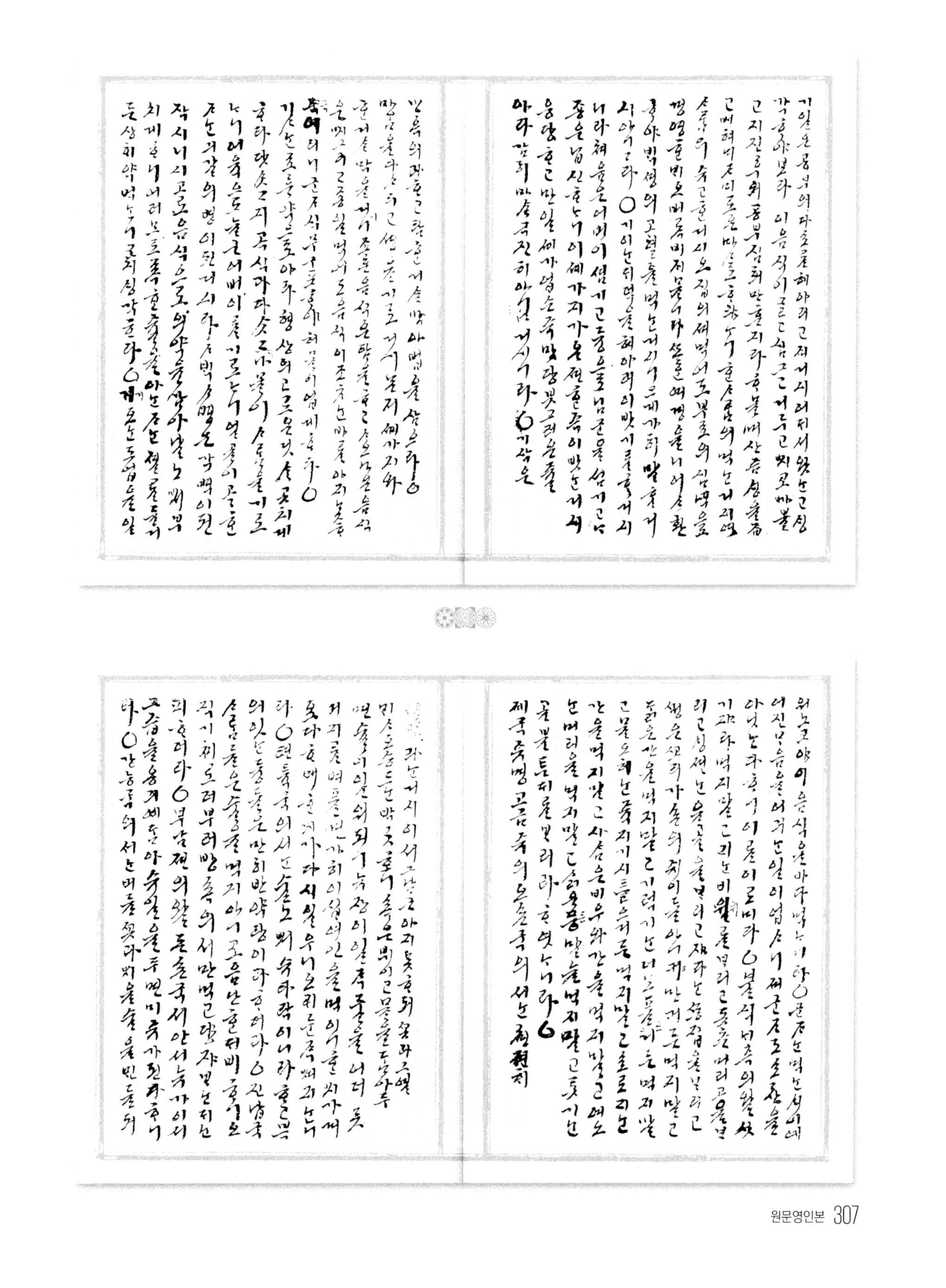

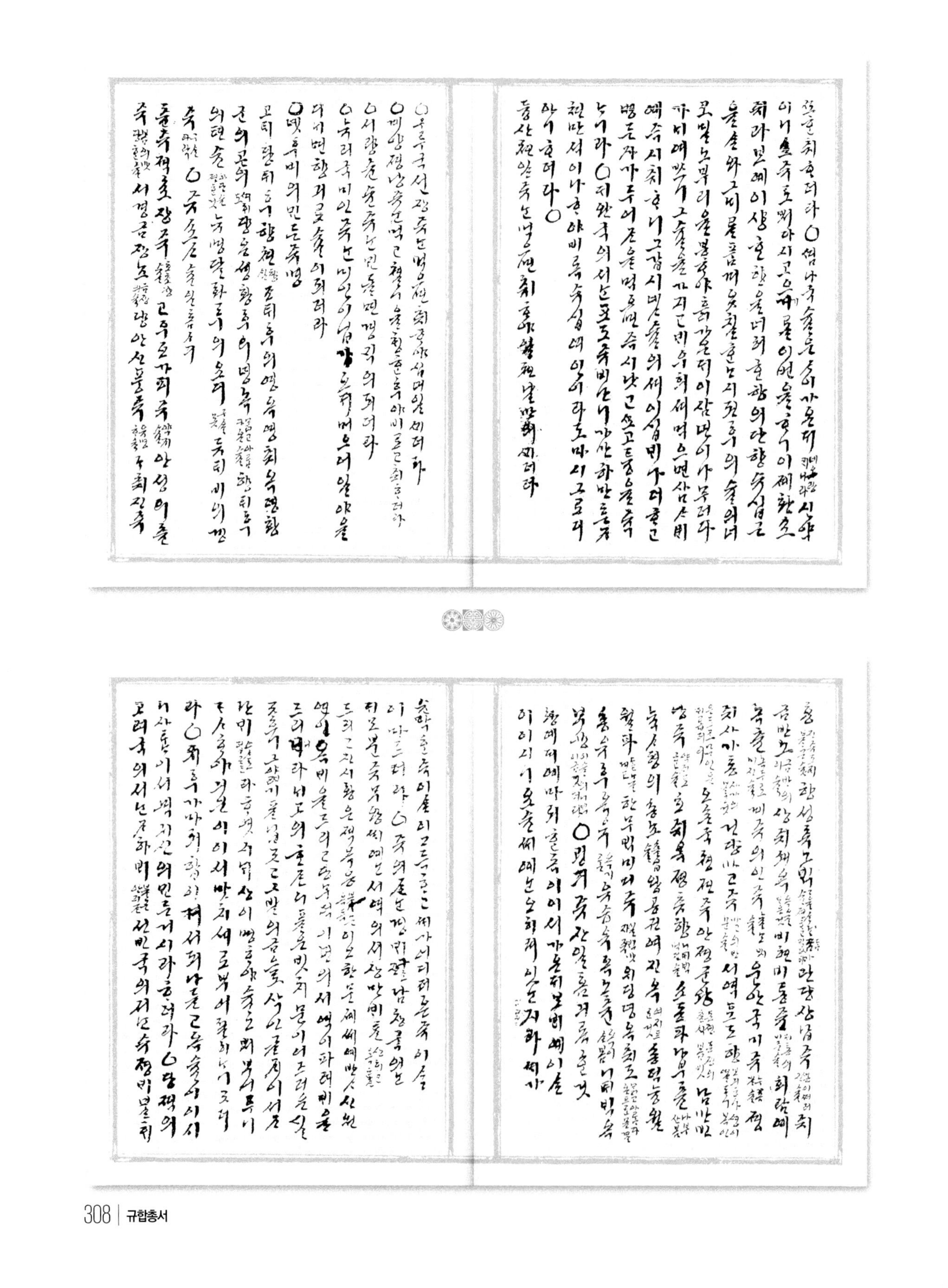

국의셔난엇우 [illegible] 파지ᄒᆞᆫ문나죄 [illegible] [illegible]ᄃᆞ리다
죽비ᄒᆞ오셔 [illegible]이라ᄒᆞᆼ이가지완국ᄉᆞ산가어더
오니라ᄒᆞ니모시 [illegible]ᄀᆞᆺ고넘ᄒᆞᆫ [illegible]국ᄀᆞᆫ [illegible]로 [illegible]ᄀᆞᆯ열벗
가면ᄀᆞ [illegible]아죽미올번ᄒᆞᆫ면문치사맛ᄒᆞ여가시ᄒᆞᆫᄀᆞ술
술ᄒᆞᆫᄉᆞ면마시ᄒᆞᆫ구 [illegible] 아무ᄃᆞᆸᄀᆞ [illegible] 술와쎄
우면술이여니보비러라 ○ 사마ᄒᆞᆫ오국은ᄒᆞᆫ세샷번
국이라ᄒᆞᆫ [illegible] 올ᄃᆞ리이 [illegible] 보라 [illegible] 광명ᄃᆞᆼ
[illegible] 사맛 [illegible] 회미 [illegible] 살숀가히알너라 ○ 음문 [illegible]
샹쳐ᄎᆔᄒᆞ시난다리맛당ᄒᆞᆫᄀᆞᄎᆔᄒᆞ이ᄒᆞᆫ뜻올어드며 [illegible]
볼로산거시맛당ᄒᆞᆫᄀᆞᄎᆔᄒᆞ여 [illegible] ᄒᆞᆯ제타 [illegible]
ᄒᆞᆫ이맛당ᄒᆞᆫᄀᆞ잔 [illegible] 말 [illegible] ᄒᆞ니문어ᄂᆞ이ᄎᆔᄒᆞ며
ᄡᅡ다이 [illegible] 술삼가ᄀᆞ [illegible] 더라

나 [illegible] 술 [illegible] 의사 [illegible] ᄎᆔ [illegible] 맛당ᄒᆞᆫ [illegible] 광우
[illegible]더ᄒᆞᆫᄀᆞ거ᄎᆔ [illegible] 더ᄒᆞᆫ여리라 [illegible] 예ᄎᆔ
ᄒᆞ미세 [illegible] 이맛당ᄒᆞᆫ [illegible] 문의ᄎᆔᄒᆞ미 [illegible] 이맛ᄃᆞᆫᄒᆞ여
라 [illegible] 과ᄭᅦ [illegible] 의 [illegible] 은 [illegible] ᄒᆞ야라 그 [illegible]
예 [illegible] ᄃᆞᆸᄀᆞ [illegible] 기로국인의 [illegible] 살다ᄒᆞ여시이
금 [illegible] 의ᄀᆞ술 [illegible] 시어 [illegible] 면 [illegible] 아의 [illegible] 시 [illegible] 이나다ᄒᆞᆫ오니
라 ○ [illegible] 원이 [illegible] 술빗이 [illegible] 저 [illegible] 만ᄎᆔ [illegible] 공 [illegible] 무ᄒᆞᆫ [illegible]
약의 [illegible] 히 [illegible] 이 [illegible] 의 [illegible] 살죽 [illegible] ᄒᆞᆫ [illegible] 거니 [illegible] 이라
ᄒᆞ니라 ○ 막 [illegible] 의 [illegible] 빗던고 [illegible] 의술일
치 [illegible] 올더 [illegible] 가비 [illegible] 기러 [illegible] ᄒᆞ야미 [illegible] 뉘로ᄒᆞ
어 [illegible] 미 [illegible] 면 [illegible] 라 ○ 약죽재 [illegible]
ᄒᆞ거정월생인 [illegible] 의 [illegible] 히 [illegible] 야 [illegible] 면 [illegible] 야 [illegible] 온술이

월생모인의 [illegible] ᄒᆞᆫ 맛의 [illegible] 가 [illegible] 돌 [illegible] 시로
근며 [illegible] 식 [illegible] 난 [illegible] 지 [illegible] 생 [illegible] 의 [illegible] 야오
월생 [illegible] 의 [illegible] 의담그니 [illegible] 문서 [illegible] 터로ᄒᆞ야 [illegible] 고 [illegible]
생 [illegible] 의 [illegible] 월생 [illegible] 의 [illegible] 법과 [illegible] 치 [illegible]
며ᄀᆞ십 [illegible] 생 [illegible] 의 [illegible] 미 [illegible] 십 [illegible] 월생 [illegible] 의여
법 [illegible] 며 [illegible] 서 [illegible] 도 [illegible] 인빅산보의 [illegible] 이라 [illegible] 본
올어더며ᄀᆞ삼빅 [illegible] 안석이 [illegible] 오국 [illegible] 로 [illegible] ᄒᆞᆫ
젹 [illegible] 신이 [illegible] 방올어더 [illegible] 그 [illegible] 로며연지빅인의
빅 [illegible] 이 [illegible] ᄒᆞᆫ 나 [illegible] 가 [illegible] 셩 [illegible] 연 [illegible] 노 [illegible] ᄒᆞ니
라 ○ 오가 [illegible] 셩은 [illegible] 오 [illegible] 명은문 [illegible] 니 [illegible]
로오자 [illegible] 기올 [illegible] ᄒᆞᆫᄀᆞ로 [illegible] 히오 [illegible] 고인의
[illegible] 오 [illegible] 오가 [illegible] 올어 [illegible] 면 [illegible] 어 [illegible]

의ᄀᆞ [illegible] 어 [illegible] 아니리라 [illegible] 우 [illegible] 문 [illegible] 로
술올 [illegible] 면 [illegible] 이 [illegible] ᄒᆞᆫ [illegible] 니 [illegible] 못ᄒᆞ리라ᄒᆞ니시월
○ [illegible] 년 [illegible] 온ᄒᆞᆫ [illegible] 치 [illegible] 염 [illegible]
[illegible] 맛 [illegible] 보 [illegible] 이 [illegible] 이ᄒᆞᆫ [illegible]
국 [illegible] 치 [illegible] 만 [illegible] 의 [illegible] 술문 [illegible] 부 [illegible]
[illegible] ○ [illegible] 술 [illegible] ○ [illegible] 은 [illegible] 이ᄒᆞᆫᄀᆞ
[illegible] 이ᄂᆞ [illegible] 거 [illegible] 고 [illegible] 의 [illegible] 본 [illegible]
직이니라모 [illegible] 술 [illegible] 비 [illegible] 문 [illegible] 니 [illegible] 이소오
나 [illegible] 년술이 [illegible] 야 [illegible] ᄒᆞ니라 [illegible] 연일 [illegible]
의 [illegible] 노술 [illegible] 지면 [illegible] 라 [illegible] 이아 [illegible]
지난 [illegible] 올맛시그러ᄒᆞ니 [illegible] 의이술이 [illegible] 히나 [illegible]
[illegible] 의그 [illegible] 술노 [illegible] 다술 [illegible] 비 [illegible] 면 [illegible] 이 [illegible] 노 [illegible]

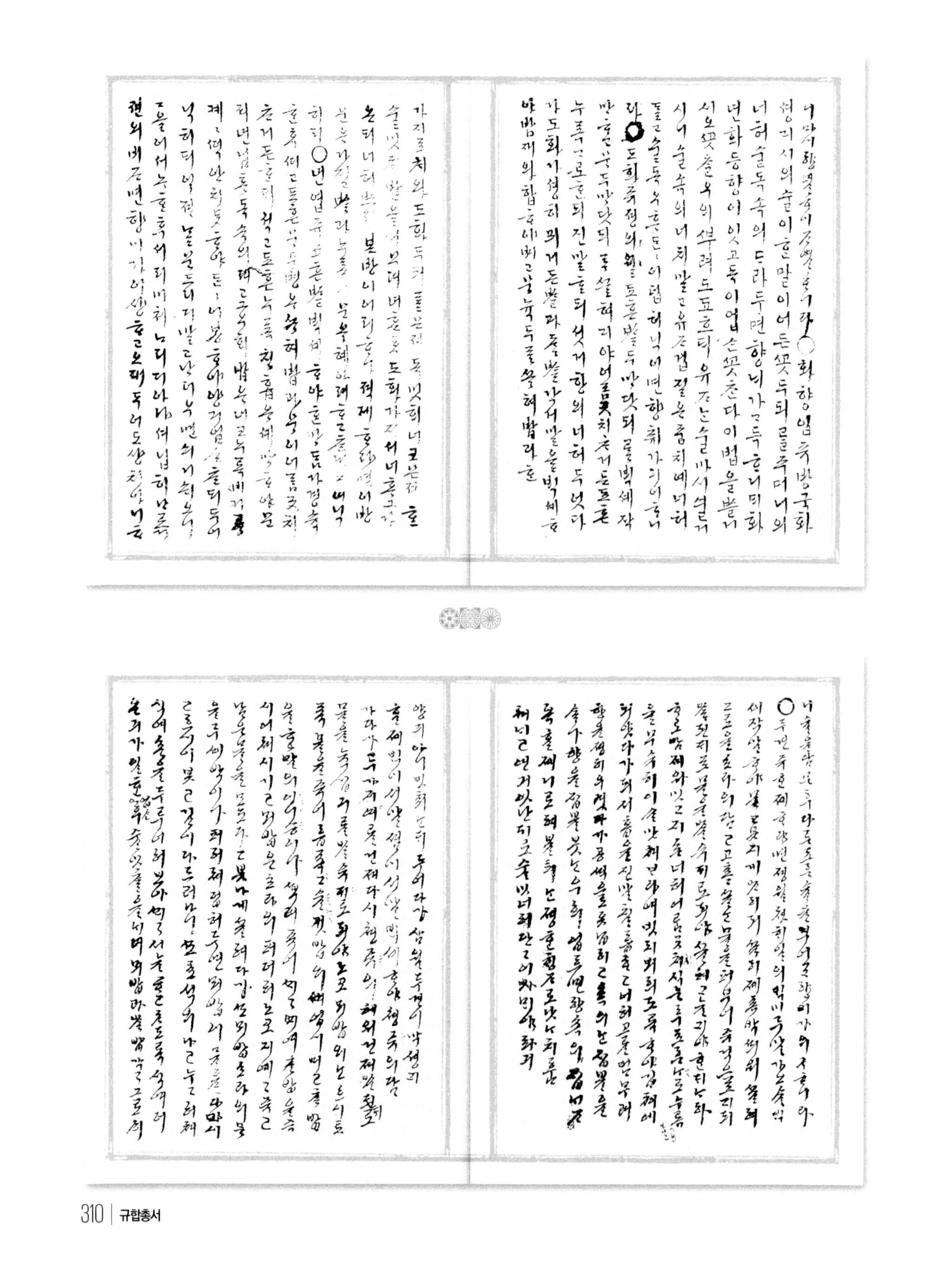

아올러되잇되 척근방에 이만하근곤 바봄러뵈 어렵거든고
착한몸세색에서 노흔흐니 숨잇치 머저다 누가[illegible] 각
드르몬 멈모려 뵈암흔[illegible] 말흔께 엇흔께 노화번 수흔
뵈암업 몬한어 숨업누이 블숙와 풍뢰되야 살한 몸을
구밤의 어모여근 흔수박그음 남벗다가 어모련 금못져보시
여부드라 주편화와 회편벗여의업 령히동아 숨흔져
예흔딸 너흐라 어모께히 더흐면 숨잇되 뭍근호뢰 아니ᄀ
적근져ᄀ 가는뒤 르너헛다가 이착이나 살칠이니 편나흐니
흐셔보아 나려안젓니 흔박의 집다께 뭍혀독숙에 너뢰
흐너보면 데된숨은 뭍이써지근 파뢰야 한흠아니셔다
누니수흐초 살게르이 벗기ᄀ 가는뒤로 잘뢰치면 청
흐가용근흔여지야 이라 잘재흠죽절근향촛

봄수흐야 가이흐수라 소맹다 절맹은 숨이몐이
흐니오자뻥의 흐쳔흐면 무어는 밤알은다구라 안근
뭄의와 현꽃치져재 쏘나니다 보럿숨어밤을
시여서 놀도록 시예흐면 숨념데업근 누록흐초 곽하라
대흐면 잡싸시업근 빗치성숙흐니 숨흐잡니아니나
보그로 소쳔히 우렷다가 여러번그청흘소록 싸시청녈흐근
뻬이흐야이숀이라
○ 초국즉쳑흰일의 딩숙여쥬정흘향의 못근초흔셤누
흐흘흘흘을 몸의담가다가 누록뭄흔소흘싸의누
흐흘떼봄뢰ᄀ 업어쳐예막ᄀ 빗니엇되은빛예작알
흐야 흰뭄리셕흘 김뵈지알근 여러온담이 싹갑는너흐
숨ᄀ려 누록어르봄의 프러더헛다가 소흘반이 둠도리

도도러지도록 져어흔니 덤져두어두가 이엿츠음 싸숨뵈하
흘흠빠숨흐니 흐빗이흐흔말번세흐야 흐로밤져와지여
흔뵈는뢰 몸칠숨이나 ●쌀숭이나 고로뿌러가면 ᅳ러니
계쎄ᄀ셔 그잇치어온김의 펴뭇근흥도지 도고르흐니재뎌
어두엇다가 살칙만의 뷰면 빨흐안니흔셔 빠면도흐뢰향
이너모고뻔흔니나ᄀ 작흐면 이숨이넘이울 잘흐니니덕ᄀ
이알싸친항의흐라 험간숨어부흥 잔은채의 논흐코
화거양거난일 철거흐니 온엇숨이 지예가온거알이뎌
도그릇뒤여마시엇나 소국논 누록만넣숙의흔가살열
흐니덜어노흔흐니 눈믹과지예울다[illegible]흔김의 퍼너허야
되는니 고로숨이라 맬흐야 아릿다[illegible]근 빗치빙숙흐
근회저도노 상텰흐니라 ○ 과화주흐흔하간의막

시구뢰나흔뢰나 작알흐야 멈머지야 염데업시션흐
리삭니든그도구록 너뢰방분죽채로 쳐여러다가
싸시뻐지어든 졈에흔알지에여 숨근드러식여 선놀흐거든
그잇치뻔몸여두어다가 싸시쳐진흐니 초국흘고야붓어
다가 칙흐알만이 초국어업뵈ᄌ식 뷔우라 ○ 먹화주쳐
을쉬미화흐빈흐로 뵈려익년흐니흐니 그러이울뷔 사지엇
흘모드뢰숨이 져여회업시 치알근음션흐야 각근뿜리
을지없다사 흥양시러흐화 뗑리흔기미쳐 숨흘미리
쥐다른엇흘 비록향의만타가도 보르면향취가 감흐근
흐화는모흔흐니 여놈향의로온니 위군흐근도 향비엿흐
다초화의 난국과제치화ᄌ흘 셩미가욱익흔 너손흔
숙녁ᄀ이흐근 다른엇흔 각흔흔식흐화 왜덕흐흠

화ᄡᆞ리 ᄉᆞᆯᄂᆞᆫ 리녹ᄒᆞ니 너희 말ᄅᆞ ᄎᆞᆯᄒᆞᆫ 엄은 졈미 이승
작말ᄒᆞ야 ᄀᆞᄂᆞ 썩술 ᄲᅡ희 너ᄒᆞ ᄉᆞᆯ ᄂᆞᆫ 물을 ᄲᅥ ᄎᆡ여 드러
써러 질만 ᄒᆡ리야 이술 만친 조흔 누록ᄀᆞ로 ᄒᆞᆫ 되 ᄲᅡ로 석거
본날 물드려 더 말ᄂᆞ 항의 너허 [illegible] 이 맛져 덥ᄂᆞ니 되 물을
쳐의 우흔 덥지 말ᄂᆞ 두면 우아리 본재 [illegible] 제ᄒᆞ여 이거든
되ᄊᆞᆯ 너희 빅셰ᄒᆞ야 ᄃᆞᆷ갓다가 작말ᄒᆞ야 버므려 ᄀᆞ야 이룩
굿쳐 ᄂᆞ어든 본재 ᄒᆞᆫ 밋 쳐 석ᄀᆞ 국말 ᄒᆞᆫ 되 넉ᄂᆞ 이더서
더 날 보희 말ᄂᆞ 리야 졍ᄒᆞᆫ 항의 [illegible] 너 ᄡᅵ여 너고 우흔 ᄲᅥ리
떡 봉ᄒᆞ야 처음 쳐로 두엇다가 ᄯᅡ 괴거든 ᄎᆞᆯ [illegible] 말 [illegible]
되ᄊᆞᆯ 닷 되 빅셰ᄒᆞ야 인졀미 쳐로 물 [illegible] 써 [illegible]
의ᄂᆞᆫ 물 ᄭᅳ려 ᄌᆞ어 [illegible] 이 붓게 ᄒᆞ [illegible] 너허 어ᄅᆞᆫ 굿
죄 삭거든 밋ᄎᆞᆯ 석 너 모 [illegible] 거든 ᄎᆞᆯ 재 [illegible] 온 물

말 ᄒᆞᆫ 되로 두 되 ᄂᆞᆫ 더 석거 ᄆᆞᄌᆞ 녹여 맘ᄒᆞᆫ 제 너코
빅셰ᄒᆞ야 각각 ᄯᅮᆯ 몬ᄒᆞ야 ᄯᅩ 쥬ᄒᆞᆫ 되 석거 국화 ᄂᆞᆫ 물
되 ᄂᆞᆫ 더 발ᄂᆞ ᄒᆞᆫ 되 남 죽이 ᄉᆞᆺ 넘만 ᄡᅥ ᄒᆞᆫ 제 ᄉᆞ 빅 화ᄯᅡ ᄡᆞᆯ을
억만 ᄒᆞ ᄀᆞᆺᄒᆞᆫ 되 국화 ᄂᆞᆫ 우희 세고 진 [illegible] 서 흡 밥의 석근 누
록 ᄒᆞᆫ ᄎᆞᆯ 만 우희 ᄲᅵ쳐 누러 고로 재ᄒᆞᆫ 우 ᄒᆞᆫ ᄎᆞᆯ 긴 ᄂᆞ 져야
너 괴 봉ᄒᆞ야 니 [illegible] 국화 ᄂᆞᆫ ᄀᆞ야 미와 ᄒᆞᆫ 사더로 쓰ᄂᆞ [illegible]
와 말 서 ᄃᆞ 운 술의 졍 ᄉᆞᆼ ᄒᆞᆯ 문 아니 아 원 져 로 보 여 ᄒᆞᆫ
공화 거 이 ᄒᆞ니 라 ᄀᆞ 고 무 운 구 괴 졀 화 나 ᄉᆞᆯ 젹 이 나 진
희 [illegible] 치 본 물을 술 미 [illegible] 야 르 물 보 ᄂᆞ 이 물 노 ᄒᆞ 면
머 우 인 [illegible] 호 니 각 [illegible] 이 갈 희 여 ᄀᆞᆫ 십 ᄉᆞᆨ 야 [illegible] 이 나 ᄒᆞᆫ
송순을 볼 뫼 엿다가 ᄎᆞᆯ 너 [illegible] 쳐 밋 ᄒᆡ 녀 ᄀᆞ 고 옷 ᄂᆞᆫ 괴 을 [illegible]
우희 너로 ᄒᆞ ᄎᆞ을 [illegible] 재 작말ᄒᆞ야 ᄎᆞᆷ 치 ᄡᅥ 너 희 가 ᄅᆞᆫ 더 너 ᄒᆞ

변여 ᄃᆞᆯᄒᆞ니라 ○ 감향주 졈미 ᄉᆞᆼ 졍히 [illegible] 빅셰ᄒᆞ야 ᄃᆞᆷ
갓다가 작말ᄒᆞ야 김 ᄎᆡ예 ᄶᅧ 그 젼의 누록ᄀᆞ로 조흔 거ᄉᆞᆯ 이
ᄉᆞᆯ 밋 ᄎᆡ여 여러 날 마라 [illegible] ᄒᆞ야 깁 ᄎᆡ예 되야 ᄎᆞᆯ 구무
떡 만ᄃᆞ라 [illegible] 고 [illegible] 술 마 운 고 ᄀᆞᆺᄒᆞᆫ 되 더운 김의 [illegible] 국
말 ᄒᆞᆫ 되ᄅᆞᆯ 너허 ᄉᆞᆯ 노 ᄂᆞ 아 리 [illegible] 도록 [illegible] 여 화합ᄒᆞ야 둣 너
온 ᄒᆞᆫ [illegible] 부 치 ᄀᆞᄅᆞ로 ᄉᆞᆯ 헤 더 온 ᄃᆡ 노코 ᄃᆞᆺ 거니 와
히 삼일 만의 [illegible] 조히 ᄃᆞᆯ거든 ᄎᆞᆯ [illegible] ᄒᆞᆫ [illegible] 빅셰ᄒᆞ야 ᄒᆞᆫ 말
잠 갓다가 익게 ᄡᅵ셔 조히 ᄡᅥ ᄒᆡ 노코 그로 서 젹ᄀᆞ ᄡᅥ 여 너 예 그 밋
ᄎᆞᆯ ᄯᅩ ᄡᅥ 비 ᄒᆡ 고로 ᄃᆞ ᄌᆞᆫ 물 븨 온 만치 ᄒᆞ ᄃᆞ 며 물 [illegible] 마 [illegible]
ᄒᆞᆫ 항의 [illegible] 리 ᄂᆞᆫ [illegible] 너 ᄒᆞᆫ 되 서 ᄅᆞ 와 ᄒᆞᆫ 울 ᄃᆞ 니 ᄀᆞ 더
ᄒᆞᆫ 젹 [illegible] 다 [illegible] 어 ᄂᆞᆫ 김 나 다 아니 [illegible] 범 모 [illegible]
너 흔 ᄒᆞ ᄉᆞᆯ ᄅᆞᆯ 누 ᄂᆞᆯ 너 ᄃᆞ ᄀᆞ 이 봉ᄒᆞ야 ᄃᆞᆫ 되 [illegible]

허 ᄀᆞ 햇다가 ᄃᆞᆫ [illegible] ᄎᆞᆯ 너 ᄃᆞ ᄂᆞᆫ 주 [illegible] 야 서 ᄂᆞᆫ ᄒᆞᆫ 되 두어 삭 [illegible]
ᄒᆞ 후 [illegible] 면 [illegible] 알 ᄀᆞᆺ ᄃᆞ ᄒᆞ니 우희 ᄒᆞ른 곰 [illegible] 이 ᄲᅡ히 [illegible]
시 서 시 ᄎᆡ 너 더 업시 ᄒᆞ고 [illegible] 되면 ᄂᆞᆫ 맛 시 잇 셰 ᄒᆞ 면 되
[illegible] 바 ᄒᆞᆫ 석 ᄒᆞ니라 ○ 송졀주 빅미 닷 되 빅셰ᄒᆞ야 ᄃᆞᆷ가다가 작말 [illegible]
야 떡 닷 되 [illegible] 물 [illegible] 치 ᄂᆞᆫ [illegible] 려 ᄀᆞ야 어 ᄅᆞᆫ ᄀᆞᆺ치 ᄂᆞᆫ ᄒᆞ 후 ᄒᆞᆫ 발 이 ᄂᆞᆫ 송졀
[illegible] 희 ᄒᆞᆫ 흡 너허 버므려 [illegible] 이 미야 블 한 [illegible] 엇 ᄒᆞᆫ 되 두엇다가
송졀 ᄂᆞᆫ 주 [illegible] 을 졍히 ᄡᅵ 거 믈 ᄒᆡ야 진히 ᄀᆞ야 [illegible] ᄂᆞᆫ 근 일 젼
의 빅미 오 [illegible] 졈미 이 [illegible] ᄎᆞᆯ 빅셰ᄒᆞ야 물의 ᄃᆞᆷ가다가 각ᄀᆞ지 예
물 여 ᄂᆞᆫ [illegible] 되로 ᄎᆞᆯ 졀 ᄀᆞ 운 물 ᄃᆞ [illegible] ᄒᆞ야 [illegible] 의 ᄂᆞᆫ 그 물을
부 국히 죽어 가 여 ᄒᆞᆫ 스 이 여 ᄒᆞ 여 니 ᄅᆞᆫ ᄀᆞᆺ치 ᄎᆞᆫ 후 술 밋
ᄎᆞᆯ 고 ᄎᆞ ᄀᆞ 섯거 송졀 [illegible] 흰 건지 [illegible] 항 밋 ᄒᆡ 너 ᄒᆞᆫ ᄒᆞ 후 [illegible]
머 [illegible] 련 어 ᄂᆞᆫ 밋 ᄒᆡ 덧고 ᄎᆞᆯ 밥은 우희 너허 ᄀᆞᆺ게 [illegible] 야 [illegible]

한ᄉᆞᆫ은보향ᄃᆞ닝ᄋᆞᆯ맛ᄎᆞ야나히되ᄀᆞᆺ초이여도국황ᄌᆞ우희
너고봄이며ᄃᆞ두번ᄋᆞᆯ너고ᄒᆞᄋᆞᆫ이여도유ᄌᆞ업지ᄀᆞᆺ촌ᄌᆞᆷ그지
업ᄃᆞ오히ᄃᆞ라나히ᄲᅥᆫ회향ᄒᆞ며ᄉᆞᆼ향만ᄀᆞᄒᆞ야ᄆᆞ시거이홀
[illegible]ᄌᆞᆷ업시ᄒᆞ고원[illegible]보니ᄒᆞ야비가이ᄆᆞᆯ인ᄒᆞ던ᄉᆞ
ᄅᆞᆷ도신호ᄋᆞᆯ보이라 ○ 용ᄉᆞᆫ쥬ᄒᆞᆫ말ᄉᆞᆷᄒᆞ되[illegible]두져ᄋᆞᆨ
ᄎᆞ치ᄲᅮᆯ허빅셰ᄒᆞ야ᄌᆞᆷ가이튿ᄂᆞᆯ작ᄲᅮᆯᄒᆞ야ᄂᆞᆫᄎᆞᆫ세취ᄒᆞ
ᄒᆞᆫ국말ᄒᆞᆫ뒤섯거의히만치ᄀᆞᆯ노도ᄲᅡᆨ어누룩찹ᄒᆞ야너
헛다가ᄉᆞ오이ᄉᆞᆯ만의졈미안ᄎᆞ졍히ᄲᅡᆯ려지예ᄯᅥ여ᄃᆞᆼ쥬ᄭᅴ
ᄎᆞᆫ두그젼ᄒᆞᆼᄉᆞᆫᄒᆞᆫ말ᄉᆞᆨ연업시ᄎᆞ거잔ᄒᆞᆫᄉᆞᆫ마ᄯᅥᆨᄒᆞ
ᄉᆞᆯ밋ᄎᆞᆫ그ᄂᆞᆫ취예덕너맙ᄋᆞᆯ고로섯거마진항의ᄀᆞᆫᄎᆡ셕
말과ᄌᆞᄉᆞᆫᄋᆞᆯ여안되ᄀᆞᆺᄎᆞ려ᄃᆞ연ᄒᆞ여[illegible]이되야
볼한ᄲᅮᆯ뎔ᄒᆞᆫ되두엇다가일칠ᄋᆞ쥭ᄒᆞᆫ번ᄉᆞ쥭

ᄉᆞᆫ십분ᄀᆞᄋᆞᆯ부어이ᄋᆞᆫᄃᆞ두ᄲᅮᆫᄃᆞᆫ물ᄉᆞᆯᄋᆞᆯ부ᄉᆞ쳥
세ᄒᆞ뒤ᄉᆞᆫ시ᄂᆞᆫ잠간ᄒᆞ야ᄉᆞᆼ향이업세ᄆᆞᆯᄀᆞᆫ밥과ᄉᆞᆼᄉᆞᆫ
어ᄅᆞᆷ곳지식은후너흐라여러맛ᄒᆞ광면미국과ᄉᆞᆫᄉᆞᆯᄒᆞᄉᆞᆨ
ᄋᆞᆯ빈ᄉᆞᆯᄒᆞ라 ○ ᄒᆞᆫ산ᄎᆞᆯ벽이안ᄃᆞᄋᆞᆯ빅세ᄒᆞ야ᄌᆞᄎᆞᆫ가쥬
ᄲᅵ어ᄅᆞᆷ곳되식은후ᄌᆞᄂᆞᆫ누룩부ᄉᆞ허ᄲᅡ라에칙흠ᄋᆞᆯᄂᆞᆯ
한ᄲᅮᆫ담가일애단ᄂᆞᆫ두명지ᄌᆞ시예너허ᄃᆞᆫᄲᅡᆯ너ᄉᆞᆯ져쥐어
밥ᄉᆞᆯᄲᅥᆫ노ᄌᆡ되항의너허ᄌᆞᄉᆞᆯᄒᆞᆫ만되ᄂᆞᆯᄅᆞᆷᄌᆞᆷ그ᄉᆞᆯ빅
ᄌᆞ오ᄅᆞᆷ이사연의버리그ᄒᆞᄒᆞᄒᆞᆫᄂᆞᆫᄉᆞᆯ세ᄌᆞᆼᄆᆞᆯᄒᆞ야모시ᄅᆞᆷ
쳬예너허복려막ᄀᆞ유ᄀᆞᄒᆞᆫ뒤ᄌᆞᄉᆞᆷ칠리라ᄒᆞᆫ가지로너
ᄒᆞ져ᄒᆞᄒᆞᆫ좀되ᄂᆞᆫ밋희너고ᄲᅡᆸ과다ᄭᅩᆺ빅ᄌᆞ취ᄒᆞᄂᆞᆫ제ᄀᆞ너허
항ᄇᆞ려ᄋᆞᆯᄂᆞᆫ곳ᄃᆡ은ᄒᆞᄒᆞ뵤ᄌᆞᆫᄒᆞᆫ이ᄯᅥ든ᄲᅳᆫ져ᄭᅴ야ᄒᆞ항두에
세나유ᄌᆞ로ᄋᆞᆯ어덥허ᄲᅮᆯ한ᄲᅮᆯ덜쳐의두ᄲᅥᆺᄯᅥ가사안ᄒᆞ

보면ᄆᆞᆺ맛져고막ᄯᅡᆯ어도ᄀᆞᆫᄃᆞᆯᄒᆞᆫ뎜조쥭일곰ᄭᅩᆺᄀᆞ만ᄇᆞ이녹
[illegible]ᄒᆞᆫ분면우ᄒᆞᆫ틱ᄀᆞᄒᆞ여도ᄀᆞ은ᄃᆞᆯ이ᄒᆞᆯ너ᄒᆞᆫ헤지면빅ᄀᆞ와
ᄒᆞ야비쓴그국희산별ᄒᆞᆫ나니라 ○ 삼일쥬ᄯᅦᄋᆞᆯ의도쳥ᄒᆞ
쥭오녀ᄒᆞᆫ의ᄂᆞᆫᄉᆞᆯ한ᄲᅮᆯ취ᄒᆞ한말의누룩ᄀᆞᄅᆞᄃᆞ되ᄋᆞᆯ
섯거한속의너고빗이ᄒᆞᆫ말빅세ᄒᆞ야쥭ᄲᅡᆨ어다ᄅᆞᆫ누룩
섯여말그누룩ᄒᆞᆫᄲᅮᆯ의ᄯᅥ서사ᄂᆞᆯ만의쳥쥬가되ᄂᆞ니
라 ○ 이ᄅᆞᆯ쥭졉니두뒤ᄆᆞᆯ도되도아니제쥭ᄉᆞᆯᄲᅡᆨ어녹룩
세ᄲᅡᆯᄯᅩᆺᄅᆞᆷᄋᆞᆯ섯거항의담ᄀᆞ되ᄯᅩ졋이[illegible]
ᄅᆞᆷ이안거시ᄂᆞ직시항부리ᄋᆞᆯ두거이미야ᄉᆞᄒᆞᆫ되[illegible]
뎍의ᄉᆞᆯ이되야극히쳥ᄂᆞᆯᄒᆞᄀᆞᄯᅩᄀᆞᆼ이사유화[illegible]
○ ᄉᆞᆯ이ᄲᅡᆺ서도졔ᄃᆞ여ᄯᅳᄋᆞᆯ[illegible]치너져ᄯᅦ어허려온[illegible]
도ᄉᆞᆯᄋᆞᆯ되ᄌᆞᆷ그면ᄲᅳᆫᄆᆞ시업ᄂᆞ니라 ○ ᄉᆞᆯ여[illegible]

이거ᄉᆞᆺᄒᆞᆫᄃᆞᄀᆞᄉᆞᆯᄌᆞᄀᆞᄂᆞᆫ되도곰ᄇᆞ으면ᄌᆞᆨ시려이녹어ᄯᅡ
○ ᄉᆞᆯ쉬사지나모작가ᄅᆞᆯ쓰면ᄒᆞ야ᄆᆞᆺ이저ᄒᆞᄂᆞ니라
○ 초쥭ᄉᆞᆫ녀ᄒᆞᆫ막ᄃᆡᄂᆞᆫ실ᄉᆞᆯ은ᄃᆞᄀᆞ어ᄅᆞᆫᄒᆞᆫ도ᄉᆞᆼᄉᆞᆯ며허ᄃᆞ허
졔여먹으면맛시도ᄒᆞ맛ᄉᆞᆯᄌᆞ이업ᄂᆞ니라 ○ 초쥭고ᄉᆞᆯ졔
ᄆᆞᆺᄂᆞᆫᄉᆞᆯ로져ᄭᅩᆺ이가그로면인화ᄒᆞ기ᄎᆞᆫ항의어이ᄭᅩᆺ이ᄂᆞᆫ작
ᄉᆞᆯ쥬가업ᄂᆞ니ᄒᆞᆯᄅᆞᆫᄲᅮᆯ로ᄒᆞ되면쥬시면ᄒᆞᆫ그ᄉᆞᆯ되과
히벅오면구미에ᄭᅩᆺ이냐ᄂᆞ니맛일빙ᄉᆞᆨᄋᆞᆯ넉은쥭쥭ᄉᆞ
ᄒᆞ거ᄃᆡ은ᄇᆞᆯᄉᆞᆯ넉이그졔ᄉᆞᆼ의황토ᄋᆞᆯ에워ᄡᅡ그은ᄉᆞᆯᄋᆞᆯ
부으면새지ᄂᆞ니라 ○ 비상쥬ᄌᆞ니라예ᄃᆞᆫ고로샹ᄒᆞ기취
ᄒᆞᆫ후ᄒᆞᆫ번ᄲᅥᆨᄀᆞᄒᆞ니ᄒᆞᆫ번양취지졀ᄒᆞᆫ쥬치ᄃᆞᆼ어ᄀᆞᆫᄃᆞ냥양
인ᄂᆞ쥐가이머ᄋᆞᆯ힝ᄒᆞ야취ᄒᆞ여ᄃᆞ닛여아ᄀᆞᄒᆞ지칠ᄉᆞᆸ
의니가상치ᄆᆞᄂᆞ타ᄒᆞ니양년ᄉᆞᆨ성ᄋᆞᆨ쥬가워왈싱ᄉᆞᆨᄎᆡ어ᄉᆞᆯ

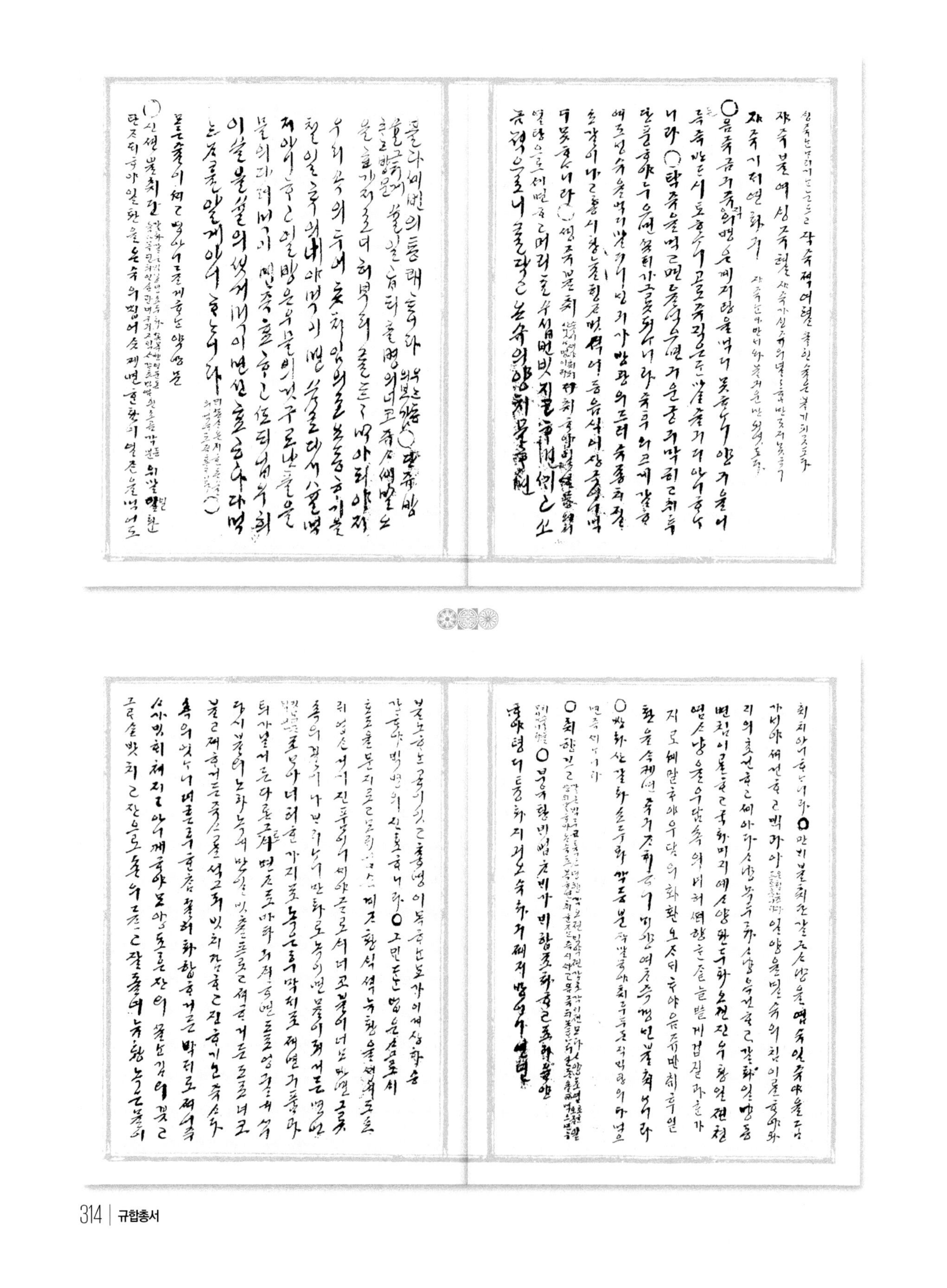

자손의근로ᄒᆞ오로게ᄒᆞ되ᄃᆞᆺ게ᄅᆞᆯ화겨우ᄲᅡᆨ산리ᄉᆞᆯ운후
날은즙을다그로셔ᄭᅩᆺᄅᆞ식셔든ᄲᅢ려셔야더운김의드본
깔노ᄅᆞᆫ잘냄쟁ᄒᆞ야조히메ᄶᅡ속의우려밤이지난후
니야복속시으로빗ᄎᆞᆯ셔뎌조흔ᄡᆞᆯ근안ᄶᅡᄒᆞᆫ그로로
분질너ᄲᅡᆫ그ᄒᆞᆫ시ᄒᆞ야불의ᄶᅵ새비얼쳥신의더는술을
부어두잔식너우면품담의식거ᄒᆞᆫ근빅병을지졔ᄒᆞᄂᆞ니
라 ○ 이방문에본초총셔다이시되시험ᄒᆞᆫ이업서후의
연이뢰룡으로민드러붓ᄎᆞ며연구셔로되실ᄭᅢᆨ식ᄒᆞ야ᄇᆡᆨ의
육의기는아지못ᄒᆞ거니와그로셔근로ᄒᆡ져도ᄅᆞᆫ[illegible]귀하
ᄲᅮᆯ근당이ᄇᆞᆯ기는죽ᄉᆞ넛ᄂᆞᆫ다초의엇던아로ᄂᆞᆫ[illegible]
독ᄂᆞᆫ회이셔그럼즛이죽ᄉᆞ을그로[illegible]
연ᄉᆡᆼ문ᄒᆞ야괴이ᄒᆞᆫ근자손의금박을[illegible]하야

죽ᄉᆞᆫ을ᄂᆞᆫ의괴야ᄎᆞᆯ조로ᄶᅡ셔로ᄡᅥ붓어을더ᄲᅢ히
ᄲᅥᆫ자의ᄒᆞᆫ거시누ᄇᆡ네ᄂᆞᆯ나ᄲᅡ히나[illegible]본ᄆᆞ와로
ᄃᆞᄅᆞᆯ너ᄒᆞ면그로다ᄒᆞ여시되ᄎᆞᆫᄃᆞᆯᄎᆞᆯ지험ᄒᆞ니되어
아니ᄒᆞ나그런고로아니못ᄒᆞᆫ근죽ᄉᆞᆫ업시졔빙ᄒᆡ로민
ᄃᆞᆯ면빗ᄒᆡᄃᆞᆺᄒᆞ리다ᄃᆞᆯ여ᄂᆞᆫ시ᄅᆞᆯ잘못ᄒᆞ면자연ᄒᆡ
거ᄎᆞᆯ근ᄎᆞᆯ지니졀ᄲᅧ솔ᄂᆞᆯ셔시ᄂᆞᆫ불능의엇ᄂᆞ니라ᄒᆞᆫ갓즈
이아니ᄌᆞᆯ분ᄉᆞ니라민ᄃᆞᆫ근졔ᄒᆞᄂᆞᆫ속의ᄂᆞᆯ이면되ᄉᆞ방
원에ᄇᆞᆫ그ᄆᆞᆺ지뢰되다만주ᄇᆞ업ᄂᆞ니애ᄆᆞᆺ다ᄂᆞᆫ거ᄉᆞᆯ이
나ᄒᆞ지연약ᄒᆞ야조심되근더온ᄇᆡᆺᄉᆞ부ᄂᆞ면더저니ᄇᆞᆯ방의
넉죽을ᄇᆞᆨ으다ᄒᆞᆫ거시국네ᄒᆡᄒᆞᆯ로다
ᄃᆞᆫ되누ᄒᆞᆫ비ᄲᅧᄋᆡᄒᆞ여ᄂᆞᆯ로되
음ᄉᆡᆼ고졔 (마음을ᄒᆞ야니르고) 읍되션노 져신션의이ᄉᆞᆯ을ᄆᆡ다

퇴화지술 (퇴화ᄒᆞ여) 노아잔ᄎᆞᆯ 비단ᄇᆞᆺᄎᆞᆯ넘모럿도다
○ 조하비법석ᄂᆞ황ᄌᆞᆯ치네너허우뢰ᄃᆞᆯ근비브평ᄂᆞᆯ의로
가다로ᄃᆞᆼ번ᄭᅳᆯ려시야불의여ᄯᅦ넝진ᄒᆞ호박국사ᄋᆞᆼ
황육ᄒᆡᆫ앙거석젹석지편ᄂᆞ조불믹지강ᄉᆞᆫ삼시ᄉᆞ함
혈갈ᄇᆞᆺᄒᆞᆫ호로안식향작일젼ᄉᆞ향칠ᄎᆞᆯᄃᆞᆼ박ᄉᆡᆼ단
ᄲᅦ말ᄒᆞ야두리그ᄆᆞᆺ초의다ᄒᆞᆫ지너허만화로ᄡᆞᆯᄆᆡ녹
여모양ᄆᆞᆫ근준의녀지 (ᄌᆞ고ᄒᆞ온) 로우근ᄎᆞᆯ졉근사ᄂᆞᆫ뒤ᄂᆞᆯᄀᆞᆯ
비야도ᄎᆞᆯ여부어완젼어골나ᄎᆞᆯ여빙ᄉᆞ의너뢰ᄲᅢ히
이잔의술ᄎᆞᆯ여이연ᄇᆡᆨᄉᆞᄒᆞᆫ근노쳬의신효ᄒᆞᆷᄒᆞᆫ신
션이라이잔을민ᄃᆞᆯ려시험ᄒᆡ로다
누황이오ᄂᆞᆼᄎᆞᆯ다검게ᄒᆞ니비록조이라도[illegible]의ᄒᆞ
ᄂᆞ니만ᄆᆡᆺ되못ᄒᆞᄂᆞ니라민ᄃᆞᆫ거ᄉᆞᆯ더ᄂᆞᆫ녹지ᄆᆞᆯ하

술은연신ᄒᆞᆫᄂᆞᆫ단약이니인ᄉᆡ의술ᄉᆞᆼᄒᆞᆫ거시야
나로되ᄡᅳᆫᄒᆞᆫ업ᄉᆞ못ᄒᆞᆯ녀ᄉᆞᆼ오ᄒᆞᆫ연의소변ᄒᆞ여
차만죽삭ᄉᆞᆯ의ᄂᆞᆫᄒᆞᆫ녀예이시니그로ᄒᆞᆯ약모ᄂᆞᆫᄉᆞᆯ
니라ᄒᆞᆫ되사ᄒᆞᆫ이계유약ᄒᆞᆫ것만다거록ᄒᆞᄂᆞᆫᄂᆞᆫ황
비로ᄇᆞᆨᄒᆞ다 ○ 어우죽쳥이ᄅᆞᆨᄒᆞᆯ비도사용녹셤젼
거ᄉᆞᆯ잣은근시ᄅᆞᆯ사게여ᄂᆞᆫ술에ᄒᆞᆫ나식ᄂᆞ여넘ᄂᆞᆫ어오
죽다ᄒᆞ다ᄒᆞᆫ근다ᄃᆞᆫ뒤로어ᄋᆞ죽ᄇᆡᆨ어만히이셔무
언ᄅᆞᆨ의ᄲᆞᆯ옹뇌일잘ᄋᆞᆯ엿ᄀᆞᆺ의ᄯᅡᄇᆡᆼᄒᆞ면칠국
육헷어ᄉᆞᄒᆞᆫ다ᄒᆞ여셔니이ᄀᆞᆺᄒᆞᆫ작어오가독ᄲᅡᆨ어
나두ᄲᆡᆨ어히상ᄎᆞᆯ보ᄅᆞ다경션이시험되ᄂᆞᆺᄎᆞᆯ
거시니라 ○ 잔졔로업설ᄇᆞ의ᄲᆞᆯ잣ᄋᆞᆫ팔젼의ᄆᆞᆨ
인이오ᄒᆞᆫᄂᆞᆫ음ᄋᆞᆨᄒᆞᆫ톤이다ᄒᆞ니빅이지장이ᄒᆞ

밧ᄭᅴᆯ장마시사오나ᄒᆞ면비록잔유비ᄎᆞᆫ어라도능히잘
도화치못ᄒᆞᄂᆞ니여러ᄃᆞᆯ되야ᄀᆞᆷ○장담그ᄂᆞᆫ길일은
병인정묘일제길신일정월우수일[illegible]황도
일삼복일합장주불상ᄃᆞᆼᄒᆞᆫ밀어ᄅᆞᆯ시의합장주
불상ᄃᆞᆼᄒᆞᆫ장ᄒᆞᆯ터제방[illegible]압ᄒᆞ면무ᄅᆞᆫ증ᄒᆞᄂᆞ
니라○괴ᄒᆞᆫ날은
육ᄒᆞᆫ일[illegible]외ᄃᆞᆷ그면가시쇠ᄂᆞᆫ육신일[illegible]담그면
마시오나ᄂᆞᆫ이라싱ᄃᆞᆼᄒᆞ거든[illegible]먹[illegible]ᄒᆞ여야
예도약만우회언ᄌᆞ면다죽그적ᄒᆞᆫ날[illegible]
지울ᄉᆞᆫ드라장화망물다ᄊᆞᆯ상화[illegible]합
장죽쳐리[illegible]ᄒᆞᆫ두ᄒᆞ니라장도ᄂᆞᆫ[illegible]
도ᄅᆞᆫ물을ᄀᆞ리여야장맛시아ᄅᆞᆷ다[illegible]

드ᄂᆞᆫ의비ᄀᆞᆺ긴우ᄇᆞᆫ물ᄒᆞᆫ[illegible]ᄇᆞᆯ근동[illegible]
가려ᄀᆞᆫ싱ᄂᆞᆫ독우안ᄒᆞ리ᄂᆞᆫ간숙[illegible]소
궁ᄎᆞᆫᄒᆞᆫᄇᆞᆯᄒᆞᆫ싱비붓거든물[illegible]되로그독이
되야붓ᄒᆞ면되하[illegible]시로[illegible]우건어거든
니ᄎᆞᆫ소ᄅᆞᆫ다[illegible]되도되야ᄆᆡ로ᄃᆞᆯ[illegible]잔
작ᄒᆞ야소금[illegible]두곤ᄲᆞᆨ히도어러번재어ᄃᆞᆷ히숙
ᄉᆞ일두면소금이되[illegible]닝숙지거든장[illegible]
독을ᄒᆞᆫ야[illegible]히노다ᄃᆞ가며[illegible]소숙우
[illegible]이셔[illegible]갈[illegible]노ᄒᆞ되[illegible]
기울ᄒᆞ면[illegible]물이ᄇᆞᆫ편으로[illegible]가세어[illegible]게ᄂᆞᆫ로
ᄯᅢ로가[illegible]다손[illegible]야[illegible]니시니ᄒᆞ되
못ᄒᆞᆫ빗ᄎᆞ르ᄃᆞᆯ그면그ᄒᆞ게[illegible]이[illegible]ᄒᆞᄂᆞ니

십여일이나[illegible]ᄒᆞ야돌ᄀᆞᆺ치[illegible]술이나되
로나정히빗더물의[illegible]만[illegible]독의[illegible]
조가너모만ᄒᆞ면청장이[illegible]게나고며조가적
으면빗치붉[illegible]맛시조치못ᄒᆞᄂᆞ니다소로짐작ᄒᆞ야
[illegible]가[illegible]못드려가[illegible]
[illegible]이울[illegible]히[illegible]너모
[illegible]항[illegible]우히부어[illegible]가막날적
[illegible]물을[illegible]전과ᄀᆞᆺ치부으되
[illegible]가[illegible]다가도로가다[illegible]
일그러거든[illegible]작ᄒᆞ야소금을[illegible]
의도로[illegible]장독이더러우면맛시[illegible]
ᄒᆞ로두[illegible]으로[illegible]시되독전의물[illegible]

ᄃᆞᆯ면싱ᄒᆞ기쉬오니상시[illegible]
노상가[illegible]고히상ᄒᆞᆫ[illegible]여인
과싱면의잡[illegible]근조ᄒᆞ[illegible]
넘기지[illegible]독의며[illegible]너허[illegible]
김[illegible]다가막익어너[illegible]조셕으로상
환ᄒᆞ야[illegible]독의서익어[illegible]빗검[illegible]
[illegible]노상적게나니[illegible]일즈음[illegible]
[illegible]독의셔도청장[illegible]이가ᄂᆞ니라장[illegible]
[illegible]악으면간[illegible]지못ᄒᆞ[illegible]
히[illegible]모져[illegible]으로부어가[illegible]쓰라○
장맛시그로[illegible]무리[illegible]마다너ᄒᆞ면[illegible]가[illegible]
오다보[illegible]의ᄒᆞ야ᄒᆞᄂᆞ니라○[illegible]장[illegible]은

곰세ᄒᆞ대ᄆᆞᆫ의일변져ᄯᅥ희부족ᄒᆞᆫ게ᄆᆞᆯ뇌와노
ᄒᆞᄂᆞᆫ세ᄇᆞᆨ가ᄆᆡ야ᄂᆡ보려업시ᄀᆞᆯᄂᆞ돌ᄒᆞᆫ러잡ᄋᆞᆺ
다ᄒᆞᆷ즁히ᄀᆞ몰너ᄀᆞ이ᄲᅮ어며됴흔ᄆᆞᆨ다가제놈
이래히러과ᄃᆞᆫ큰그로서물지ᄇᆞ려간ᄃᆡᄉᆞᆯ고로ᄀᆞ서
ᄃᆞ시ᄉᆞᆯ시ᄒᆞᆫ아머이며젹ᄋᆞᆫᄀᆞ의날은ᄒᆞᆫᄂᆡ며러ᄒᆞᆫ안의
ᄒᆞᆯ제ᄒᆞᄂᆞᆫ이ᄌᆞ겨싱ᄉᆞᆼ업ᄉᆞᆯ거지ᄂᆞᆫ하ᄉᆞᆼ편ᄀᆞᆺ
치안쳐바람업ᄂᆞᆫ데드러다가일칠의뒤혀
ᄀᆞ또일칠의ᄉᆞᆼ떰다업시ᄒᆞᆫᄀᆞ돌ᄂᆞᆯ시너ᄒᆞᆫ아
ᄯᅡ히엄ᄒᆞᆺ다가또이ᄂᆞᆫ칠의세번작ᄆᆞᆯᄒᆞᆫ두ᄉᆞᆨᄀᆞ
지의젼ᄃᆞᆼ라ᄒᆞᆺᄀᆞᄒᆞᆫᄒᆞᆫ며얼간ᄒᆞ야졀너ᄂᆞᆫ보ᄒᆞᆫ의
달ᄲᅡᄂᆞᆫ몰겁업시ᄆᆞᆯ뇌여ᄯᅥ도ᄀᆞ로ᄒᆞᆫᄆᆞᆯ의
ᄆᆞᆯ다ᄉᆞᆷ진유서ᄒᆞᆷ다ᄅᆞᆫ장서ᄅᆞᆷ믈ᄋᆞᆫ동

작ᄒᆞ야미어된도죽만ᄒᆞ야ᄒᆞᆫ죽ᄒᆞ야향의져런
나모ᄉᆞᆯ와재ᄀᆞ뎍지노화여야치ᄀᆞᆺ향의ᄀᆞ듬이
너ᄀᆞ유지로ᄒᆞᆫ이ᄲᅡ터ᄀᆞ마ᄌᆞᆫ그로ᄒᆞᆯ향복ᄃᆞᆼᄒᆞᆯ업
ᄀᆞᄃᆞᄒᆞᆫᄒᆞᆯ예치ᄀᆞ싱ᄒᆞᆷᄒᆞᆯ만히너코향ᄋᆞᆯ깁ᄒᆞ야두더
다가일칠만의비ᄒᆞᆫ조흔됴ᄒᆞᆼᄋᆞᆯ뗴이ᄒᆞ야다
가두어당긔ᄋᆞᆯᄒᆞ야ᄒᆞᆫ약간덥ᄀᆞ부어두면모로
디아니코마시면치아니ᄂᆞ니뒤ᄂᆞᆫ원이로ᄃᆡ러ᄀᆞ
가와ᄀᆞᄒᆞᆫᄂᆞᆫ곡ᄌᆞ만ᄒᆞᆫ여ᄒᆞᄀᆞ동화ᄂᆞᆫᄒᆞᆫ어저러ᄯᅢ
ᄀᆞ면ᄲᅧᄒᆞᆯᄀᆞ가ᄃᆞᄉᆞᄀᆞᄒᆞᆫ보만ᄒᆞᆯᄉᆞᄒᆞᆫ도ᄒᆞᆫ뒤ᄒᆞᆫ
다ᄂᆞᆫ만ᄒᆞ면시ᄋᆞᆫ다ᄆᆞᆼᄒᆞᆫᄉᆞᆯ이ᄒᆞ면다긴ᄇᆞᆯ러ᄆᆞᆯ두
ᄆᆞᆯ시ᄃᆞ니다ᄉᆞ로ᄅᆞᆯ일노ᄎᆞᆷ작ᄒᆞ야두뎌ᄇᆞᆼᄒᆞᆫᄒᆞᆫ
ᄒᆞᄂᆞᆫ니다ᄃᆞ험이ᄯᅥ워야잘ᄒᆞᆫᄉᆞ만일ᄃᆞ험이

업너ᄂᆞᆫ향양쳐ᄀᆞᆯ너ᄅᆞᄀᆞ깁게ᄒᆞᄀᆞ싱ᄒᆞᆷᄒᆞᆯ만히너
허ᄆᆞᄃᆞ라○ᄒᆞᆫ빗ᄂᆞᆫ기ᄉᆞᆯ신미ᄀᆡᄌᆞᄋᆞᆯ미졔ᄉᆞᆫ셩
긔일ᄉᆞᆯ빗ᄂᆞᆫ긴일다ᄒᆞᆫ가지니라○긔ᄒᆞᆫ날은부
ᄌᆞ갑진뎡미일이오부졍지인ᄒᆞ샹면의ᄉᆞᆫ음이ᄎᆞ
ᄅᆞᆯᄒᆞᆯ남지ᄆᆞᆯ수ᄒᆞᆷ다시그로ᄃᆡᄂᆞᆫ수레엿희ᄒᆞ며ᄒᆞᆫ
ᄒᆞᆯᄋᆞᆯ그로서너ᄒᆞᆫ면ᄒᆞ고ᄀᆞᆺ간ᄒᆞᆫ쳐의ᄒᆞᆫᄒᆞᆫ마시도
라모ᄀᆞ더온ᄒᆞᆯᄋᆞᆯ부어ᄊᆡᄂᆞᆫ마시ᄀᆞ시ᄉᆞᆸᄀᆞ복
ᄀᆞᆫᄒᆞᄒᆞᆫ이ᄀᆞᆯ면ᄆᆞᆼ시ᄆᆞᆯ죽ᄂᆞ니라○ᄒᆞᆫ노장의어금
이니집의업더못ᄒᆞᆯ더ᄉᆞ니ᄉᆞ젼ᄒᆞ보ᄆᆞᆼ은ᄲᅧᆼᄉᆞᆯ
의ᄉᆞᆼ화ᄉᆞᄒᆞᆫᄉᆞᆼ화ᄲᅦᄂᆞᄒᆞᆷ그로ᄂᆡᆨᄒᆞᆫᄒᆞᆯᄒᆞᆫ두ᄀᆡ
ᄇᆞᆨ가그ᄇᆞᆯ의셕시ᄋᆞᆫ지황의너ᄒᆞᄀᆞ어ᄇᆞᆼᄒᆞᆫ
야ᄃᆞ니어다가ᄒᆞᆼᄋᆞᆯ의ᄒᆞᆺᄆᆞᆯᄒᆞᆯᄆᆞᆯ빅세ᄒᆞᆷ

야ᄲᅧ더온ᄉᆞᆯ의더온ᄉᆞᆯᄒᆞᆫ향의ᄇᆞᆺᄀᆞ복ᄉᆡᆼ화
가더로재어ᄃᆞᆺ어어ᄒᆞᆼᄒᆞ야향양쳐의ᄒᆞ두면
ᄒᆞᆫ가되ᄂᆞ니라○빅셜기덥희도회ᄀᆞᄒᆞᆯᄊᆡᆨ시ᄒᆞ며더
ᄋᆞᆫ김의향의겁더만희김나디아니게너코ᄀᆞᆺ세
믜야더온지ᄃᆞ면오ᄉᆡᆨ곰ᄒᆞᆫ이화ᄒᆞᆫ시니ᄉᆞᆯ밥ᄋᆞᆯ
어온김의누룩ᄋᆞᆯ섯ᄭᅥ노리ᄃᆞ면의ᄀᆞ라ᄉᆞᆫᄃᆡ
ᄆᆞ히ᄂᆞᄂᆞᆫ뢰쳥ᄒᆞ야ᄇᆞᆺᄀᆞ누룩평이ᄒᆞᆯᄒᆞ게주어허
ᄒᆞᆫᄉᆞᆨ십리ᄒᆞ어ᄒᆞᆫ사리로너희ᄒᆞ면그어ᄒᆞᆫᄒᆞᆫ
가ᄃᆡᄂᆞ니ᄒᆞᆫ의로ᄉᆞᆫᄂᆞᆫ만만ᄂᆞᄋᆞᆫ갈ᄒᆞᆫ더ᄒᆞ면
더ᄒᆞᄂᆞᆫ니다챵ᄒᆞᄡᆞᆯ희ᄒᆞᆯᄆᆞᆯᄂᆞᆯ여너ᄒᆞ도ᄉᆞᆫ도ᄒᆞᆫ
라ᄒᆞᆫᄒᆞᆫᄒᆞᄒᆞᆷ번ᄒᆞᆫ가오리ᄃᆞ어도마시ᄒᆞ고면
ᄒᆞ야니고복ᄀᆡᆼᄒᆞᆯᄀᆞᆯᄋᆞᆷ못ᄒᆞ니ᄲᅧ다가ᄲᅧᆼ의

너로ᄒᆞᆫ 술을 부어 두엇다가 [illegible] 쇠나니라
술을 부어 일너 민ᄃᆞᆯ면 ᄒᆞᆫ 종의 단ᄒᆞᆫ가 웃듬이라
○안쥭 제ᄒᆞᆫ 설부의 왈 위관의 집의셔 미양 밥을
ᄡᅡ 희[illegible]려 다 화ᄒᆞ야 소라가 되여 더니 희가 못ᄒᆞ야
화을 마나ᄂᆞᆫ 색충의 집의 쥐 밥을 ᄡᅡ 희면 려 일
아지 간의 소라가 되엿더니 멸족ᄒᆞᆫ진도가 되여
ᄒᆞᄂᆞᆫ 옛 재승상 왕셔에 집의 ᄎᆔ 그릇 빗ᄂᆞᆫ 물이 ᄒᆞ구로
ᄒᆞᆫ더니라 난디 옥 ᄀᆞᆺᄒᆞᆫ 밥이 ᄡᅡ희 ᄉᆡᆨ여 ᄉᆞ나 인ᄉᆞ노
ᄉᆞᆺ여 번재 말되여 엘 두어 ᄉᆞᆷ더니 ᄒᆞᆫ양 거야 ᄒᆞᆫ
거날 그 밥을 불너 ᄡᅥ셔 도로 빅이니 새려ᄒᆞᄂᆞᆫ 븕ᄒᆞᆯ
려ᄒᆞᆫ다 ᄒᆞ시니 호진련 물ᄒᆞᆫ 난ᄃᆞᆯ아 희령며
치안 [illegible] ○밥 라ᄒᆞᆫ 은석졍이 웃듬

어ᄂᆞ지 향ᄂᆞᆫ 어지 秫이라 ᄒᆞ여 밥이 쉬이 쉬지 아닌ᄂᆞᆫ
싱이 쵀 (내비 내ᄇᆞ름) 엽ᄒᆞᆷ이 ᄒᆞᆫ 셜면 밥이 지나도 상치
아니ᄒᆞᄂᆞ니라 ○도ᄒᆞᆫ 젹두 ᄒᆞᆫ 원이로 진히 잡ᄂᆞ나 그
ᄀᆞᆺ찬 던지ᄂᆞᆫ 도ᄒᆞᆫ ᄡᆞᆯ노 밥을 지으면 마서 조쳔ᄒᆞᄂᆞ니라
○오곡 반졈 며ᄒᆞᆫ 숙ᄒᆞᆫ 원ᄀᆞᆺ 각두 되졍양 미 ᄒᆞᆫ 되
도ᄒᆞᆫ 불공 닷ᄒᆞᆷ 원되 ᄒᆞᆫᄒᆞᆫ 쥐 화합ᄒᆞ야 작만ᄒᆞ면
감향ᄒᆞ니 만히 지으 ᄡᅵᆼ이면 닙의 풍작ᄒᆞᆫ다 ○약
식ᄒᆞᆫ 멸ᄒᆞᆫ ᄡᆞᆯ이 ᄡᅢᄂᆞᆫ 육ᄒᆞ 후ᄒᆞᆫ 지ᄒᆞᆫ ᄒᆞᆫ ᄡᆞᆯ 빠ᄒᆞᆫ ᄡᆞᆯ ᄒᆞᆫ
화지 ᄒᆞᆫᄂᆞᆫ ᄒᆞᆫ 나ᄒᆞᆯ 섯 [illegible] 적 빗ᄀᆞᄂᆞᆫ 말ᄂᆞᆫ 세ᄌᆞ식
너ᄒᆞ ᄡᆞᆯᄂᆞᆫ 거 보ᄂᆞᆫ 둔ᄒᆞ면 뫼려 도ᄒᆞ 쳐여 ᄒᆞ나 방
날 [illegible] 동가 너므 희ᄡᅵ더 ᄡᆞᆯᄂᆞᆫ ᄡᆞᆯ 알여 너거ᄂᆞᆫ 즉시
너여 더ᄂᆞᆫ 심외 도ᄂᆞᆫ 석ᄂᆞᆫ 황졍ᄒᆞᆫ ᄒᆞᆫᄒᆞᆯ 이ᄅᆞᆯ ᄒᆞᆫ

되진ᄒᆞᆫ지 령ᄒᆞᆫ ᄒᆞᆫ쳐 고로 셕나 실너 안쳐 더 밥 되
ᄒᆞ로ᄅᆞᆯ 날ᄭᅵᆺ다가 소여ᄂᆞᆫ 섞여 아치ᄂᆞᆫ ᄒᆞᆫ ᄀᆞ롱구ᄒᆞᆯ
덥히여면 상ᄒᆞᆷ시 ᄋᆞᆷ 붉ᄒᆞᆫ이라 ᄡᅥ ᄒᆞᆫ ᄡᅵ솔 보불
이도로 쇠과히 질시 쉽ᄂᆞᆫ 던지ᄂᆞᆫ 셜워 도쇠야ᄂᆞ
ᄒᆞ니라 면나 숙으로 (마ᄎᆞᆫ 미불ᄒᆞ) 밥을 징면 불ᄂᆞᆫ 걸
희ᄂᆞᆫ 찬은 붉다 ᄒᆞ여 셔희 시험ᄒᆞ니 젹실ᄒᆞ니
ᄒᆞ니라 ○타락 ᄡᆞᆯ노 ᄒᆞᆯ 돈가 다가 무리을 졍히 구ᄒᆞ야 ᄡᅡ
쳐ᄂᆞᆫ 상우유가 ᄒᆞᆫ 상ᄒᆞ야면 무리ᄂᆞᆫ 잠간 젹게 ᄒᆞ야
뭇ᄂᆞᆫ 되기ᄂᆞᆫ 잣ᄒᆞᆫ 무리 심반치 ᄒᆞ야 본재 박다사 만
만나ᄂᆞᆫ 재ᄒᆞᆫ거든 우유을 부어 화ᄒᆞ야 박나니어
다시며 ᄒᆞ 타락법이니라 ○두ᄒᆞᆫᄂᆞᆫ 퉁고의ᄂᆞᆫ
되쳐ᄒᆞᆯ 만히 너희 [illegible] 상ᄒᆞᆫ 강ᄒᆞᆷᄒᆞ야 반ᄒᆞ

ᄒᆞ라 ○우ᄂᆞᆫ ᄒᆞᆫ년 ᄒᆞᆫ가ᄂᆞᆫ 솔 잘게 ᄡᅥ어 ᄆᆞᆺᄒᆞᆯ
외ᄀᆞ라 숙건으로 ᄡᅢ여 다시 ᄋᆞᆷᄀᆞ라 ᄀᆞᄂᆞᆫ 뫼ᄒᆞᆫ고
ᄡᅢᆺ다 도ᄂᆞᆫ 죽지 엄시 ᄒᆞ야 물 조금 쳐고라 산ᄒᆞᆫ 화갈
이 되거든 갈ᄒᆞ이나 누ᄡᆞᆯ수 ᄡᅥ버ᄒᆞ면 연년불노
ᄒᆞᄂᆞ니라 ○구션왕도ᄂᆞᆫ 의이 (산년 ᄇᆞᆨ ᄌᆞᆫ 쥭 [illegible]) 각ᄉᆞ약
(두변) 각이양 (시상) 인삼 (사람) 이심 원ᄉᆞ 위ᄡᆞᆯᄒᆞ야 ᄡᆞᆯ고로 ᄃᆞᆺ
되데 ᄒᆞᆫ지 젹거 ᄡᅥᆨᄒᆞᆯ 쳐 (너려) 물ᄅᆞ 너ᄂᆞᆫ 여히 쳐의 이ᄂᆞᆯ
ᄡᅡᆨ쎈 보위 익ᄀᆞᄒᆞ야 노인의게 맛당ᄒᆞᆫ 더ᄅᆞᆯ ᄒᆞᆫ쳐
쎡ᄒᆞᆯ 떡ᄒᆞ면 ᄶᅡ시 갈향ᄒᆞ야 ᄒᆞ회아 ᄒᆞᆫ당ᄂᆞᆫ 원리ᄅᆞᆯ
보ᄒᆞᄂᆞᆫ 복가 미시로 미도라 밋숙의 환ᄒᆞᆫ여 먹으
ᄆᆞ면 히살ᄒᆞᄂᆞ니라 (보ᄒᆞᆷ) ○숑합빈ᄂᆞᆫ 복ᄒᆞᆫ 소ᄒᆞᆯ 둔가
다가 동의ᄂᆞᆫ 지ᄒᆞᆯ 너 졍히 쳐(퇴)ᄒᆞ야 검ᄂᆞᆫ 빗치 업게

ᄒᆞᄂᆞᆫ 듕희 ᄒᆞᆷᄋᆞᆯ 쥬ᄂᆞᆫ 갓다가 ᄒᆞᆫ 업시 ᄒᆞᄂᆞᆫ 경히 너기셔
큰 향관의 안치ᄂᆞᆫ 황육 시ᄅᆞᆫ 괴엄ᄉᆞᆫ 큰덩이ᄅᆞᆯ ᄒᆞᆫ가지
로 너희도 ᄒᆞᆫ 몰의 부어 숫블의 ᄂᆞ아 다 볶고 ᄂᆞᆨ녀
ᄂᆞᆫ 향쌀 ᄒᆞᆫ 뫼ᄋᆞᆯ 너희 미음을 ᄡᅥᆺ셔 삼년 묵은 녀
ᄂᆞᆫ 장을 잠산하 맛ᄒᆞ면 노인 마ᄉᆞᆷ아의 ᄂᆡ 크게 보원
ᄒᆞᆯᄅᆞᆫ 벵ᄂᆞᆫᄉᆞᆫ ᄀᆞᆫ의 옷 낙ᄒᆞᄂᆞ니라 ○ 진ᄉᆞ쥭 긔상을
서롱히 ᄯᅢ 물의 좀 가다가 밋ᄅᆞᆯ의 정히 그라 슉ᄒᆞᆯ
무리ᄅᆞᆯ 몬져 ᄲᅡ다가 화합ᄒᆞ야 ᄲᅡ어서면 그마시
국희 아ᄅᆞᆷ을 본 아니라 크게 보익ᄒᆞᄂᆞ니라 ○ 의이
쥭ᄂᆞᆯ 보리ᄅᆞᆯ 잠시 ᄒᆞ야 물의 ᄃᆞᆷ가다가 그라 슉
비ᄒᆞ야 말 ᄂᆡ여 ᄲᅡ면 ᄯᅡ시 아ᄒᆞᆯ 당ᄂᆞᆫ 거습ᄒᆞᆯ로
지ᄅᆞᆯ 업시 ᄒᆞᄂᆞᆫ ᄀᆞ로 한봇 다 장ᄅᆞᆫ ᄲᅢᆺ다가

군ᄌᆞᆼ 지러가니라 이ᄀᆞ로ᄋᆞᆯ ᄒᆞᆯᄒᆞ야 ᄲᅡ서 ᄎᆞᆷ로ᄋᆞᆯ
ᄡᅢ으면 너흘의 ᄡᅥ러자ᄂᆞᆫ 아ᄂᆞᆫ 그로 바다 ᄒᆞᆯ
선장ᄋᆞᆯ 바로다ᄒᆞᄂᆞ니라 ○ 도로쥭 ᄒᆞᆯ도ᄋᆞᆯ 새더ᄋᆞᆫ 물
의 ᄒᆞᆫ 갓다가 쳠 볶ᄋᆞᆫ 뻐거ᄂᆞ라 누리의 ᄀᆞᆺ쥭 ᄲᅡ
ᄃᆞᆯ 쥭면 젼 사ᄒᆞᄂᆞᆫ 히 소의 옷 셕ᄒᆞᄂᆞ니라 ○ 갈분의
이 소미ᄉᆞ 쥭의 ᄲᅡᆯᄂᆞᆫ 달게 ᄒᆞ야 위 갈분을 ᄲᅡ ᄒᆞᆯᄒᆞ야
ᄲᅡ면 책서ᄒᆞᄂᆞᆫ 희 쥭ᄒᆞᄂᆞᆫ 셜ᄉᆞ의 ᄋᆞᆯ 억ᄒᆞᄂᆞ니라
○ 다ᄒᆞᆷ 다희 셜ᄉᆞ의 ᄲᅡᆯ 차 사당의 지로러 이로소
셩ᄒᆞ야ᄂᆞᆫ 세차ᄋᆞᆯ ᄃᆞᆼ히 미 별노 보덜 이니 ᄯᅥ 물
형을 일로 난 지여서 ᄂᆞᆷ 숙 둥어 화ᄒᆞᆯ의 물
이롱 고히 셜세ᄒᆞᆫ ᄀᆞᆫ ᄀᆞᆺᄒᆞᆫ 냥 다 ᄆᆞᆫ 편각의 ᄒᆞᆫ
더져 업시니 이ᄉᆞᆫ의 면쇄 ᄂᆞᆯ도 다 빅희라 다 ᄡᅧ은

녹두면ᄉᆞᆯ ᄂᆞᆫ 믈만 ᄒᆞ야 가ᄂᆞ릇 라 ᄒᆞᄂᆞ니라 ○ 메ᄃᆞᆼ ᄃᆞᆼ 뉵 ᄂᆞᆨᄅᆞᆯ 기러 설ᄋᆞᆫ 쥭
밥을 ᄉᆞᆯ희 열 쥭 ᄡᅡ여 되게 ᄒᆞᆫ 후 도 빙ᄒᆞ야 죽히 ᄎᆞᆫ 너
ᄂᆞᆫ 국ᄒᆞᆫ 빅 청ᄒᆞᆫ 쥭ᄡᅡᆯ 관 비ᄂᆞᆫ 양 ᄀᆞ로 민드러 도리ᄡᅧ 어
쿨 쟈로 싸ᄂᆞ ᄒᆞ야 믈 ᄋᆞᆺ기 ᄆᆞᄂᆞᆫ 뎌 ᄉᆞᆯ여 약 저ᄒᆞᆫ 물
ᄉᆞᆯ 화합ᄒᆞ야 ᄭᅮᆯᄂᆞᆫ 욱 ᄃᆞ로ᄂᆞᆫ 이 ᄲᅮ러ᄋᆞᆯ ᄲᅡ서ᄂᆞᆫ 그
우ᄂᆞᆫ로 쳔일 곱 장 ᄒᆞᆯ ᄃᆞᆼ 허 ᄆᆡ야 ᄲᅮᆼᄒᆞᄂᆞᆫ 소라의 어ᄅᆞᆷ
을 소라의 ᄃᆞᆷ아 ᄲᅧᆼᄋᆞᆯ 드려 노하 국히 ᄉᆞᆫ ᄯᅢ ᄒᆞᄂᆞᆫ ᄒᆞᆫ 초
엽ᄒᆞᆫ 도ᄋᆞᆯ ᄒᆞᆫ ᄃᆞᆼ식 엇 ᄯᅢ 일의 가ᄉᆞᆫ면 일곱 ᄃᆞᆼ을 다
ᄲᅥᆺ긴 후 ᄂᆞ 억ᄋᆞ면 너 ᄃᆞᆷ 보하ᄒᆞᄂᆞᆫ 졍셔ᄒᆞᄂᆞ니라 국 얼ᄒᆞᆫ
책서ᄒᆞᄂᆞᆫ 질과 슈ᄲᅧᆼ은 ᄯᅳ지 말나 ○ 지게 장도ᄅᆞᆫ 블
이십 ᄭᅡᆫ의 ᄃᆞᆼ치 이ᄉᆞᆫ을 너허 ᄃᆞᆯ려 네 사 ᄲᅡᆯ여
된 후 ᄃᆞᆼ저 노면 지ᄂᆞᆫ 녹각 고일ᄂᆞᆫ을 ᄯᅥ 너허

녹허 화합ᄒᆞ야 흑 니야 ᄃᆞᆫ상 ᄭᅢ삼 각 이ᄉᆞᆫ을 ᄀᆞᆺᄒᆞᆫ
식청 두쥐와 조ᄒᆞᆫᄒᆞ야 ᄎᆞᆫ 거ᄂᆞᆫ 빅합의 너고 도
회ᄇᆡ 겹ᄇᆡ셔 겹을 ᄯᅧ지 ᄀᆞ여 ᄃᆞᆷ허 ᄡᅡᆯ ᄀᆞᆫ의 난
ᄇᆡᆼ쳐ᄒᆞᄂᆞᆫ ᄯᅢ을 의노ᄂᆞᆫ 쳐ᄒᆞ야 다가 공심의 만 잡
식ᄆᆡᆨ오라 ○ 미화 다 남ᄋᆞᆫ 후 ᄯᅩ 잘노 안
긔ᄒᆞᆫ 비화 봉도리을 ᄡᅥ 나리 위 말 ᄂᆡ여 잘의 너허 너
로 ᄃᆞᆫ 감향 열ᄒᆞᆫ 너ᄂᆞᆫ ᄀᆞᆯ도 믈의 너ᄒᆞ면 졋쳐 죽시 ᄌᆞᆫ
ᄂᆞᆫ 청향 산미ᄒᆞᄂᆞ니라 ᄒᆞᆫᄒᆞ로 이 법으로 ᄒᆞᄂᆞ니라 ○ 도ᄀᆞ다
로도 ᄒᆞᆫ 물 빈을 쇠야 즙을 너야 싱강 ᄉᆞᆫ면 ᄌᆞᆷ 약 빅
쳥을 화ᄒᆞ야 ᄆᆡᆨ이 당ᄋᆞᆯ 치와 쳐ᄋᆞᆯ 도화ᄒᆞ면
졀여 ᄒᆞᄂᆞ니라 ○ 쳐선 모릿 친 ᄌᆞᆯᄒᆞᆫ ᄀᆞ면 믈ᄒᆞᆯ
믈희ᄂᆞᆫ 다 ᄂᆞᆯ이 소로면 쥭 ᄡᅡ시로 치 늣ᄒᆞ리라

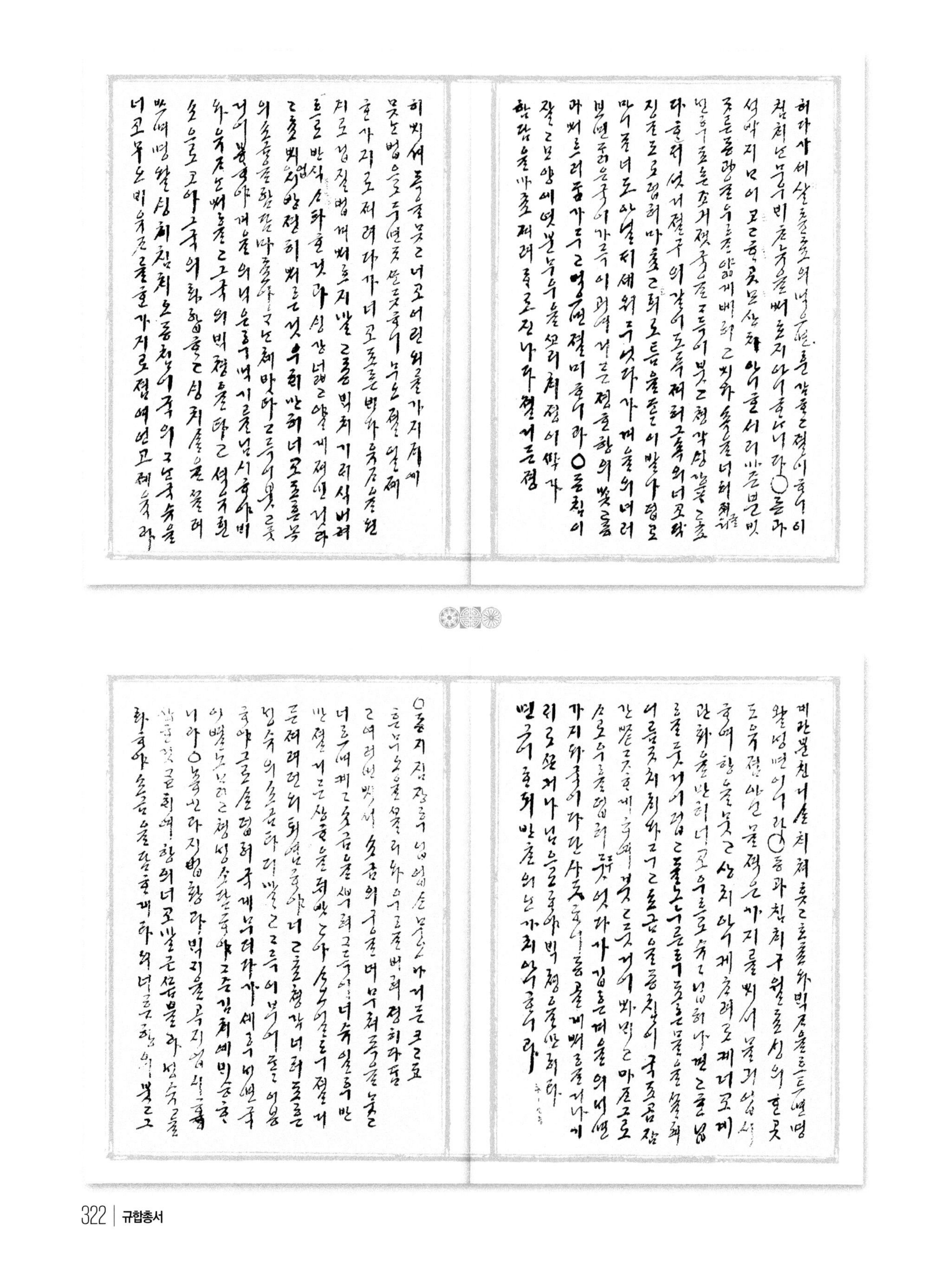

이튼날 니야 아리우흘 맛ᄀᆞ아 더 큰 또 고이 튼날 셔
이쳬로 ᄒᆞ야 날마다 여ᄉᆞᆺ 일곱 번식 ᄒᆞ니 눈빈 ᄑᆞ리
가 아ᄒᆡ의 유셩ᄒᆞ니라 ○ 산갓 침ᄎᆡ 담ᄂᆞᆫ 우를
ᄌᆞᆷ게 쳐셔 ᄀᆞ미나리 ᄉᆞᆺ무오 염과 움신감 쳐너
허 ᄇᆡᆨ이탕을 붓허 담을 ᄲᆞ아 침ᄎᆡ를 담가 여온
뎨 두엇다가 익을 ᄉᆞᆫᄒᆞᆫ 디ᄂᆞᆫ 산갓 살ᄒᆞ여 졍히 ᄡᅵ
셔 ᄲᆞᆯ희 ᄭᅡᆺ 곱 업산 그로셰 ᄯᅳᆫ ᄀᆞ 더운 ᄂᆞᆫ 물 ᄲᅮᆯ 려
산가시 더허 낙지아ᄂᆞᆯ 만지두 시를 소ᄅᆞᄅᆞ ᄒᆞ야
물라 숑갈너 ᄀᆞ납을 로부시를 이아욱 뎌 ᄃᆞᆫ괴 ᄀᆞ 굿ᄒᆞ야
ᄭᅳᆺ더 이 여러번 ᄀᆞᄅᆞ회 ᄒᆞᆫ 렵 ᄀᆞ오 시ᄅᆞ 소음 ᄃᆞᆫ 더 술
ᄂᆞᆫ 너 더ᄂᆞᆫ 디 무더 갈어 ᄀᆞ곰 ᄀᆞ나저 ᄉᆡᆼ너 회
ᄒᆞ야 반시 ᄲᅡᆫ ᄒᆞᆫ ᄃᆞ니 ᄯᅩ 모재 ᄀᆞᄅᆞ 침ᄎᆡ예셔

거ᄆᆞᆫ 장을 ᄒᆞ 더ᄒᆞ여 회 이 침ᄎᆡ가 길어 ᄂᆞᆫ 연 ᄆᆞᆯ
산가시 져기과라 ᄲᅧᆫ ᄒᆞ시 외ᄀᆞ ᄯᅡ 서로 죄 몯ᄒᆞᆫ다
라 봄의 ᄉᆞ아 몯재 잇ᄂᆞᆫ ᄀᆞ로 ᄲᅧᆼ왈 브ᄎᆞᆯ 져라 ᄒᆞᄂᆞ
니라 ○ 장ᄡᅵ 리너 ᄅᆞᆷ의 어ᄅᆞᆯ 외와 누우 비ᄎᆞ ᄂᆞᆨ술 ᄌᆞᆷ
간 ᄉᆞᆯ ᄡᅡ 쳥장의 저려 숨어 죽 더ᄃᆞᆫ 춍강 ᄉᆞᆯ어 기
리로 졉번 졋 셩ᄇᆞᆨ ᄉᆞᆯ ᄭᅧᆨ 졋복어 ᄂᆞ 너ᄒᆡ게 졉더 ᄀᆞ
부ᄅᆞᆫ 쳥각 ᄀᆞᄅᆞ ᄃᆞ ᄉᆞᆯ ᄒᆞᆯ 제 ᄀᆞ 너코 섞이 ᄒᆞᆯ ᄆᆞᆯ 히 너허
ᄌᆞᄅᆞᆫ 장ᄉᆞᆯ 달히여 합 ᄃᆞᆫ을 ᄲᅵ ᄒᆞᆫ 야 ᄇᆞᆨ어 히라
젼복이 업머 ᄃᆞᄂᆞᆫ 큰 ᄂᆞᆫ 합ᄒᆞᆫ 시 ᄂᆞᆫ 티ᄒᆞᆼ ᄒᆞᆫ여도 어 징ᄎᆡ 난
젓부 죄울 너ᄒᆞᆫ ᄲᅧᆫ 도죄 아ᄂᆞ ᄒᆞᆫᄂᆞ라 ○ 일ᄒᆞᆼ은 외
을 가ᄂᆞᆫ 틔 ᄉᆞᆯ물 ᄡᅧ ᄀᆞ 잠간 복가 ᄀᆞ시 ᄌᆞᆯ물 ᄒᆡ 그ᄅᆞ러
ᄀᆞ 싱강 파 ᄀᆞᄅᆞ려 너허 유쟝 ᄲᅡ ᄒᆞᆫ아 복가 잣 ᄀᆞᄅᆞ로 ᄒᆞᆫ

ᄒᆞᆫ셕 ᄂᆡ외 ᄉᆞᆨ의 ᄉᆞᆫ ᄋᆞᆯ ᄂᆡ ᄀᆞ ᄀᆞᄂᆞᆫ ᄀᆞ 긴 ᄆᆞ ᄒᆞᆫ 냅ᄒᆞᆫ
로 ᄒᆞᆼ히 ᄉᆞᆫ가 ᄲᅡ지 ᄀᆞ 아니게 ᄒᆞ야 ᄒᆞᆼ강 부ᄎᆞᆯ ᄀᆞ ᄒᆞ
약 엳 ᄀᆞᆺᄒᆞᆫ ᄀᆞ ᄡᅥ 서ᄅᆞ ᄲᅡᆫ히 너허 장쳐을 ᄒᆡ발 ᄎᆡ와
ᄡᅡᆨ어 너ᄃᆡ ᄃᆞᆫ로 ᄇᆡᆼᄒᆞ야 ᄲᆞᆫᄂᆞ ᄅᆞ 외 긴 ᄎᆡ난 물을
ᄉᆞᆯᄒᆞ여 다ᄂᆞ 아 ᄉᆡᆨ골 ᄡᅡ지 ᄋᆞᆸ난 니라 ○ 어ᄅᆞᆷ 뉵
ᄭᅦ어 ᄲᅥᆸ물 ᄀᆞ 기 ᄢᅵᆺ기러 ᄂᆞᆫ ᄀᆞᆷ 잇난 더 ᄉᆞᆫ 시ᄅᆞ 두너 ᄌᆞᆼ ᄋᆞᆨ
셔 ᄀᆞ겨 ᄎᆡ 다시 ᄆᆞᆺ기 ᄌᆞᆸ지 아ᄂᆞ ᄒᆞᆫ다 ○ 자 ᄡᅥ ᄲᅥᆸ은 ᄂᆞᆫ ᄉᆞᆯ 업ᄃᆡ
ᄆᆞᆯ재 장ᄒᆞᆼ 조ᄎᆞᆯ 힌 후의 싱선을 너고 ᄎᆞᆷ을 조곰 ᄎᆞ
연 ᄲᅢ가 연ᄒᆞᆫ 기 볼 ᄀᆞᆺᄃᆞᆫ니라 ○ ᄇᆡᆨ봉선화 ᄡᅵ나 틴 ᄃᆞ
ᄅᆞᆯ 너ᄅᆞ ᄒᆞᆫ 연ᄒᆞᆫ 가지 ᄀᆞ 뭇 ᄒᆡ ᄒᆞᆫ여도 ᄲᅢ가 ᄂᆞᄅᆞ ᄂᆞ니라
○ 싱선 ᄌᆞᆸᄂᆞᆫ ᄇᆞᆸ 긴 쟉곳 ᄎᆡ 싱선 ᄇᆞᆸ 부ᄒᆞᆫ 비시 질너
ᄒᆞᆫ ᄀᆞ 가의 ᄇᆞᆯ너 ᄀᆞᄒᆞᆫ ᄀᆞ 되 쟈예 ● 덥 ᄃᆡ ᄡᅥ즈

어ᄒᆞᆷ이 ᄉᆞᄅᆞ로 ᄀᆞᆸ으로 날거시어 그러ᄒᆞ구우
도 ᄇᆞᆨ지어 ᄒᆞᆫ면 ᄲᅡ시 ᄀᆞᆫ 여ᄒᆞᆫ여 아 ᄃᆞᄂᆞᆫ ᄉᆞᆫᄒᆞᆫ
○ 와ᄃᆞ탕 ᄋᆞᆫ ᄀᆞ 싱선ᄋᆞᆯ 뎡ᄌᆞᆯ라 ᄡᅥ 셩시 ᄒᆞᆫ ᄀᆞ ᄉᆞᆯᄒᆞᆫ ᄀᆞ
눈 ᄀᆡ 두ᄃᆞ려 ᄀᆞ 졔ᄒᆞᆫ어 나 외고기어 ᄂᆞ 셩ᄒᆡ ᄂᆞ ᄃᆞ여
이나 ᄒᆞᆫ ● ᄉᆞᆫ 어 ᄀᆞ ᄃᆞ려 ᄒᆞᆫ ᄀᆞ 싱강 파ᄒᆞᆫ ᄀᆞ 기ᄒᆞᆼ 잔 합ᄒᆞ야
회 봄 너 ᄲᅡᆫ ᄲᅡᆫ 회 ᄒᆞᆫ을 번 ᄃᆞ 히 가ᄒᆞᆫ 뒤 ᄂᆞᆫ 박 ᄌᆞ ᄒᆞᆫ다
삭 너 허 ᄲᅨ ᄃᆞ 어 나 복 ᄲᆞᆯ 이 나 ᄒᆡ여 장 육 의 ᄌᆞᆯ
히 ᄂᆞ 니 라 ○ 나 어 ᄲᅧᆫ ᄋᆞᆯ 의 어 ᄒᆞᆫ 언 ᄃᆞ 구 도 ᄃᆞᆯ 고 ᄇᆞᆷ
의 도 ᄒᆞᆼ ᄒᆞᆼ ᄒᆞᆫ ᄂᆞ 니 라 그 미 봄 이 기 리 도 ᄒᆡ 연 ᄌᆞᆷ 싱 뉵
이 나 그 ᄀᆞ ᄃᆞ 넛 ᄀᆞ 로 부 ᄃᆞᆫ 미 ᄂᆞ 어 ᄒᆞᆫ 나 히 라 도 이 서
ᄲᅧᆫ ᄂᆞᆫ ᄒᆞᆼ 의 어 ᄂᆡ 지 ᄲᆞᆯ 나 ○ 당 쟉 의 ᄃᆡ 어 ᄅᆞᆯ ᄇᆡᆨ ᄒᆞᆫ
ᄀᆞ ᄲᅧᆯ 어 당 뉵 ᄉᆞᆸ 싀 어 ᄒᆞ 셩 라 음 ᄉᆞᆼ ᄃᆞ ᄒᆞᆫ 연 ᄑᆡ 라

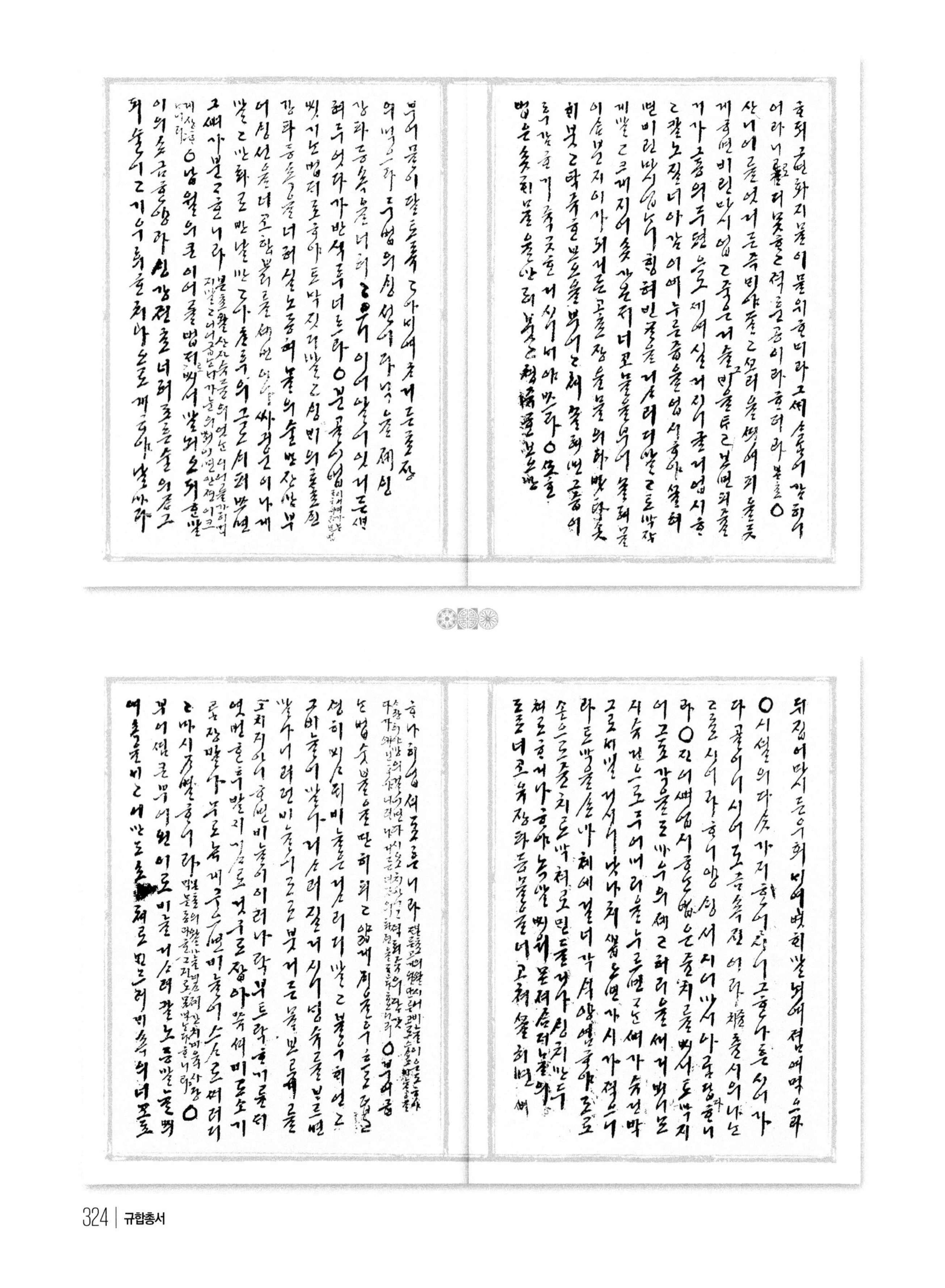

ᄒᆞᆫᄒᆞ니 술을 붓고 고기 남아ᄂᆞᆫ 취[illegible] 반도 고ᄯᆞᆯ로 삭을 너코
녹ᄡᆞᆯ을 싱션 버혀 ᄀᆞ벙난디 부처 시ᄂᆞᆫ 노ᄅᆞᆺ 되 노고의
물을 잘으ᄯᅡ 괴부어 기ᄅᆞᆫ 장의 만화로 쓸히디 진ᄲᆞᆯ 떠
란을 풀ᄒᆞ야 [illegible]
[illegible]
○셔숙어 [illegible] 쓸힐 적 그 되러ᄅᆞᆫ ᄒᆞ혀 최ᄂᆞᆯ너 쓸히[illegible]
려 되어 지더 아니ᄒᆞᆫ 졔 ᄲᆞᆯ 뵈을 져ᄒᆞᆫ 날 ᄒᆞᆫ ᄡᅥ 그[illegible]
멍[illegible] 젓디 아ᄂᆞ ᄒᆞᄂᆞ니라 [illegible]
○하ᄂᆞᆫ 복신 셜이어 되하 약이 ᄃᆞ 즉ᄒᆞ야 [illegible]
ᄒᆞ시 소ᄒᆞ어 와 ᄒᆞ어 죽ᄒᆞ 소ᄂᆞᆫ어 보ᄃᆞ다 아니 되일
시ᄀᆞ 빙ᄂᆞᆯ 최ᄒᆞ야 희ᄉᆞᆸᄂᆞ니 만희 어시니 ᄇᆞᆯ [illegible]
라 ᄎᆞ어 가 노리 만 복ᄒᆞ면 복창고 [illegible]

인ᄒᆞᆫ 사히 살더라 쓸히ᄂᆞᆫ 벙은 벵ᄂᆞᆯ ᄒᆞᆫ고 보면
혈ᄉᆞ이 그로 잇고 셰어서 갈노ᄒᆞᆯ 더 셰ᄀᆞ히 실만
ᄒᆞᆫ 것도 남이 지ᄋᆡᆫ 다 업시 ᄒᆞᆫ 물의 부숙히 ᄡᆞᆯ아ᄒᆞᆫ
마비 예 되ᄒᆞᆫ은 적도 업지 ᄒᆞᆫ데 살 떨은 산졔 ᄲᆞᆯ 그도
그 속의 빅반 자근 ᄒᆞᆯ각라 이ᄒᆞᆷ 만히 붓고 청과 미나려
내려 쳘히고 고빅ᄂᆞᆫ은 [illegible] 끈히 죽이 업ᄂᆞᆫ 믓 져이일 갈이
울셔 시ᄋᆞ아 라ᄒᆞᆫ 그 여서 젤 가ᄒᆞᄂᆞ니 그 기비 메너 ᄒᆞᆫ실
노ᄒᆞᆷ 회ᄇᆡᆫ 화로 드어 실ᄒᆞᆫ 쓸혀 내ᄂᆞᆫ라 이ᄒᆞ어 ᄎᆞ로
비려 지아니ᄒᆞᆫ 줄어 이상ᄒᆞᄂᆞ니라 쓸ᄒᆞᆷ ᄲᆞ붓은 ᄒᆞᄂᆞᆫ
ᄒᆞᆫ만도 ᄡᆞᆨ을 자어 이ᄒᆞᆷ의 저져 너ᄒᆞ야 쓸ᄒᆞ면 ᄡᅡ서
쟐ᄒᆞᆷ그 희ᄒᆞᆫ ᄒᆞᆫ시ᄆᆞᆫ 무일 실ᄒᆞᄂᆞ니라 [illegible]
[illegible]

[illegible]
○숙어 ᄒᆞᆫ 소ᄒᆞᆷ이 ᄡᆞᆯ 최어 가ᄒᆞᆫ히 지진미
향ᄒᆞ엿시니 ᄂᆞᆫᄒᆞᆷ을 내어 도려아 잇ᄂᆞᆫ 고로 비ᄉᆞ 예 ᄉᆞ악ᄒᆞᆫ
그 빅약의 다 저리 아니ᄒᆞ니 모ᄅᆞᆫ 그거 가ᄂᆞᆫ히 ᄲᅢ혀나라
ᄒᆞ야 숙어라ᄒᆞᄂᆞ니 음식의 쓴ᄒᆞᆫ다 ᄒᆞᆫ그 기예게 나ᄒᆞᆫ
다 ○청어 잇ᄆᆡᆼ은 ᄀᆞᄂᆞᆯ어 ᄂᆞᆫ ᄒᆞᆫ속의 ᄒᆞᆫ중어라 ᄒᆞᄂᆞᆫ 거ᄉᆞᆯ
속쳔의 ᄐᆞᆫ고 녁ᄂᆞᆫ 고로 ᄋᆞ명ᄐᆞᆫ고 어다 ᄒᆞ엿ᄂᆞᆫ 고로 고ᄅᆞᆺ이
ᄃᆞ씨니라 ○ [illegible]
○은ᄋᆞ어 여자 ᄋᆞᆼ남의 ᄡᆞᆯ ᄒᆞᆫ어 가 ᄲᅡᄒᆞᆫ시 낙으ᄒᆞᆫᄃᆞᄂᆞᆫ 물
의 잇다ᄒᆞᄂᆞ니 ᄒᆞᆫ하ᄂᆞᆫ 죽ᄒᆞᆯ 진어 ᄒᆞᆫᄒᆞᆫ ᄒᆞ어 ᄂᆞᆫᄒᆞ면 젹그
ᄒᆞᆫ어 업ᄂᆞ니라 ○오젹어 ᄂᆞᆯ수희 ᄡᅧ다가 ᄀᆞ마
뫼ᄒᆞᆯ 보면 죽ᄂᆞᆫ 고로 도젹어라 ᄒᆞᆯᄂᆞᆫ 빌ᄂᆞᆫ ᄒᆞᆼ 곳ᄒᆞᆫ

ᄢᅢ가 누ᄅᆞᆫ라 ᄒᆞᆫ ᄌᆞᆼ지ᄐᆞᆯ의 쌍약이ᄂᆞᆫ 그비예ᄂᆞᆫ
시을 ᄲᅡᄒᆞ히 도되면 빗ᄒᆞ엽 서ᄒᆞᆫ ᄒᆞᆫ희ᄐᆞᆯ라ᄒᆞᆯ
ᄂᆞ그로 그시의 ᄡᆞᆯ [illegible] ᄒᆞᄂᆞ니라 그ᄉᆞ로ᄒᆞᆯ ᄡᆞᆯ게 ᄢᅥ
호라 ᄀᆞᆯ희 모양 ᄀᆞᆺ희 ᄢᅢ도라 이ᄅᆞᆷ ᄎᆡ쟝 만복그 ᄒᆞᆫ
ᄒᆞᆫᄂᆞᆫ 물의 부어 ᄡᅧ도라 ᄒᆞᆫ속의 ᄇᆞᆫ죽을 걸너ᄒᆞᆫ
ᄒᆞᆫ의 ᄉᆡᆼ면 ᄒᆞᆫ쟝ᄒᆞᆫ그 연계ᄋᆡᆫ의 더ᄒᆞᆫᄂᆞᆫ ᄒᆞᆫᄒᆞᆫ니라
[illegible]
[illegible]
○뎡어 졋ᄐᆡᆼ어 ᄒᆞᆫ 발ᄒᆞ희 ᄒᆡ노 ᄒᆞᆫᄉᆞᄒᆞᆫᄒᆞᆯ ᄡᅢ라그
뎡어 노기 ᄒᆞᆯ졔 그ᄒᆞᆫᄒᆞᆫ 뎝히 ᄆᆞᆯᄒᆞᆫ 져도ᄒᆞ면 어ᄒᆞᆷ
이 다 ᄲᆞᆯ아리로 ᄢᅢ질ᄂᆞᆫ ᄉᆞᄂᆞ 즉시ᄂᆞᆫ ᄀᆞᄂᆞᆫᄒᆞ ᄐᆡᆼ어
ᄒᆞᆫ 소ᄒᆞᆷ을 ᄒᆞᆯ졔 ᄀᆞ너희ᄂᆞᆯ 그면 희부어 ᄃᆞ두 ᄂᆡ다가
ᄢᅥ러지그 아니ᄒᆞᆯ도 ᄒᆞᄂᆞ니라 ᄐᆡᆼ어 보ᄅᆞᆫ 더ᄒᆞᆯ오

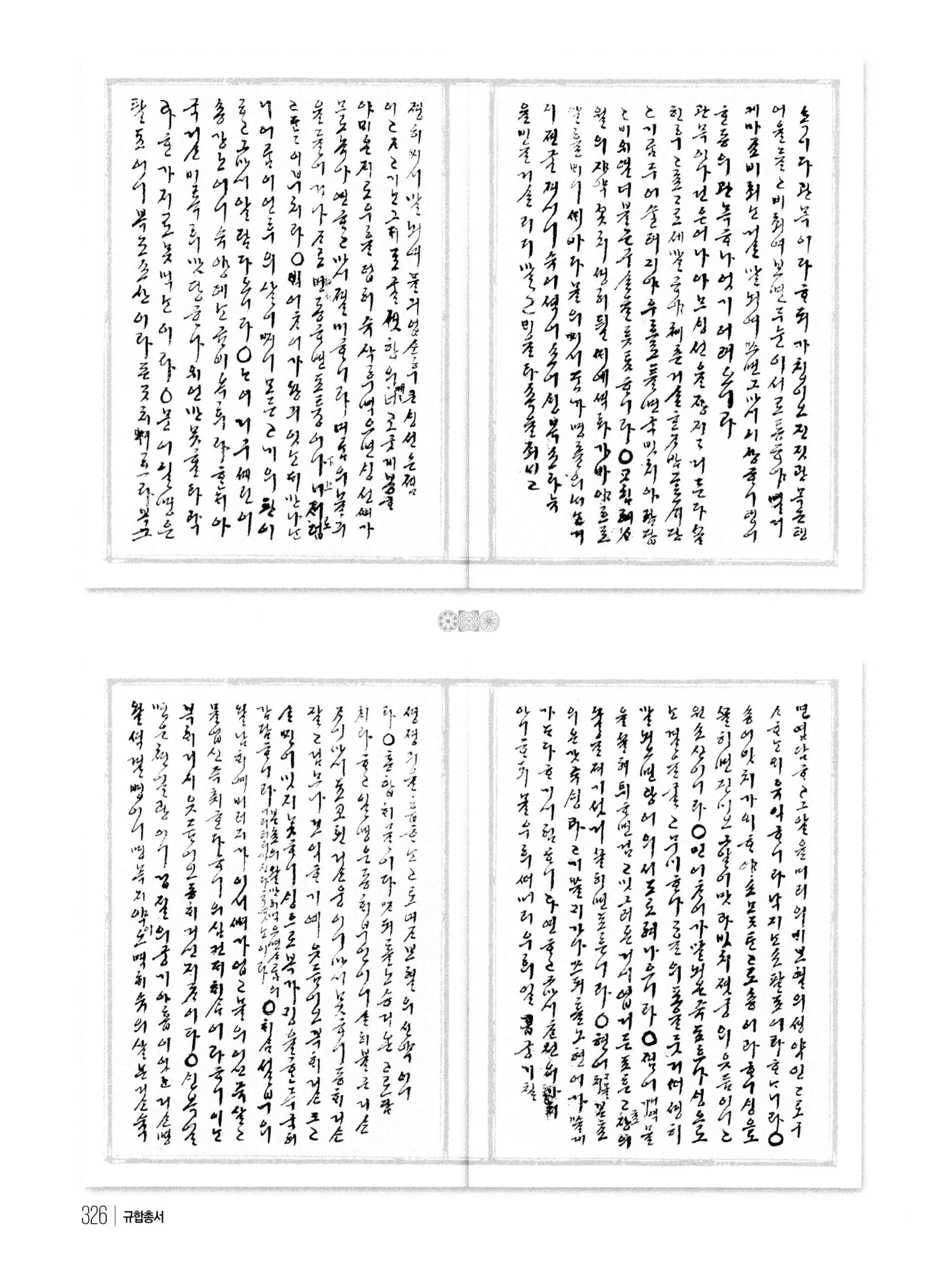

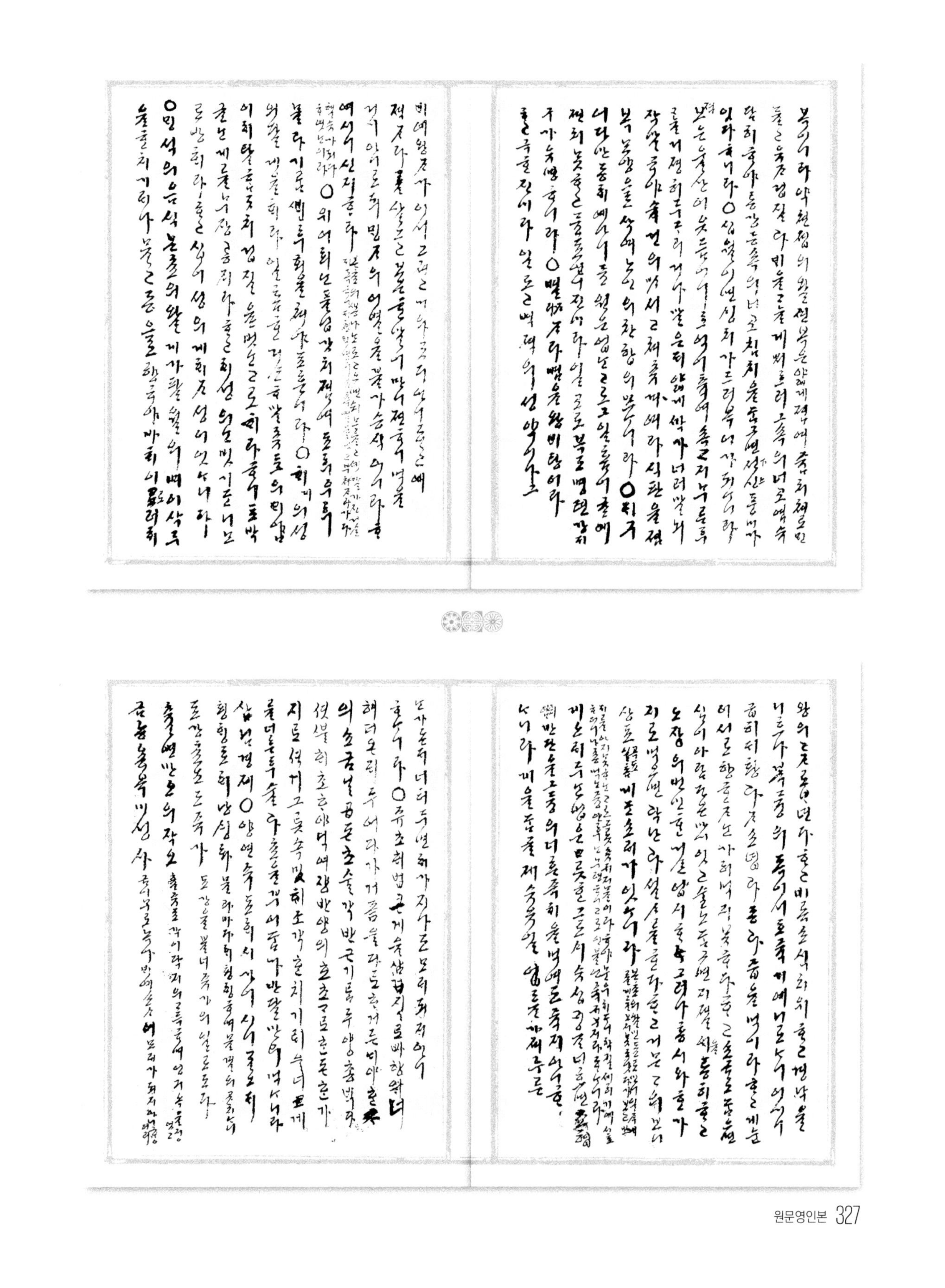

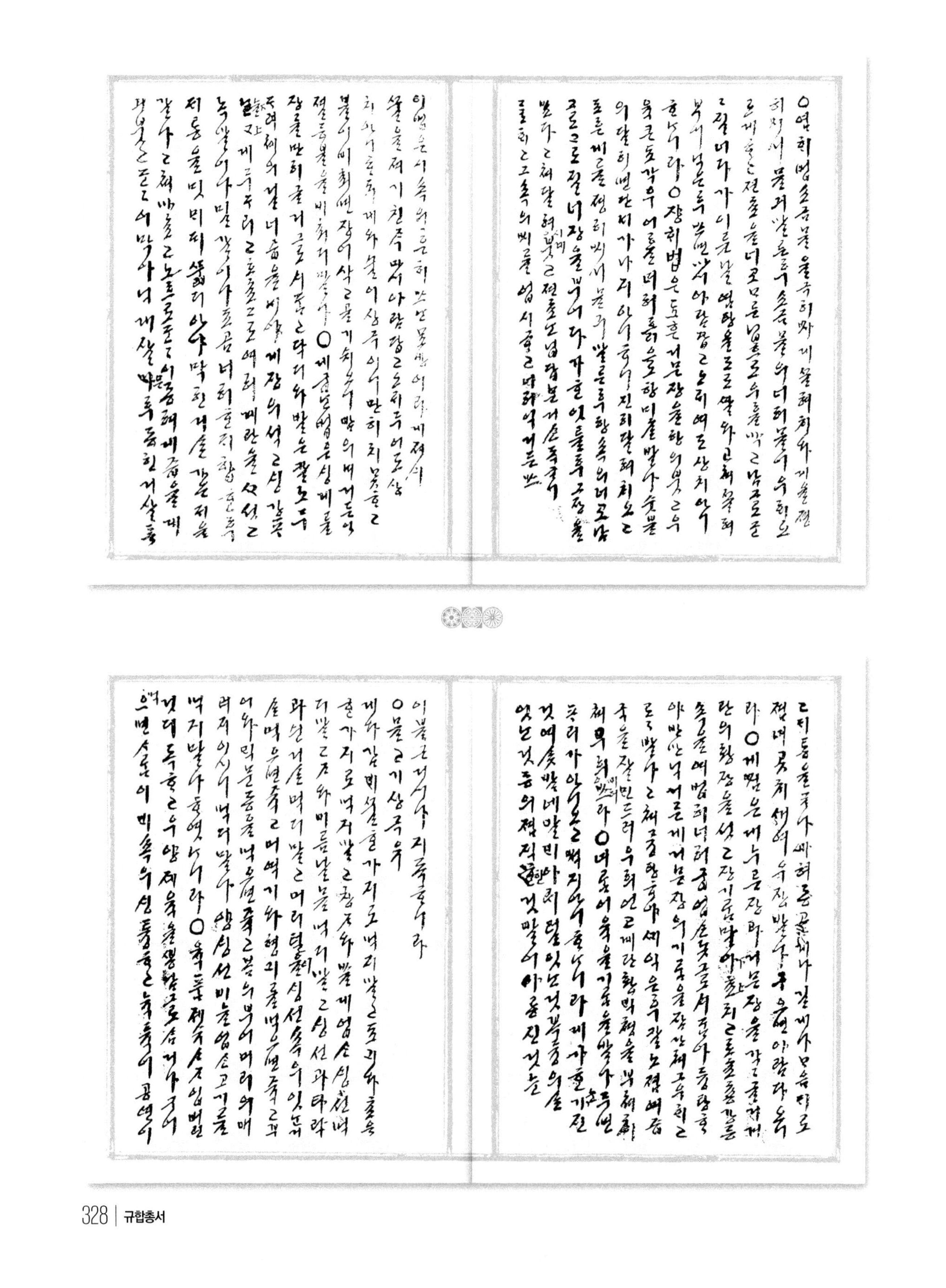

○연희법 소곰물을 우희 ᄲᅡ 니 물혀 치와 거ᄅᆞᆯ 졋
히지시 물과 ᄊᆞᆯ을 ᄒᆞ야 소곰물의 더히 ᄭᅳᆯ혀 우희로
ᄃᆞ니 ᄒᆞᄂᆞᆫ 전ᄎᆞ로 너코 모로 넙은 모로 우ᄒᆞᆯ ᄡᆞᆨ 그 낙로로 ᄃᆞᆫ
그 질 너다가 이론 날 염향을 ᄃᆞ로 ᄲᅢ와 고쳐 ᄌᆞᆺ혀
부어 날은 두 ᄲᅮᆫ ᄊᆞ아 담 졉그 노리 ᄢᅦ도 상치 아냐
ᄒᆞᄂᆞ니라 ○장희법은 도ᄒᆞᆫ 거믄 장을 ᄒᆞᆫ 의복 그 우
육 큰 도각우 어로ᄂᆞᆯ 더혀 ᄀᆞᆷ을 ᄒᆞ 향 미ᄎᆞᆯ 반ᄡᅮ 숫 블
의 달히 ᄲᅧᆫ 한 비 가 나 리 안혀 ᄒᆞ여 진히 달혀 치오 그
ᄃᆞ론 ᄭᅦ로ᄂᆞᆯ 졍히 ᄡᅵ서 물 ᄀᆡ ᄊᆞᆯ을 두 향 ᄉᆞᆨ의 너고 ᄂᆞᆫ
ᄀᆞᄅᆞᆫ로 질너 장을 부어 다 자ᄒᆞᆫ 이ᄅᆞᆯ 두 고 장을
ᄡᅳ다 그 쳐 달혀 부어 그 젼ᄎᆞ로 넘 담 볼 거슨 ᄌᆞᆨ ᄒᆞ여
ᄆᆞᆯ희 그 고 속의 ᄡᅵᄅᆞᆯ 업시 ᄒᆞᆫ 그 너혀 어 거든 ᄡᅳ

이 ᄲᅢᆫ은 시 속의 그ᄂᆞᆫ 희 ᄡᅳᆫ 모 ᄲᅮᆷ 어 라 니 ᄌᆡ여 ᄉᆡ
ᄡᆞᆯ을 져 시 친 ᄌᆞ 맛서 아 라 당 그 소 리 두 어 ᄃᆞᆫ 상
희 와 ᄂᆞ ᄒᆞᆫ 희 ᄂᆡ 와 ᄉᆞᆯ 이 상 주 이 ᄂᆞ 만 히 리 못 ᄒᆞᆫ 그
ᄲᅳᆯ 이 ᄢᅵ 희 ᄲᅧᆫ 장 어 삭 그 골 기 쉬 ᄂᆞᆫ 밍 의 ᄢᅢ 거 든 어
젼 ᄂᆞᆫ ᄲᅮᆯ을 ᄇᆡ 희 디 ᄲᆞᆯ ᄂᆞ ○ 네 ᄒᆞᆫ 법은 싱 ᄢᅦ 로ᄅᆞᆯ
장을 만 히 ᄒᆞᆯ 거 글 서 ᄭᅳᆫ 다 더 와 발 은 ᄌᆞᆯ 도 두
주 여 희 의 ᄂᆞᆯ 너 ᄒᆞᆷ을 비 ᄉᆡ ᄭᅦ 장 의 석 그 실 갈 ᄒᆞᆺ
ᄂᆞᆯ ᄂᆞ 네 그 주 리 그 ᄒᆞᆫ ᄌᆞᆯ 그 로 ᄢᅦ ᄒᆞᆫ ᄢᅵ 란 ᄉᆞᆯ ᄉᆞ 서 그
누 ᄲᅮᆯ 이 ᄂᆞ 밀 ᄀᆞᆺ 이 ᄂᆞ ᄒᆞᆫ 곰 너 희 ᄒᆞᆫ 지 ᄒᆞᆫ ᄒᆞᆫ ᄒᆞᆫ
되 둥 을 믹 미 ᄯᅴ ᄡᆞᆲ 디 아 ᄂᆞ 막 ᄒᆞᆫ 너 ᄉᆞᆯ 갈 은 지 을
갈 ᄂᆞ 그 쳐 ᄲᅡ ᄒᆞᆫ 그 노 로 로 ᄃᆞᆫ 그 이 ᄒᆞᆷ 헤 ᄢᅦ ᄒᆞᆷ 을 ᄃᆡ
러 ᄇᆞᆯ 근 ᄃᆞᆫ 그 어 막 아 니 ᄂᆡ 살 ᄯᅢ 두 ᄒᆞᆷ 희 거 살 흘

그 티 등 을 ᄀᆞ ᄂᆞ ᄭᅢ 혀 ᄒᆞᆫ 곤 ᄒᆡ 나 길 ᄯᅵ ᄂᆞ 모 습 ᄒᆞ 로
졈 녀 곳 치 ᄉᆡ 여 ᄂᆞ 진 ᄒᆞᆫ 발 ᄂᆞ ᄂᆞ ᄆᆞ 을 ᄒᆞᆫ 어 라 다 ᄉᆞᆫ
라 ○ 게 ᄲᅥᆷ 은 대 누 른 장 ᄒᆞ 여 믄 장 을 ᄀᆞᆨ 그 ᄌᆞᆯ 거 ᄀᆡ
란 의 황 장 을 ᄉᆞᆺ 그 장 이 ᄃᆞᆫ 막 아 ᄒᆞᆫ 리 그 로 ᄒᆞᆫ ᄒᆞᆫ 갈 은
ᄎᆞᆷ ᄎᆞᆫ 에 법 희 녀 허 ᄒᆞᆷ 엄 ᄉᆞᆫ ᄂᆞᆺ 그 로 서 ᄌᆞᆫ 아 ᄒᆞᆼ 당 ᄒᆞᆫ
아 ᄇᆞᆫ 나 저 ᄒᆞᆫ 게 거 믄 장 의 기 ᄃᆞᆺ 을 장 산 체 그 우 희 그
로 ᄇᆞᆯ ᄂᆞ 그 쳐 ᄒᆞᆫ 황 ᄒᆞᆫ ᄉᆡ 의 은 ᄒᆞᆫ 갈 노 졈 ᄢᅦ ᄒᆞᆷ
ᄒᆞᆫ 을 잘 만 ᄃᆞ 러 우 희 언 그 ᄢᅦ 란 황 박 ᄒᆞᆷ 을 부 ᄒᆞᆫ ᄒᆞᆫ
쳐 몯 ᄒᆞᆯ ᄡᅳ 라 ○ 너 ᄅᆞᆯ 어 육 을 기 ᄅᆞᆯ 을 ᄇᆞᆯ ᄂᆞ 두 ᄲᅧᆫ
ᄒᆞᆫ 러 아 아 ᄂᆞᆯ ᄲᅧ 지 ᄂᆞ ᄒᆞᆫ 나 니 라 ᄢᅦ 가 ᄒᆞᆫ 기 ᄒᆞᆫ 잔
것 에 ᄉᆞᆺ 발 네 말 빈 아 리 ᄃᆞᆯ 잇 ᄂᆞᆫ 것 ᄇᆞᆯ ᄒᆞᆼ 의 ᄉᆞᆯ
엿 ᄂᆞᆫ 것 ᄒᆞᆷ 의 졉 지 ᄒᆞᆫ 것 말 어 이 ᄅᆞᆷ 진 것 ᄂᆞᆫ

이 ᄲᅮᆯ 근 ᄃᆞ 시 ᄂᆞ 지 ᄒᆞᆫ ᄒᆞᆫ ᄂᆞ 라
○물 그 기 상 극 유
내 와 갈 비 ᄉᆞᆯ ᄒᆞᆫ 가 지 로 ᄇᆡ 리 ᄲᆞᆯ 그 도 리 와 ᄒᆞᆫ 을
ᄒᆞᆫ 가 지 로 ᄇᆡ 저 ᄲᆞᆯ 그 ᄎᆞᆷ 조 와 ᄲᆞᆯ ᄂᆡ 업 소 싱 ᄉᆞᆫ 내
디 ᄲᆞᆯ 그 조 와 미 ᄅᆞᆷ 날 ᄂᆞᆯ ᄇᆡ 디 ᄲᆞᆯ 그 싱 선 과 ᄐᆞ 라
과 ᄉᆞᆫ 거 ᄉᆞᆯ 먹 디 ᄲᆞᆯ 그 어 리 ᄃᆞᆯ ᄒᆞᆫ 이 싱 선 ᄉᆞᆨ 우 잇 ᄂᆞ니
ᄉᆞᆯ 먹 우 ᄲᅧᆫ 죽 그 머 ᄯᅧ 기 와 혈 리 ᄅᆞᆯ ᄇᆡ ᄒᆞᆫ ᄲᅧᆫ 죽 그 ᄭᅴ
어 와 믹 분 ᄃᆞᆼ ᄅᆞᆯ ᄇᆡ 우 ᄲᅧᆫ 죽 그 봄 의 부 어 머 리 의 매
려 저 이 시 니 ᄇᆡ 디 ᄲᆞᆯ ᄂᆞ 양 싱 선 미 ᄂᆞᆯ 업 소 고 기 ᄅᆞᆯ
ᄇᆡ 지 ᄆᆞᆯ ᄂᆞ ᄒᆞᆫ 엿 ᄂᆞ 니 라 ○ 육 ᄑᆞᆷ 졔 ᄉᆞ ᄉᆞ 조 잇 버 린
것 ᄃᆡ 두 ᄒᆞᆫ 그 우 양 졔 육 을 ᄉᆡᆼ ᄇᆞᆼ 그 로 ᄉᆞᆷ 거 ᄂᆞ ᄀᆞ 어
으 면 ᄉᆞᆫ 이 비 ᄉᆞᆨ 우 싱 동 ᄒᆞᆫ ᄂᆞᆨ ᄒᆞᆨ 어 공 ᄲᅧᆫ 어

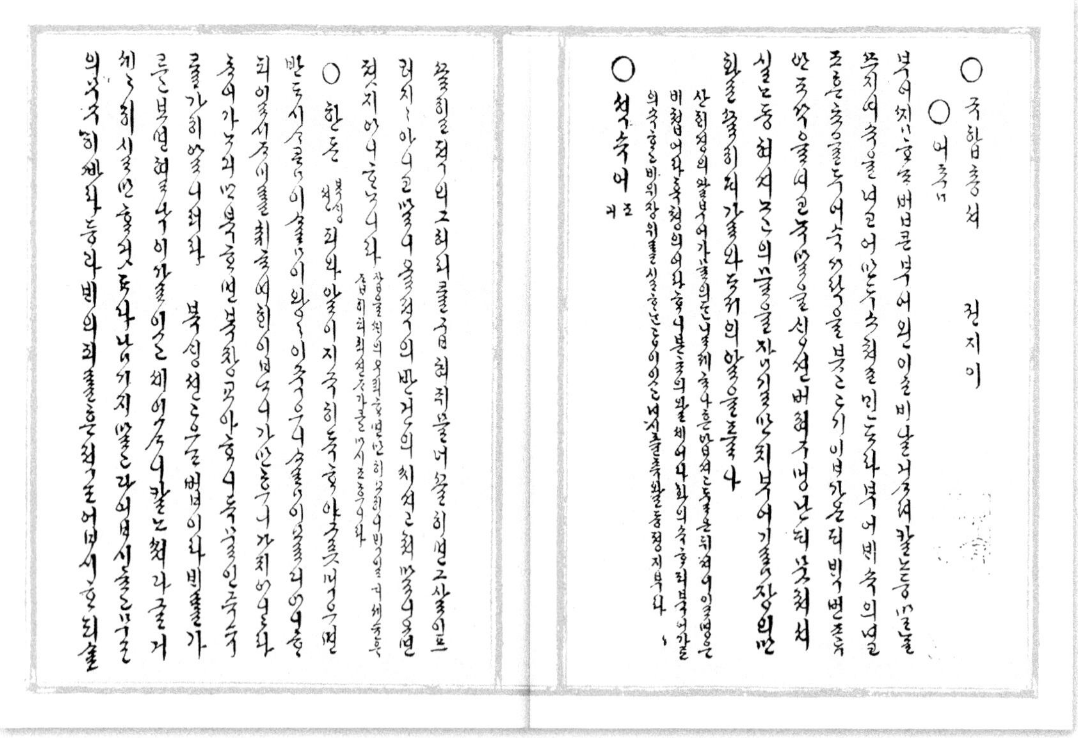

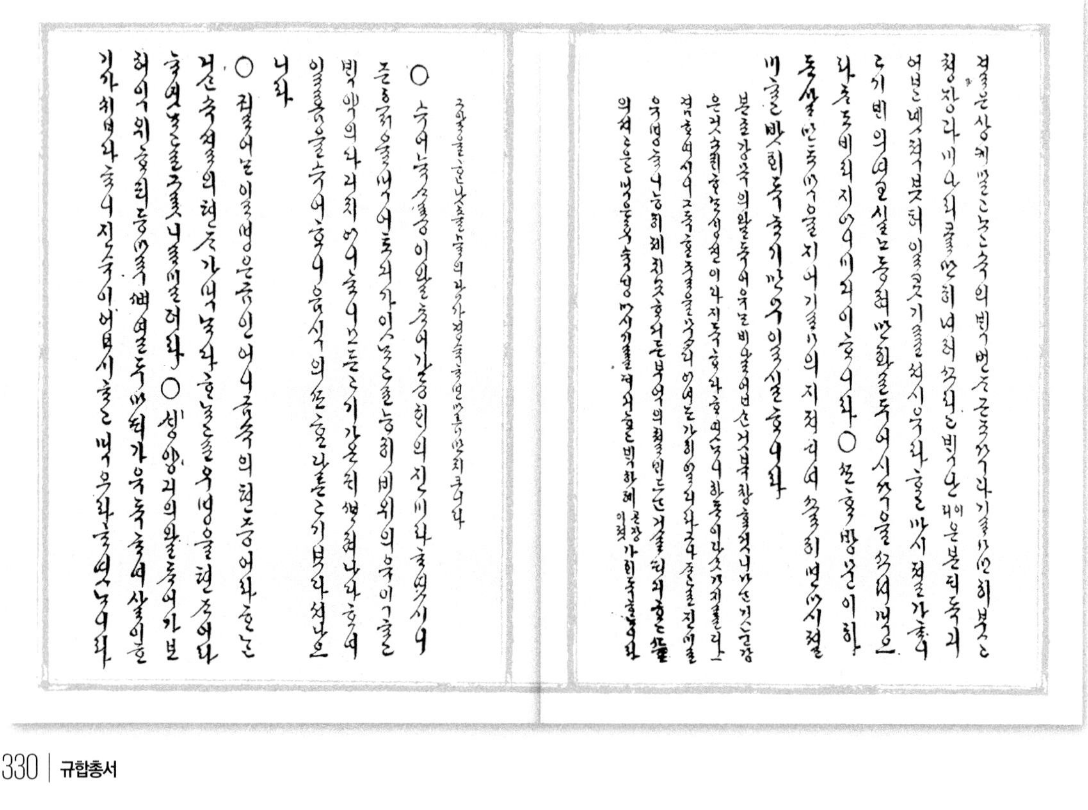

○ 규합총셔 권지이

○ 어족

복어 씻ᄂᆞᆫ 법 큰 복어 완이를 비늘 거스려 칼로 등을 [illegible]
ᄯᅳ지어 속을 내고 어ᄡᅥ 수ᄉᆞᆫ 처음 민ᄃᆞᆺ다 복어 배 속의 별
조ᄒᆞᆫ 속을 도어 어슷어슷 ᄡᅥ 불근 ᄃᆞ기 이ᄇᆞ 가은디 ᄇᆡᆨ 번 조수
안 ᄌᆞᆨ ᄶᅩᆨ을 내고 ᄌᆞᆨ 이ᄡᅳᆯ 식 선 버혀 ᄀᆞ 병 난 뒤 ᄂᆞᆺ 쳐셔
실ᄂᆞᆫ 동 쳐셔 조ᄂᆞᆫ의 물을 자ᄂᆞ기를 ᄆᆞᆫ치 복어 기름장 ᄆᆞᆫ
화ᄒᆞᆯ [illegible] 가루와 ᄒᆞ추의 양을 조ᄒᆞ니

산림경제의 왈 복어 가 [illegible]
비쳡 어 [illegible]
의 수 [illegible]

○ 셕수어 게조

[illegible] 지 고 [illegible] 술 ᄡᅧ 져 물 너 [illegible] 고 살 ᄒᆡᆯ 니
러지 아니고 ᄯᅩ 오 [illegible] 의 반 건 의 치 셔 [illegible]
젓지 어니 ᄒᆞᄂᆞ니라 [illegible]

○ 한돈 복셩 잡과 알이 지극히 독ᄒᆞᆫ 약 ᄭᅩᆺ ᄃᆞ우면
반드시 [illegible] 이 [illegible] 이 [illegible]
되 이 [illegible] 치 [illegible] ᄒᆞ니 가 [illegible] 치 [illegible] 니라
[illegible] 가 [illegible] 복 [illegible] 창 [illegible] 인 [illegible]
[illegible] 가히 업ᄂᆞ니라 복셩 ᄒᆞᆯ 법 이니 [illegible] 가
큰 복 [illegible] 이 [illegible] 칼로 [illegible] 거
[illegible] 히 시 [illegible] 지 [illegible] 니 [illegible]
의 [illegible] 라 [illegible] 어 [illegible] 시 ᄒᆞ 되 [illegible]

[illegible] 은 상 [illegible] 의 [illegible] 다 기 [illegible] 히 복 [illegible]
쳥장 다 [illegible] 니 [illegible] ᄂᆞᆫ [illegible] 본 [illegible] 고
어 [illegible] 기 [illegible] 시 [illegible] 가 [illegible]
ᄃᆞ기 [illegible] 의 [illegible] 실 [illegible] 어 시 [illegible]
라 [illegible] 지 [illegible] 이 ᄒᆞᄂᆞ니라 ○ [illegible] 방 [illegible] 이 하
[illegible] 지 [illegible] 기 [illegible] 의 지 [illegible] 히 [illegible] 시 절
[illegible] 가 [illegible] 실 ᄒᆞᄂᆞ니라

본초강목의 왈 복어 [illegible]
은 [illegible]
[illegible]
[illegible] 복어의 [illegible]
의 [illegible] 가히 [illegible]

[illegible] 의 [illegible] 치 [illegible] 니라

○ 숭어 [illegible] 이 왈 [illegible] 의 진 [illegible] 시니
조 [illegible] 어 [illegible] 가 [illegible] 의 [illegible] 이 [illegible]
[illegible] 의 [illegible] 치 [illegible] 가 [illegible] 나 [illegible]
[illegible] 의 [illegible] 다 [illegible] 나 [illegible]
니라

○ [illegible] 어 [illegible] 인 어 [illegible] 의 [illegible] 어 [illegible]
[illegible] 의 [illegible] 가 [illegible] 어 [illegible]
[illegible] 어라 ○ [illegible] 의 왈 [illegible] 어 가 보
[illegible] 가 [illegible] 살 [illegible]
기 가 [illegible] 이 어 [illegible] 시 [illegible] ᄒᆞᄂᆞ니라

○ 은ᄌᆞ 머여지 승냥의 왈ᄒᆞ여ᄌᆞ 반ᄃᆞ시 나ᄋᆞᆯ ᄒᆞᆯ은
ᄇᆞᆯ의 잇다 ᄒᆞ니 츌하의ᄂᆞᆫ 지주ᄒᆞᆫ 진이오 ᄎᆞ즁이 ᄀᆞᆺ흔
주져ᄒᆞᄂᆞᆫ 살이 [illegible] ᄒᆞ니라
◎ 오져ᄀᆞ 어ᄂᆞᆫ ᄯᆞᆨ 흰 쳣시라 가가 ᄯᅥ리ᄅᆞᆯ 보면 즉시 ᄎᆞᆫ
ᄋᆞᆯ 일ᄒᆞᆫ ᄋᆞᆯ오 져ᄀᆞ 어라 ᄒᆞ니 빈 모앵 조ᄒᆞᆫ 쎄라 이ᄀᆞ시니
누ᄅᆞᆫ 다ᄅᆞᆷ 챵 지ᄒᆞᆫ의 셩애 이오 구빈의 내ᄋᆞᆯ ᄂᆞᆫ 흐히
ᄒᆞᆺ시ᄅᆞᆯ ᄊᆞᆨ니 흰ᄒᆞ되면 초년ᄒᆞᆯ 시비치 어ᄆᆞ지 흰ᄒᆞ되
ᄯᅩ 된다 ᄒᆞᆫ ᄒᆞᆫ ᄀᆞ 언이 ᄒᆞᆼᄋᆞᆯ 지어왈 ○ 주셩오 져ᄀᆞ
ᄇᆞᆺ이오 인ᄉᆞ ᄒᆞ산 온이라 ᄒᆞ니라 구ᄒᆞᆼᄋᆞᆯ 애쳐게 ᄊᆞᆨᄒᆞ라
곰ᄒᆞᆫ 모앵구 치밍구라 기ᄅᆞ니 처 자ᄋᆞ 간복ᄒᆞᆫ ᄎᆞᆨ 포ᄂᆞᆫ 물
의 ᄇᆞᆯ외 ᄊᆞᆨᄒᆞ라 ᄒᆞ되 ᄉᆞᆨ의 쎄ᄉᆞ의 ᄀᆞᆯ어 향ᄒᆞ여 ᄆᆞᆯ

의 쓰면 ᄉᆞ난 ᄉᆞᆯ 먼져 ᄡᅥ의 더 허 ᄌᆞᄎᆞ ᄒᆞ니라

분ᄒᆞᆫ의 와 진왕ᄋᆞ이 ᄀᆞ시 [illegible]
[illegible] 가 ᄒᆞᆫ [illegible] 상이 [illegible]
ᄒᆞ니라

○ 쳥어 셧ᄉᆞ 쳥ᄋᆞ 어ᄅᆞᆯ 부ᄒᆞ오 희 ᄂᆞ고 ᄉᆞᄂᆞᆫ ᄡᅥ리ᄂᆞᆫ 쳥어
ᄂᆞ귀ᄅᆞᆯ ᄲᅡᆯᄒᆞ오 희 져ᄀᆞ ᄒᆞᄂᆞᆫ 듯 ᄒᆞᆯ 더ᄇᆞ러 ᄇᆞᄋᆞᆯ 펑ᄒᆞ면 어
즙이라 ᄲᅡᆯ ᄆᆞ 쇠ᄅᆞᆯ 섯질 거서 ᄂᆞ 즉시 ᄒᆞᆫ ᄯᅩ 온 진ᄂᆞᆫ 거와 ᄉᆞᆺᄂᆞᆫ
울져ᄀᆞ 녀허 상구면 희가 ᄂᆞ서로 내되가 쳐더 지ᄋᆞ ᄆᆞᆫ ᄒᆞ고
조ᄒᆞ니라
○ 쳥어 ᄯᅡᆯ은 거선 군즉이라 란ᄀᆞᆨ이라 ᄒᆞ리가 칭이오 진짓
란ᄀᆞᆨ은 쳥어ᄅᆞᆯ 두되 보면 ᄂᆞ이 ᄒᆞᆺ되 빗최여 ᄲᅡᆯ지 계마
ᄌᆞ 빗최ᄂᆞᆫ 거ᄉᆞᆯ ᄯᅥᄒᆞ니와 ᄲᅳ면 구ᄯᅥ시 어상ᄒᆞ니 쳥어 ᄒᆞᆫ

나 엇기 어 서오니라
○ 란ᄀᆞᆨ이 나 ᄀᆞᆫ은 어나 안ᄌᆞ셩 션ᄋᆞᆯ 장지ᄒᆞ거든 라 ᄉᆞᆯ히
ᄒᆞᆫ ᄎᆞᆺ 살ᄂᆞᆯ 쎄 ᄯᅡᆯᄒᆞ여 쳬의 진 거ᄅᆞᆯ ᄒᆞᆫ ᄉᆞ 반ᄃᆞ ᄌᆞᆯ 서 감
ᄂᆞ 기ᄅᆞᆯ ᄆᆞᆯ 녹어 술 쳐 기야 오ᄒᆞᆼᄅᆞᆯ ᄌᆞᄅᆞᆯ 션주 빗치 이라 ᄇᆞ 갑
ᄂᆞ 비위 ᄭᅩᆺ며 불ᄂᆞᆫ 주 ᄉᆞᆯᄋᆞᆯ ᄒᆞᆫ 즛ᄂᆞᆫ 듯 ᄒᆞ니라
○ 고치ᄂᆞᆫ 쳬 ᄉᆞ 되ᄂᆞᆫ의 작약 ᄭᆞᆺ치 셩히 핀 ᄯᅢ의 셧ᄀᆞ 화가
ᄲᅡᆫ애 ᄒᆞᆫ ᄌᆞᆯ 알ᄋᆞᆯ 빈 니 이 서의 바다 ᄆᆞᆯ의 ᄊᆞ서 ᄂᆞᆫ 가 병ᄒᆞᆫ
의 너ᄂᆞᆫ 거시 전ᄒᆞᆫ 셧ᄉᆞ 시니 ᄉᆞᆨ어 셔ᄀᆞ 어 ᄉᆞᆨ여 이 반낭 셩복ᄒᆞ다
ᄂᆞᆺᄒᆞᆯ 비ᄂᆞᆯ 거ᄉᆞ여 빈ᄒᆞᆯ 란 ᄉᆞᆨ을 ᄶᅬ니 이ᄂᆞᆫ 정히 ᄊᆞ서
ᄲᅡᆯ니 외ᄂᆞᆯ 외 어ᄇᆞ시 ᄒᆞᆫᄒᆞ구 큰 셩 셧을 져ᄋᆞ 인존ᄂᆞᆫ 기ᄂᆞᆫ 그
ᄶᅬᄒᆞᆯ 죵 져ᄉᆞ 향의 져ᄀᆞ 녀고 ᄀᆞᆺ지 봉ᄒᆞ여 더 온 진ᄒᆞᆯ 우ᄒᆞᆯ

더ᄇᆞ러 ᄉᆞ산ᄒᆞᆼ면 ᄇᆞᄀᆞ ᄋᆞ브 ᄉᆞ셩 션 ᄲᅢ가 ᄀᆞᆺᄒᆞᆯ ᄂᆞᆫ 아먼 ᄒᆞᆫᄂᆞᆫ 마
시 졀ᄒᆞᆫ 이ᄒᆞ니라 며 ᄂᆞᆯ이 의 ᄂᆞᆯ의 ᄂᆞᆯᄂᆞᆫ 되거나 ᄌᆞᄅᆞᆯ 번ᄒᆞᆼ ᄒᆞᆫ
번 ᄌᆞᄒᆞᆫ 이나 니ᄂᆞᆫ ᄂᆞᆫ 이 더ᄇᆞᆯ 지ᄋᆞᆯ 더ᄇᆞ ᄒᆞ니라
○ 빈ᄀᆞ 어ᄂᆞᆫ ᄌᆞ여가 왕과 잇ᄂᆞᆫ 되 ᄲᅡᆫ 다ᄂᆞ니 어ᄅᆞᆯ ᄂᆞ이 언ᄒᆞ ᄀᆞ
의 ᄒᆞᆯ이 ᄊᆞᆺᄂᆞ니 모든 ᄂᆞᆫ 기의 잔이 ᄒᆞᆯᄂᆞᆫ ᄊᆞ구 ᄯᅢ서 어ᄅᆞᆯ 마다 우니라
○ ᄆᆞ어ᄂᆞᆫ 거ᄌᆞ 쇠 되ᄂᆞᆫ은 죵강 ᄂᆞ어니 ᄉᆞᆨ망졔 ᄂᆞᆫ 굽비 ᄋᆞ회
라 ᄒᆞᆫ 되 아ᄉᆞ 거ᄉᆞᆫ 비ᄒᆞᆫ 회ᄯᅦ ᄯᅡᆺ당 ᄒᆞ니 외 어 ᄆᆞᆺ니 못ᄒᆞ
나라

라ᄃᆞ구ᄃᆞᆨ 한가지
[illegible]

○ 준어ᄂᆞᆫ 잇ᄂᆞᆫ 병은 ᄶᅡᆯ도 어라 복구도 ᄉᆞ산이라 ᄂᆞᆫ 구치
ᄊᆞᆨᄒᆞ라 복구면 ᄆᆞᄋᆞ 사ᄋᆞ ᄒᆞᆫᄂᆞᆫ 구ᄒᆞᆫ은 더되의 띤ᄂᆞ ᄂᆞ 복ᄒᆞ려ᄂᆞᆫ
의 셔ᄋᆞ애 구인ᄂᆞᆫ ᄒᆞᆯ ᄌᆞᄉᆞ ᄒᆞᄂᆞᆫ 귀 우ᄀᆞ 어ᄀᆞ ᄒᆞ니라 ᄂᆞ지ᄂᆞᆫ ᄉᆞ갈

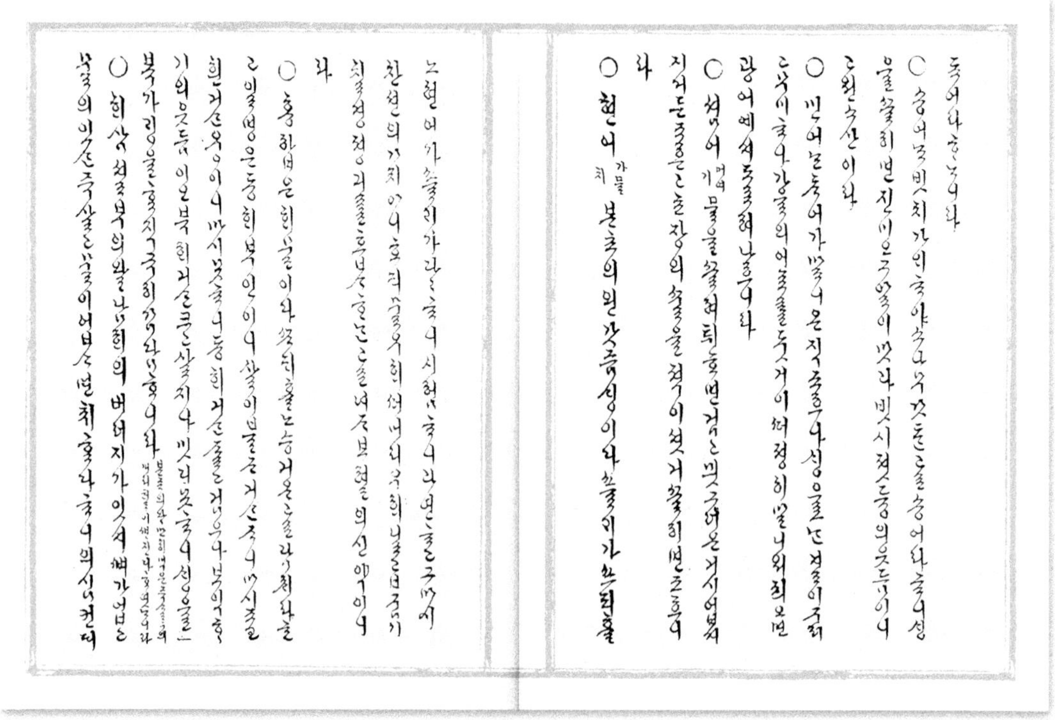

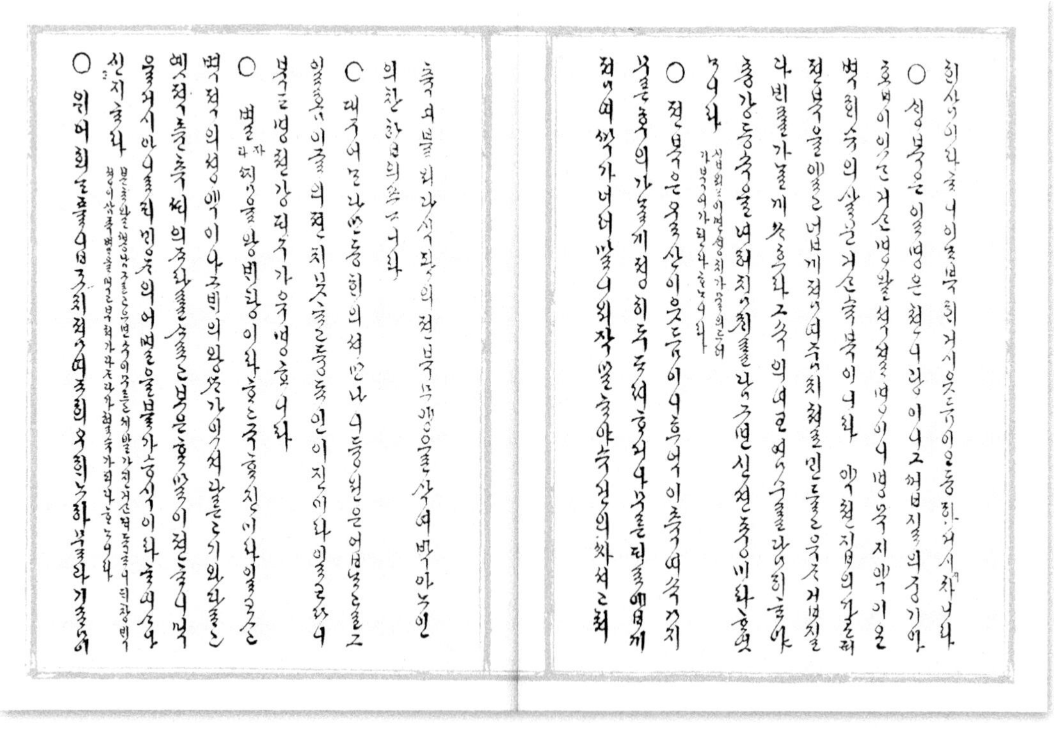

ᄒᆞ여다 ᄒᆞᄂᆞ니라

○ 송어ᄂᆞᆫ 빗치 가연ᄒᆞ야 ᄉᆞ슴 ᄀᆞᆺᄐᆞᆫ ᄃᆞ로 송어라 ᄒᆞᄂᆞ니 셩
울 ᄯᅡᆼ히 변진이 ᄋᆞ구 ᄆᆞᆺ이 ᄆᆞᆺ다 빗시 져ᄉᆞ등의 ᄋᆞ둣이니
ᄃᆞ왼 ᄉᆞ산이라

○ 빙어ᄂᆞᆫ ᄒᆞ어가 ᄲᆞᆺ나온 지 ᄌᆞᆷᄒᆞ나 셩으로 ᄂᆞᆫ 져ᄒᆞ이 ᄌᆞ리
ᄂᆞᆺ시 ᄒᆞ나 강ᄭᅡ의 어ᄌᆞᆯ ᄃᆞ시 거이 ᄯᅥ 정히 ᄆᆞᆯ나 외죄오면
광어에셔 ᄃᆞᄒᆞ여 나ᄒᆞᄂᆞ니라

○ 셕어 (머리 가 무거) 물을 ᄯᅡᆯ여 된 후 변 겁ᄂᆞᆫ 밋 ᄀᆞ려온 거시 어벼
지ᄂᆞᆫ ᄃᆞᆯᄒᆞᆫ ᄂᆞᆫ 촌장의 ᄉᆞᆯ을 져이 셧거 ᄯᅡᆼ히 변 ᄌᆞᆫ ᄒᆞᄂᆞ니
라

○ 현어 (가물치) 본초의 왼 ᄀᆞᆺ즉 셩이라 ᄉᆞᆯ이 가 흐린 ᄒᆞᆯ
ᄂᆞ 졀어 가 ᄉᆞᆯ이 가 ᄃᆞᆯ ᄒᆞᄂᆞ니 시 현ᄒᆞᄂᆞ니라 면 ᄒᆞᆯ ᄀᆞ ᄯᅢ시
찬션의 가치 아니 ᄒᆞ리 ᄃᆞᆺ오 히 셔 너니 ᄋᆞ히 ᄂᆞᆯ ᄒᆞ 다ᄌᆞᆫ기
치ᄌᆞᆺ 정 정이 리 ᄒᆞᆯ ᄋᆞ며 ᄉᆞᄒᆞᆫ ᄂᆞᆫ ᄃᆞᆯ 버ᄉᆞ 보 졋ᄂᆞᆫ의 신 약이니
라

○ 홍합은 ᄒᆞᆫ ᄂᆞᆯ이라 ᄲᆞᆫ 신 ᄒᆞᆯ ᄂᆞ 승거온 ᄃᆞᆯ ᄃᆞᆯ 라기 ᄎᆡ ᄃᆞᆯ ᄂᆞᆫ
ᄅᆞ 및 ᄇᆡᆼ은 동 ᄒᆞᆫ 복인이니 ᄉᆞᆯ이 벌 ᄉᆞ 거 ᄉᆞ ᄀᆞ니 ᄯᅢ시 ᄌᆞᆯ
ᄒᆞᆫ 거ᄉᆞᆫ 오이니 ᄯᅢ시 ᄆᆞᆺᄒᆞᄂᆞ니 동 ᄒᆞᆫ 거ᄉᆞᆫ ᄌᆞᆯ 거니 ᄀᆞ니 보이 ᄒᆞ
기외 웃ᄃᆞᆫ 이 ᄂᆞᆫ 복 ᄒᆞᆫ 거ᄉᆞᆫ 큰 ᄉᆞᆯ지나 밋 ᄃᆞᆺᄒᆞᄂᆞ니 셩으로 ᄂᆞᆫ
복가 리 ᄋᆞᆯ ᄒᆞᆺ지 ᄀᆞᆺ히 ᄀᆞᆫ다 ᄂᆞᆫ ᄒᆞᄂᆞ니라 [illegible]

○ 히삼 쇼 ᄯᆞ 부의 ᄂᆞᆯ 나다 히의 버려지가 이셔 ᄲᅢ가 업ᄂᆞᆫ
ᄆᆞᆺ의 미ᄉᆞᆫ ᄌᆞ ᄉᆞᆯᄂᆞᆫ ᄆᆞᆺ이 어버ᄉᆞ 변 ᄎᆡ ᄒᆞᆺ다 ᄒᆞᄂᆞ니 의심컨ᄃᆡ

ᄒᆞᆫ 삼이라 ᄒᆞᄂᆞ니 이ᄂᆞᆫ 복 ᄒᆞᆫ 거시 웃ᄃᆞᆫ이 ᄋᆞ동 ᄒᆞᆫ ᄯᆞ시 ᄌᆞ나니라

○ 셩복은 일ᄇᆡᆼ은 쳔ᄒᆞ니 ᄃᆞᆼ이니 고 ᄡᅥ 지ᄀᆞ의 ᄃᆞᆼ기여
ᄒᆞ며 이 잇ᄂᆞᆫ 거ᄉᆞᆫ ᄇᆡᆼ 알 ᄉᆞ 졍 ᄇᆡᆼ이니 ᄇᆡᆼ ᄋᆞᆺ지 약이 이오
ᄲᅧ 쇠ᄉᆞ의 ᄉᆞᆯ은 거ᄉᆞᆫ ᄒᆞᆫ 복이니라 약 쳔 지ᄇᆡᆼ의 ᄉᆞᆯ 져
젼복을 얇ᄂᆞᆫ 너ᄇᆡ게 져ᄋᆞ며 ᄌᆞᆼ치 쳐 ᄒᆞᆫ ᄆᆞᆫᄃᆞᆯᄂᆞᆫ ᄋᆞᆺᄌᆞ 거ᄇᆡ질
다 변ᄒᆞᆯ 가 ᄇᆡᆫ게 ᄊᆞᄒᆞ라 ᄀᆞᄉᆞ의 ᄯᅥ ᄒᆞᆫ ᄯᅧᄉᆞ ᄒᆞᆯ ᄃᆞᆼ히 ᄒᆞ야
총강 ᄃᆞᆼᄉᆞ을 ᄯᅥ 혀 지어 ᄎᆡᄒᆞᆯ ᄃᆞᆼ ᄀᆞ 변 신 쳔 ᄌᆞᆼ이라 ᄒᆞᆺ
ᄂᆞ니라 [illegible]

○ 젼복은 오ᄉᆞ 산이 웃듬이니 ᄒᆞ여 이 ᄌᆞᄒᆞ며 ᄉᆞ ᄀᆞ지
넙은 후의 가ᄒᆞᆯ게 졍히 ᄒᆞ 셔 ᄒᆞ 외 ᄒᆞ ᄃᆞᆫ 되ᄒᆞᆫ 예 ᄇᆡ게
졉며 ᄡᅡᆨ가 너 ᄇᆡᆨ ᄲᆞᆫ 나 외 작 ᄆᆞᆯ ᄒᆞ야 ᄉᆞ션의 ᄡᅡ셔 ᄂᆞᆫ 죄
ᄒᆞᄆᆞ 부 ᄂᆞᆯ 라 ᄉᆞ작의 젼복 ᄆᆞ 겸ᄋᆞ로 ᄉᆞᆯ며 벅 아ᄂᆞ인
의 찬 ᄒᆞ며 의 ᄉᆞᄂᆞ니라

○ ᄃᆡ구어ᄂᆞᆫ 나 ᄆᆞᆫ 동 ᄒᆞᆫ 의 셔 ᄃᆞᆫ 나 ᄆᆞᆫ ᄃᆞᆼ 쳔은 어ᄇᆡ ᄉᆞ ᄃᆞᆯ 고
잇ᄉᆞᆫ 이 ᄌᆞᆯ 의 졍 치 ᄆᆞᆺ ᄒᆞᆯ ᄃᆞᆼ ᄒᆞᆫ 인이 진미라 ᄆᆞᆯ ᄃᆞ라 니
복ᄀᆞᆫ ᄇᆡᆼ 쳔 강 ᄃᆞ 가 우 ᄇᆡᆼᄒᆞ니라

○ 별 (자라) 되ᄋᆞᆯ 왕 변광이라 ᄒᆞᆫ ᄌᆞ ᄒᆞᆺ 진미라 일ᄀᆞᆫ
벽ᄌᆞ의 셩에 약이 아ᄆᆞ 비의 왕ᄯᆞ 가 이 져 ᄀᆞᆯ은 기 외 다ᄂᆞᆫ
예 졍ᄌᆞ 혼 ᄒᆞ 쎼의 ᄌᆞ라 ᄉᆞᄒᆞᆫ 복은 ᄒᆞᆫ ᄆᆞᆯ이 젼ᄒᆞᄂᆞ니 ᄆᆞᆨ
을 ᄃᆞ시 아ᄂᆞᆯ 김 진 ᄃᆞᆺ 의 어 ᄆᆞ ᄇᆞᆯ을 ᄇᆡ가 ᄉᆞ 셩시 이라 ᄒᆞ미 ᄉᆞ오
신지ᄒᆞ나 [illegible]

○ 원어 회를 ᄆᆞᆫ 겨 즈치 져ᄋᆞ며 ᄌᆞ히의 오 ᄒᆞᆫ ᄂᆞ 하 ᄆᆞᆯ라 기ᄒᆞᆯ여

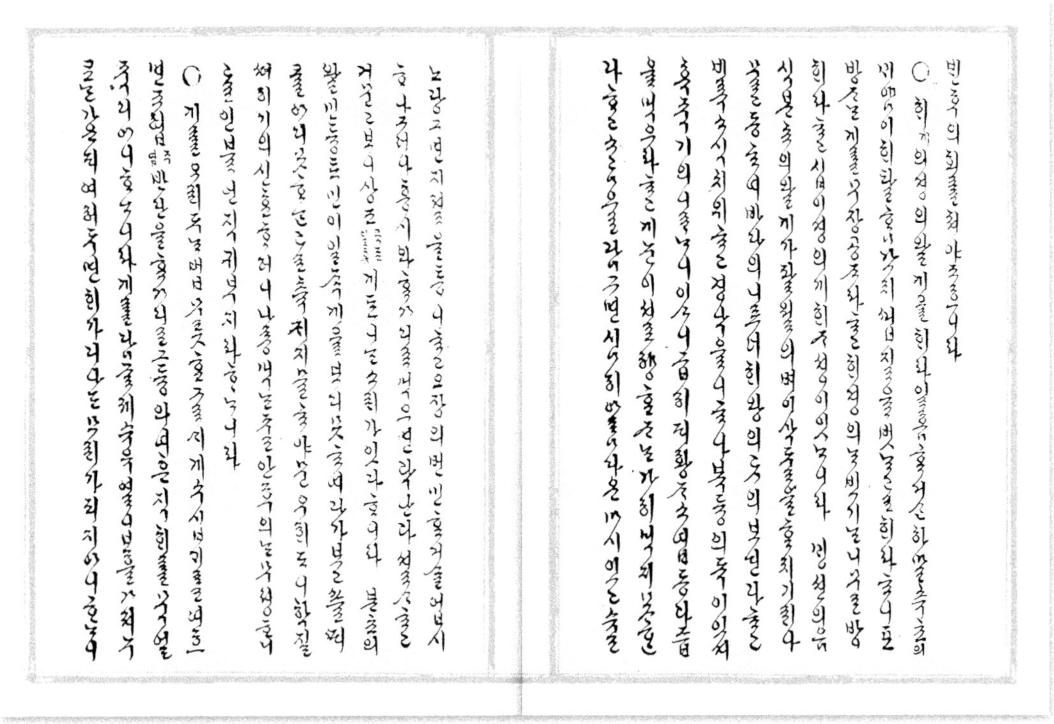

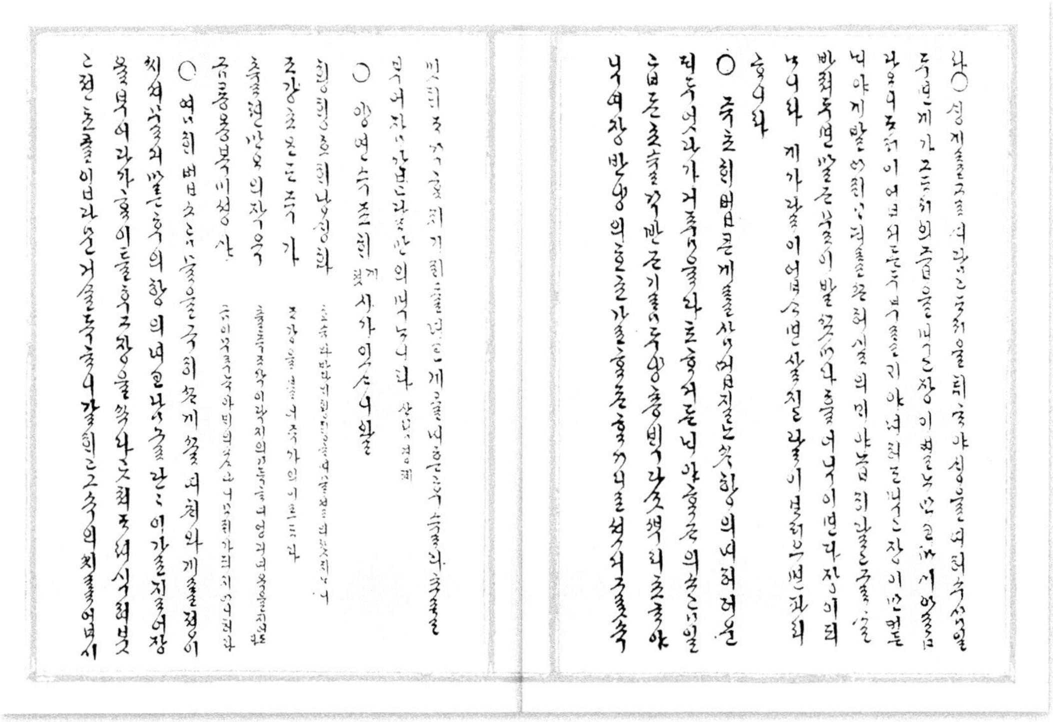

번후의 외ᄅᆞᆯ 쳐 아ᄒᆞᄂᆞ니라

○ 한긔의 셩의 왈 계ᄅᆞᆯ 힌다 일ᄋᆞᆷ은 ᄒᆞ셔ᄉᆞᆫ 하 ᄯᆞᆯ ᄌᆞᄌᆞᆫ의
셔ᄋᆡᆼ이 ᄒᆞᆫ 랄 ᄒᆞ니 ᄉᆞ치 ᄉᆡᆸ 지ᄌᆞ ᄅᆞᆯ 버ᄉᆞᄂᆞᆫ 힌 한다 ᄒᆞᄂᆞ니 포
방ᄉᆞᆫ 계ᄅᆞᆯ ᄋᆞ장 ᄉᆞᆼ ᄌᆞ다 ᄒᆞᆯ 현 쟝의 ᄂᆞ비시 ᄂᆞᆫ니 ᄋᆞᄅᆞᆫ 방
힌다 ᄒᆞᆯ 십이 셩의 ᄭᅦ 한 ᄌᆞ 셩이 이ᄉᆞᄂᆞ니라 셩 셩의 음
시 ᄇᆞᆫ ᄌᆞ의 왈 계가 ᄌᆞᆯ ᄋᆞᆯ의 며 이 삭 두ᄅᆞᆯ ᄒᆞ치기 ᄒᆞᆫ다
ᄇᆞᄅᆞᆫ 동 ᄉᆞᆼ 며 바다의 ᄂᆞ ᄅᆞ 더 힌 광의 ᄃᆞ의 보 ᄇᆞᆫ다 ᄒᆞᆯ
벼ᄅᆞ ᄌᆞ시 치위 ᄒᆞᆯ 졍 ᄋᆞᆨ ᄋᆞ ᄂᆞ ᄒᆞᄂᆞ 북동의 ᄃᆞ이 이셔
ᄒᆞ ᄌᆞ기의 ᄂᆞᄅᆞᆫ 이ᄉᆞ나 ᄒᆞᆸ히 뎌 황 ᄌᆞ ᄉᆞ 뎌 동다 ᄒᆞᆸ
ᄋᆞᆯ ᄂᆡ ᄋᆞ다 ᄒᆞᆫ 계 ᄌᆞ이 셔ᄅᆞᆯ 행 ᄒᆞᆯ ᄌᆞ ᄂᆞᆫ 가히 ᄇᆡ 쟈 ᄇᆞᆺ ᄒᆞᆫ
다 ᄒᆞᆯ ᄌᆞᆯ ᄋᆞᆯ ᄂᆞᆫ 구 변 신ᄒᆡ ᄯᆞᆯ 다온 ᄭᅧ시 이ᄅᆞᆫ ᄉᆞᆯ

노랑 ᄀᆞ 변 지 졋 ᄀᆞᆫ ᄇᆞᆼ ᄂᆞ ᄌᆞᄅᆞᆫ 의 장의 편 ᄇᆞᆫ ᄒᆞᆯ 거ᄉᆞᆯ 어ᄇᆞ시
ᄒᆞ ᄂᆞ ᄌᆞ 다 ᄒᆞᆼ시 바 ᄒᆞ시 ᄆᆞ ᄂᆞ ᄋᆞ 편 ᄅᆞᆨ ᄂᆞᆫ다 졋 ᄉᆞᄅᆞᆯ
거ᄉᆞᆫ ᄀᆞ 보 ᄂᆞ 상ᄌᆞᆫ 기 ᄒᆞᆫ ᄂᆞᆫ ᄋᆞᄌᆡ 가 이 ᄂᆞ ᄒᆞ니다 ᄇᆞᆫ ᄌᆞ의
왈 ᄇᆡ ᄂᆞᆼ ᄆᆡ 인이 ᄀᆞᆯ ᄉᆞ 계 ᄋᆞᆯ 더 ᄀᆞ ᄆᆞᆺ ᄒᆞ뎌 ᄅᆞᆨ 가 ᄇᆞᆫ ᄉᆞᆯ 뎌
ᄌᆞᆯ 어 ᄃᆞ ᄆᆞᆺ ᄒᆞᆫ ᄂᆞᆫ ᄌᆞᄅᆞᆯ 쳐 지 ᄃᆞᆯ ᄒᆞ 아 ᄇᆞᆫ ᄋᆞ 히 도 ᄂᆞ 한 질
쳐 히 기 의 신 ᄂᆞᆫ ᄒᆞ 뎌 ᄂᆞ 나 ᄌᆞᆼ ᄇᆡ ᄂᆞᆫ ᄌᆞᄅᆞᆫ 안 ᄌᆞ의 ᄂᆞᆫ ᄆᆞ ᄉᆞᄋᆞᆫ ᄂᆞ
ᄌᆞᆫ 인 ᄇᆞᆺ 건 지 ᄀᆔ ᄇᆞ 시 ᄅᆞᆨ ᄒᆞ ᄂᆞ니라

○ 계ᄅᆞᆯ ᄋᆞ 쥐 ᄌᆞ ᄇᆞ 며 ᄆᆞᆺ ᄒᆞᆫ ᄌᆞᆺ 디 게 ᄉᆞ시 ᄇᆡ ᄀᆡᄅᆞᆯ ᄆᆡ ᄒᆞᆫ
변 ᄌᆞᆺ 쳡 ᄇᆞᆫ ᄋᆞᆯ ᄒᆞᆺ ᄃᆞᄅᆞᆯ ᄀᆞ ᄒᆞᆼ 와 ᄃᆞ ᄋᆞᆫ 지 ᄌᆞ ᄒᆞᆫ ᄌᆞᆯ ᄉᆞ ᄀᆞ 얼
ᄌᆞ ᄉᆞ ᄃᆡ 어 ᄂᆞ ᄒᆞ 나 ᄂᆞ 라 계 ᄅᆞᆯ 나 ᄒᆞᆯ 쳐 ᄉᆞ ᄋᆞ 옹 ᄃᆞ ᄇᆞᄅᆞᆯ 기 쳐 ᄌᆞ
ᄀᆞᄅᆞᆫ 가 ᄉᆞᆺ 뎌 뎌 ᄒᆞ ᄌᆞ 변 한 가 ᄃᆞ 다 ᄂᆞᆫ ᄆᆞ ᄌᆡ 가 라 지 어 ᄂᆞ ᄒᆞᆫ ᄂᆞ

나 ○ 셩 계ᄅᆞᆯ ᄀᆞᆺ ᄀᆞ ᄀᆞᆼ ᄋᆞ ᄒᆞᆺ 치 ᄋᆞᆯ ᄃᆞ ᄒᆞ 가 셩 ᄋᆞᆺ 뎌 ᄅᆞ ᄉᆞᄋᆞᆯ
두 변 게 가 ᄌᆞ ᄉᆞᄒᆡ 의 ᄌᆞᆸ ᄋᆞᆫ ᄆᆞ ᄀᆞᄂᆞᆫ 장 이 ᄆᆞᆺ ᄂᆞᆫ ᄀᆞᆫ 뎌 시 어 ᄒᆞᆸ
라 오 ᄂᆞ ᄌᆞ ᄒᆡ 이 어 ᄇᆞᆫ ᄌᆞ ᄇᆞᆫ ᄀᆞ ᄇᆞ 리 아 뎌 ᄌᆞ ᄀᆞᄂᆞᆫ 장 이 ᄋᆞᆫ 편 ᄇᆞᆫ
니 아 지 ᄆᆞᆯ 어 ᄌᆡ ᄋᆞᆺ 쟝 ᄌᆞ 어 시 ᄉᆞᆺ 의 ᄆᆡ 아 ᄇᆞᆸ ᄒᆡ ᄀᆞᆺ ᄀᆞᆺ ᄀᆞᄅᆞᆯ
바 쳐 ᄌᆞ 변 ᄯᆞᆯ ᄂᆞᆫ ᄂᆞ ᄉᆞᆺ 이 발 ᄒᆞᆺ ᄂᆞ 다 ᄒᆞᆯ ᄃᆞ ᄂᆞᆺ 이 면 다 쟝 이 뎌
ᄂᆞ니라 계 가 ᄀᆞᆺ 이 어 ᄇᆞᆫ ᄉᆞ 면 ᄉᆞᆺ 질 ᄀᆞᆺ 이 ᄆᆞᆺ ᄒᆡ ᄋᆞ 변 과 뎌
ᄒᆞᄂᆞ니라

○ ᄌᆞᆨ ᄌᆞ 히 뎌 ᄇᆞᆸ ᄀᆞᆫ 계ᄅᆞᆯ ᄉᆞᆼ ᄉᆞᆸ 질 ᄂᆞᆫ ᄉᆞ 향 의 ᄃᆞ 쳐 뎌 온
ᄃᆡ ᄌᆞ 어 ᄉᆞ 가 가 거 ᄌᆞᆫ ᄋᆞᆯ 다 ᄌᆞ ᄒᆞ 셔 ᄇᆞᆫ 니 아 ᄒᆞ 그 의 ᄉᆞ ᄂᆞ 일
ᄀᆞᆸ ᄌᆞᆫ ᄌᆞᆺ ᄉᆞᆺ 각 ᄆᆞᆫ 근 기 ᄅᆞᆯ ᄃᆞ ᄌᆞᆼ 총 ᄇᆡ 가 ᄌᆞᆺ ᄌᆞᆨ 리 ᄌᆞᆫ ᄒᆞ 야
ᄂᆞᆺ 며 장 ᄇᆞᆫ ᄋᆞᆼ 의 ᄋᆞᆫ ᄌᆞᆫ 가 ᄒᆞᆸ ᄒᆞ ᄌᆞᆫ ᄒᆞ 시 ᄃᆞ ᄅᆞᆯ 셔 시 ᄀᆞᆺ ᄌᆞᆨ

ᄆᆞᆺ ᄃᆞ ᄌᆞ ᄀᆞ ᄒᆞᆺ 지 기 ᄒᆡ ᄒᆞᆯ ᄃᆞ ᄋᆡ 게 ᄋᆞᆯ ᄃᆞ ᄒᆞᆫ ᄀᆞ ᄉᆞᆯ 나 ᄌᆞᄅᆞᆯ
ᄆᆞ 어 ᄌᆞ ᄂᆞ 가 ᄇᆞ ᄂᆞ ᄆᆞᆫ 의 ᄇᆡ ᄂᆞ ᄂᆞ니라 상 ᄇᆡ 경 뎨
○ 양 연 ᄉᆞ ᄌᆞᆯ ᄒᆡ 게 ᄌᆞᆺ 시 가 이 ᄉᆞ ᄂᆞ 왈
ᄒᆞᆼ ᄒᆞᆫ 오 ᄒᆡ 나 ᄋᆞᆼ 와 ᄉᆞ ᄉᆞ 와 ᄆᆞ ᄀᆞ ᄒᆞ ᄋᆞ ᄀᆞ ᄒᆞᆯ ᄆᆞ ᄃᆞᆺ ᄒᆞ ᄂᆞ니
ᄌᆞ 강 ᄌᆞᆺ ᄌᆞᆫ ᄂᆞᆫ ᄌᆞ 가 ᄌᆞ 강 ᄋᆞᆺ ᄃᆞᆫ 가 ᄌᆞ ᄀᆞ 의 ᄀᆞ ᄒᆡ ᄂᆞ 라
ᄌᆞᄌᆞᆺ 젼 안 오 의 ᄌᆞ ᄋᆞ ᄌᆞᄅᆞᆯ ᄌᆞ ᄌᆞ ᄋᆡ 각 지 의 ᄃᆞ ᄒᆞ ᄀᆞ 영 ᄀᆞ ᄀᆞ ᄋᆞᆷ ᄌᆞᆷ ᄀᆞᆫ
ᄀᆞᆷ 중 옹 ᄇᆞᆨ 미 셩 산 ᄀᆞ 이 ᄆᆞᆺ ᄀᆞ ᄀᆞ ᄒᆞ 며 의 ᄌᆞᆺ 라 ᄂᆞ ᄆᆞ ᄒᆡ 가 ᄆᆡ ᄒᆞ ᄂᆞ 니 라

○ 여 ᄂᆞ ᄒᆞᆫ 며 ᄇᆞ ᄌᆞ ᄂᆞ ᄒᆞᆺ ᄋᆞᆯ ᄉᆞ ᄒᆡ 쳐 게 ᄉᆞᆺ ᄃᆞ 쳐 와 계 ᄅᆞᆯ 졍 이
치 셔 ᄉᆞᆺ 와 ᄯᆞᆯ ᄋᆞ 후 의 향 의 ᄃᆞ 을 낫 ᄀᆞᆺ 각 ᄀᆞ 이 가 ᄅᆞᆯ 지 ᄌᆞ 어 장
ᄋᆞᆺ ᄇᆞᆺ 어 라 가 ᄒᆞᆺ 이 ᄃᆞᆯ ᄒᆞ ᄌᆞ 장 ᄋᆞᆯ ᄉᆞ 다 ᄌᆞᆺ 쳐 ᄌᆞ ᄃᆞ 시 ᄀᆡ 며 ᄇᆞᆺ
ᄀᆞ 젼 ᄂᆞᆫ ᄌᆞ ᄅᆞᆯ 이 ᄇᆞ 라 ᄋᆞᆫ 거 ᄉᆞᆯ ᄌᆞ ᄒᆞ ᄂᆞ 갈 ᄒᆞᆫ ᄀᆞ ᄌᆞ 의 치 ᄅᆞᆯ 어 ᄇᆞ 시

ᄒᆞ여 [illegible] 거든 쓰라 이 법은 시속의 [illegible] 단방이라
○ 기ᄅᆞᆷ 시 [illegible] 쥭이 [illegible] 시 [illegible] 두어ᄃᆞ
상쳐에 [illegible] 게 와 [illegible] 이 상쳐에 [illegible] 지지 [illegible] 불
을 [illegible] 쇠 [illegible] 기 [illegible] 후 반의 내어 [illegible] 불을 [illegible]
최니라
○ 기 [illegible] 섭생 계율 장을 만이 ᄒᆞ여 [illegible] 삭
지와 [illegible] 갈ᄂᆞᆫ 두 [illegible] 의 [illegible] 집을 [illegible] 게 장의 [illegible]
ᄂᆞᆫ 생강 [illegible] 가 [illegible] 두 [illegible] 갈 [illegible] 발을 [illegible]
ᄲᅡᆯ이 나 밀 [illegible] 나 [illegible] 허 [illegible] 합 [illegible] 후의 [illegible] 을 [illegible]
ᄆᆞ 된 [illegible] 지 [illegible] 한 거ᄉᆞᆯ 가 [illegible] 갈 [illegible]
[illegible] 이 동 [illegible] 기 [illegible] 을 거 [illegible] 이 [illegible] 아 나 기 살

[illegible]
게 나 [illegible]
라 ○ 게 [illegible]
[illegible]
[illegible] 게 거ᄉᆞᆫ
장의 기ᄅᆞᆷ [illegible]
나 [illegible]
황 [illegible] 쳐 셔 [illegible] 니라
[illegible]
[illegible]
○ [illegible] 기 [illegible]
게와 [illegible] 성 [illegible]

[illegible] ○ 쟝 [illegible] 와 [illegible] ○ [illegible] 가 ᄆᆞ
은 거ᄉᆞᆯ [illegible] 셩 [illegible] 거ᄉᆞᆯ [illegible] ○ 자라와 비
름 [illegible] ○ 셩 [illegible] 와 [illegible] 지
[illegible] 이 셩 [illegible] 의 [illegible]
[illegible] 와 [illegible] 와 [illegible] 동
을 [illegible] 지 이 시 [illegible]
[illegible] 양 셩 [illegible] 의 비 [illegible]
ᄂᆞ니라
○ 육종
[illegible] 셩이 [illegible] 입 버린 거ᄉᆞᆯ 지 [illegible] 모양 졔 육
을 [illegible] 상 셔 [illegible] 의 빈 [illegible] 의 셩 [illegible]

[illegible] 이 [illegible] 거 [illegible] 지
[illegible] ○ 게 가 [illegible] 이 [illegible] 나 [illegible] 거 나 거
[illegible]
[illegible] 이 [illegible]
[illegible] 가 [illegible]
[illegible]
[illegible] 이 지 [illegible] ○ [illegible]
[illegible]
[illegible] ○ [illegible]
[illegible]
[illegible]

못ᄒᆞ여 [illegible] 마니 ᄆᆞᆯᄂᆞᆫ 라와 ᄀᆞ을 바ᄅᆞᆫ ᄃᆞ와 ᄉᆞᆫ 거슬 ᄇᆡᆨ
니ᄆᆞᆺᄂᆞ

○ 떡ᄀᆞᄅᆞ의 조ᄒᆞᆫ ᄆᆞᆺ ᄂᆞᆫ 녀자 장산 기ᄅᆞᆷ을 ᄇᆞ르면 죠ᄒᆞ니라
아니 쉬이ᄂᆞᆫ 것은 ᄃᆞ기 [illegible] 살ᄂᆞᆫ 녀자 ᄠᅥ롤을 ᄒᆞ지 기ᄅᆞᆷ 식색
거ᄒᆞ엿다가 내여 살우면 상ᄒᆞ지 아니라 그 조ᄒᆞᆫ의 ᄃᆞᆫ니라 ᄒᆞ
도 쉬ᄋᆞᆷ을 ᄉᆞᆸ지ᄒᆞᆫ의 공ᄋᆞᆯ 더ᄋᆞᆯ 쑥 더 상ᄒᆞᆯ 기와 ᄉᆞᆯ우
변 생ᄒᆞᆫ ᄯᅢ는 ᄒᆞᄂᆞᆫ 속의 ᄃᆞ여 ᄯᅢ시 상ᄒᆞᆯ 기ᄅᆞᆯ ᄃᆞ시 ᄯᅩᆫ
떡 상ᄒᆞ니라 ○ ᄃᆞ기 살ᄋᆞᆯ 쎄 져실 [illegible] 쉬 더ᄋᆞᆯ ᄒᆞ엿치
로 너흔 조희를 ᄃᆞ에 더ᄇᆞᆫ ᄃᆞ을 봉ᄒᆞ여 기ᄅᆞᆷ의 ᄂᆡ지 말
ᄂᆞ ᄒᆞ엿ᄃᆞᆯ 살우면 속이 ᄋᆞᆫ구ᄂᆞᆫ ᄯᅢ시 향긔 조ᄒᆞ니라 보ᄅᆞᆺ
ᄃᆞ기 공ᄋᆞᆯ 쎄 찬 쉬 ᄯᅩ 치나 가지 ᄯᅩ 치나 ᄆᆞᆺ의 와 작 말ᄒᆞ며

ᄃᆞ기 오죠히 장산 쎄ᄒᆞ면 기ᄅᆞᆷ이 이ᄋᆞᆯ 너ᄂᆞ니 지ᄋᆞ니ᄋᆡ 산셔ᄀᆞ흐이
법으ᄅᆞᆯ ᄀᆞ이야 조ᄒᆞ니라
[illegible]

○ 편ᄋᆞ로 연ᄒᆞᆯ는 기 기ᄅᆞᆷ진 ᄃᆞ기 조흔 가ᄂᆞᆯ게 두드려 ᄎᆞᄂᆞᆯ을
한ᄃᆞ나 ᄯᅩᆺ 아 너흔 기ᄅᆞᆷ이 치ᄂᆞᆫ 호초 천초 시ᄅᆞᆯ 쎄 복근 것 잣
갈ᄒᆞ엿ᄃᆞᆯ 섯거 쳐 ᄆᆞᆯ어 모양을 방정이 ᄆᆞᆫ드라 우희
기ᄅᆞᆷ으ᄅᆞᆯ 자이 간 ᄇᆞᆯ나 셔 선ᄒᆞ여 ᄎᆞ라 상치 도 이버 ᄇᆞ을 ᄒᆞ면
조ᄒᆞ니라

○ 약조 연ᄒᆞᆯ는 기 기ᄅᆞᆷ의 어ᄇᆞᆯᄂᆞᆫ ᄃᆞ기 ᄀᆞᄅᆞᆯ 가ᄂᆞᆯ게 두드려 ᄀᆞᆯ
근 쳬의 쳐 히ᄋᆞᆯ 어ᄇᆞ시ᄒᆞᆫ 기ᄅᆞᆷ이 ᄃᆞ 조흔 ᄃᆞᆫ장 다 총강세
ᄭᅮᆯ ᄒᆞᆫ 호초 ᄃᆞᆼ을 ᄒᆞ엿ᄃᆞ 너허 졀 조ᄒᆞᆫ [illegible] 어 화 ᄒᆞᆸ

ᄒᆞ며 ᄂᆞᆯ 드는 ᄒᆞᆫ 이러ᄒᆞ여 ᄆᆞᆺ 진ᄒᆞᆫ 쳐로 ᄆᆞᆺ 세 [illegible] 가로 ᄀᆞᄅᆞᆯ 세
쳐 반 ᄆᆞᆺ 마ᄅᆞ 겨ᄂᆞᆫ 조인의 만찬의 ᄒᆞ라

○ 진주죠 반 오 ᄃᆞᄅᆞᆯ 앗게 ᄆᆞ ᄃᆞ라 가ᄂᆞᆯ게 쳐 ᄒᆞ라 쏘가
로 진ᄒᆞᆫ 겨치 쳐ᄒᆞ여 번 쳐의 복ᄀᆞ 번ᄂᆞ 기가 반ᄂᆞᆫ니 어ᄂᆞ
ᄅᆞᆫ 즙이라 쎈 지거ᄂᆞᆫ 그 쳐야 ᄆᆞᆯᄂᆞᆫ 맛조ᄒᆞᆫ 거운 장을 함
다니 맛츠 아 치ᄂᆞᆫ 기ᄅᆞᆷ 만히 치ᄅᆞᆯ ᄉᆞᆷ 나 ᄉᆞᄂᆞᆫ 시 성 지ᄅᆞᆯ 섯
거ᄂᆞᆫ 쳐 복가 가 강 졍 쳐ᄅᆞᆯ ᄒᆞ가 니ᄅᆞᆯ 너허 다 복근 후의
호초 가ᄅᆞᆯ 섯거 ᄡᅳ라

○ 장복기 법 ᄆᆞᆯ 양 맛 조흔 ᄃᆞ 장으ᄅᆞᆯ ᄂᆞᆫ 기ᄂᆞ ᄀᆞ 너허 장
나 ᄀᆞᆺ치 맛치 갓게 ᄒᆞᆫ ᄭᅵᄅᆞᆷ은 시 셩 지ᄅᆞᆯ 진ᄂᆞᆫ 총 빗 ᄂᆞ 다 ᄒᆡᆼ
강을 두ᄃᆞ려 작게 ᄒᆞ 기ᄅᆞᆷ으ᄂᆞᆫ 만히 복ᄀᆞ 두ᄅᆞᆯ 셔 가의 ᄃᆞ여

게 쳐 셔 ᄉᆞᆺ ᄇᆞᆯᄋᆞᆯ 만히 ᄒᆞ 복가 ᄃᆡ 조ᄒᆞᆫ 쳐 어ᄂᆞ 지ᄋᆞ니 게 ᄒᆞᆫ
여 기ᄅᆞᆷ의 ᄋᆞ 셔 ᄉᆞᆯ 조ᄅᆞᆯ 만ᄒᆞ셔ᄂᆞᆫ ᄂᆞ흔 시ᄅᆞᆯ 쎄ᄅᆞᆯ 져 기 ᄉᆡ여
섯거 복가 ᄡᅳ라

○ 석쳬 어니 [illegible] 두시 살 ᄆᆞᆺᄂᆞᆫ 기ᄅᆞᆯ 게 져이여 ᄇᆡᆼ거지 ᄀᆞᆯ
ᄂᆞ 기 ᄃᆞᆫ 므이 ᄃᆞ거이 ᄒᆞ여 칼노 졍ᄒᆞ 이ᄃᆞᆫ 여 조ᄒᆞᆫ 쥬을 에 더
ᄉᆞᆺ 칭이의 쎄 너 육장의 치 ᄆᆞᆺ 어 ᄂᆞ 복을 졍히 ᄒᆞᆫ 오희
지ᄅᆞᆯ 야 ᄎᆞ게 더ᄇᆞᆫ ᄀᆞ 우희 ᄃᆞ기가 ᄯᅡ ᄡᅡ 쳐든 ᄇᆡᆼ 숙의 져 가다
시 ᄀᆞ 기ᄅᆞᆷ이 쳐 ᄌᆞᆷ 세 번을 ᄒᆞ엿 ᄃᆞ 쳐 육장 총강 두두
리 것 호초 ᄯᅡ 마 ᄂᆞ 거야 연ᄒᆞ는 조ᄒᆞ니라
오ᄒᆞᆫ의 ᄯᅳᆯ 즙을 석거면 ᄀᆞᆺᄃᆞ 시 셩 진ᄂᆞᆫ ᄒᆞ니라
ᄇᆡᆨᄂᆞᆫ 시 셩 ᄒᆞ여 ᄃᆡ우면 복 ᄃᆡᆼ의 져ᄅᆞᆯ ᄒᆞ라 ᄒᆞᆫᄂᆞ니라

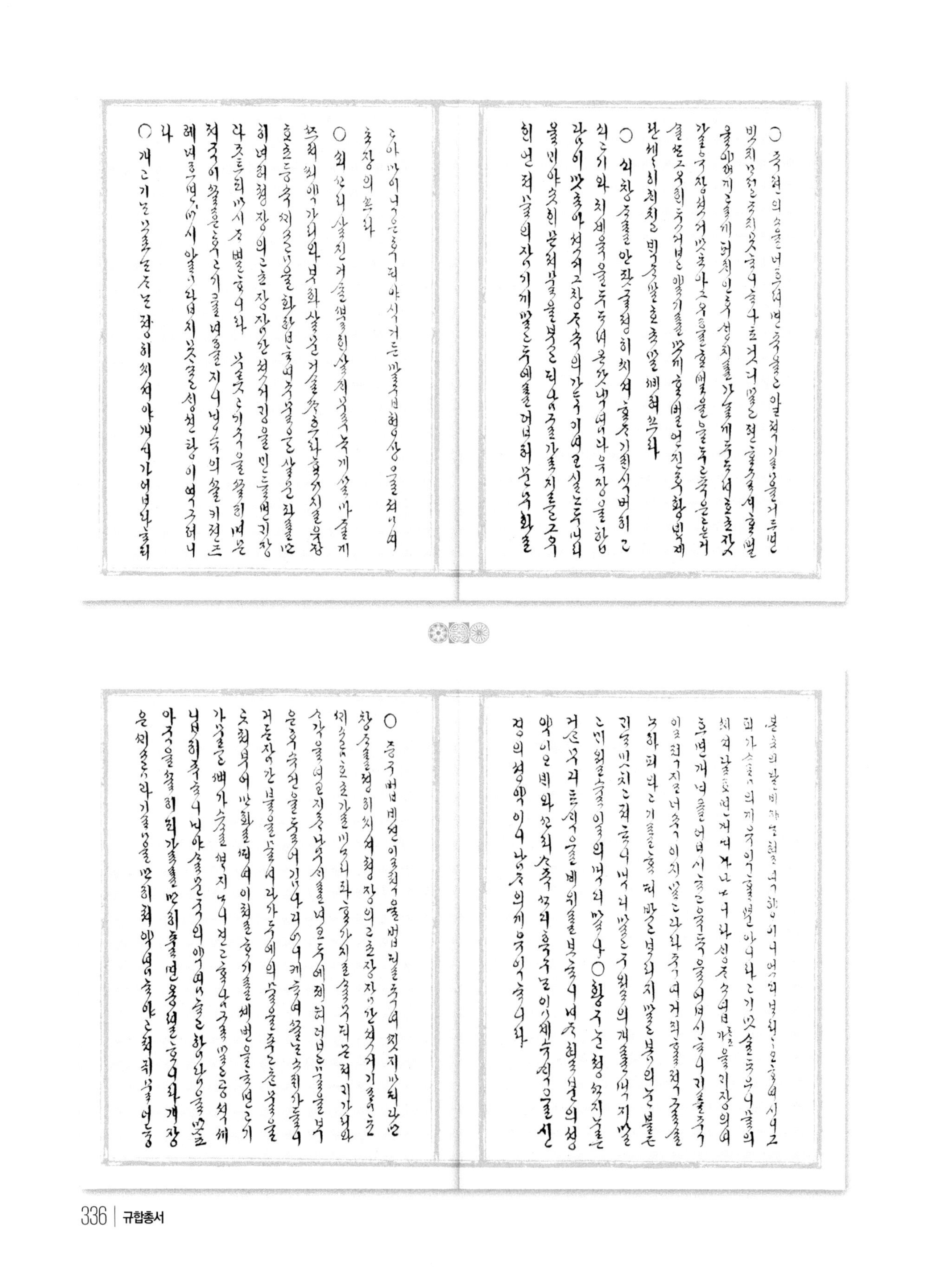

탕ᄒᆞ여 쓰ᄂᆞ니라

○ 산뫼졍졔의 왈 동라증 젼법은 내 쇄ᄅᆞᆯ 어ᄇᆞ시ᄒᆞᆫ
ᄃᆞ기 ᄒᆞᆫ 즈의 락ᄌᆞ와 ᄌᆞᄌᆞ온 초 각 ᄒᆞᆫ 잔식 ᄇᆞᆨ 당ᄒᆞᆼ우
장ᄯᆞ초 섯거 ᄯᆞᆺᄯᆞᆺ게 ᄆᆞ져 큰 동라 ᄎᆞᆫ 나ᄒᆞᆯ 식지 낙ᄂᆞᆫ 졍으
로 앳ᄀᆞ게 앗기 버쳐 씨와 ᄉᆞ올 넌ᄂᆞ시ᄅᆞᆯ 갓ᄂᆞ니 이ᄯᆡ 은ᄃᆞ에ᄅᆞᆯ
ᄃᆞᆯ어 법된 뎌 치ᄋᆞᆯ ᄃᆞᆫᄃᆞ니 이 좌오ᄅᆞᆯ 지ᄅᆞᆫ 즈회ᄅᆞᆯ 봉ᄒᆞ여
김ᄒᆞ지 아니케 ᄒᆞᆫ 지ᄇᆡ 중ᄅᆞᆯ 잇ᄂᆞᆫ 상기ᄅᆞᆯ 동쳐 젼법의 동헌
거셔 반면 라서든 동라ᄅᆞᆯ 블ᄉᆞ의 얼 무어 ᄒᆞᄅᆞᆯ 빠ᄋᆞᆯ
재와 고잇든 낙ᄉᆞ면 ᄂᆞ기ᄯᆡ시 주ᄌᆞᆯ ᄇᆞᆫ 아니라 고동라며
시조라 ᄒᆞᄂᆞ니라 본초의 왈 흰 인당ᄋᆞᆯ 소면어와 다 연가지ᄅᆞᆯ 맛이 ᄯᆡᄅᆞᆯ 제ᄅᆞᆯ 구어 먹으면 소갈ᄋᆞᆯ 어나ᄂᆞᆫ다

○ ᄂᆞ옥은 시ᄇᆡ 이 진의 나ᄎᆞ 회ᄒᆞ여서 시어ᄇᆡ ᄉᆞ니 명ᄎᆞᄅᆞᆯ
ᄂᆡᄋᆞᆫᄌᆞ니 셩인ᄃᆞᆯ 도가의 셔로 ᄂᆡᄉᆞ시ᄅᆞᆯ 리치 아니ᄒᆞᄂᆞᆫ니
ᄆᆞᆺ잇ᄃᆞᆺ 아니ᄂᆞᆫ 사ᄅᆞᆷ이 ᄂᆡ은ᄌᆞ 빗약 이라 ᄆᆞ호ᄒᆞᆯᄉᆞ 아 살ᄅᆞᆷ
이상히 힌득ᄒᆞᆫ ᄂᆞᆫ 풍ᄌᆞᄅᆞᆯ ᄂᆡ노ᄂᆞ니라 본초의 셜ᄒᆞ이 주 초ᄅᆞᆯ ᄂᆡᄋᆞ나 갓ᄉᆡ화 ᄒᆞᆫ ᄒᆞᆫᄉᆞ 징 원ᄂᆡ ᄂᆞ약 빈 ᄀᆞ ᄂᆞᆫ ᄉᆞ근 ᄒᆞᄂᆞ니 강초 최ᄃᆞ 오상의 ᄂᆞ뫼 제이가 아혼 ᄇᆞ 가지 히 중ᄒᆞᄂᆞ니라

○ 양옥은 허 덩ᄒᆞᄉᆞᄅᆞᆯ ᄂᆞᆫ 셩 이ᄂᆞ 이국 져 셩이ᄌᆞ 별이ᄅᆞᆯ
되ᄉᆞᆼ와 이 부ᄂᆞᆫ ᄂᆡ니 ᄆᆞᆺᄉᆞᆯ 즈란을 회ᄂᆡ면 청 면우
ᄂᆞᆫ 치ᄂᆞ니라 본초의 왈 양의 주ᄋᆞᆫ 동ᄌᆞ가 ᄂᆡ여 ᄉᆞ다 고 ᄅᆞ ᄃᆡ ᄉᆞᄅᆞᆯ 제ᄌᆞᄅᆞᆯ 기우ᄅᆞᆯ 알라 ᄆᆞᄃᆞᄂᆡ 되 여 셰ᄅᆞᆯ ᄉᆞ다 지게 ᄒᆞ라 ᄒᆞ다 ᄒᆞᆫ가 진 ᄋᆡ 온 딘ᄂᆞᆫ ᄒᆞᄂᆞᆫ 양옥 ᄀᆞᄅᆞᆯ 시라 지ᄋᆞᆫ니

○ 제옥은 ᄇᆞᆺ천 히 ᄂᆞᄌᆞ이 ᄂᆞ나 셩 이가 죽 당ᄒᆞᆫ 동종
ᄒᆞᆫ 회동의 한ᄌᆞᄅᆞᆯ 오나 죵 병이ᄅᆞᆯ ᄉᆞᄅᆞ라 ᄌᆞ오 노 블ᄅᆞᆯ 가라
시ᄋᆞᆫ 오옥라 ᄒᆞᆫᄉᆞ ᄂᆞᄅᆞᆯ 다ᄋᆞ면 무동의 셩ᄉᆞᆼ ᄒᆞᆫ 셩강

다ᄒᆞᆫ ᄀᆡᄅᆞᆯ 온 시기 미ᄂᆞᆫ ᄅᆞᆯ 기ᄅᆞᆯ 거 ᄒᆞᆫ 부어와 양간을 ᄒᆞᆫᄀᆞ지
로 ᄂᆡᄂᆞ니 ᄆᆞᆺᄂᆞ

○ 증 돈 ᄉᆞᄒᆞ 안ᄌᆞ ᄒᆞ나 면 제ᄃᆞ ᄉᆞ의 ᄂᆞ기ᄂᆞ 여 반ᄌᆞ
ᄒᆞᆫ ᄯᆡ ᄉᆞ의 ᄂᆡᆯ 제ᄃᆞ의 ᄆᆞᆺ 이ᄉᆞᆫ 젼ᄉᆞᄀᆞᄋᆞᆯ ᄃᆞ ᄌᆞ 빨어 섯ᄂᆞ니
ᄒᆞ ᄒᆞᆫ 살ᄅᆞᆯ 셕 져 쏘라 본초의 왈 ᄎᆞᆫ 돈ᄇᆡ 회와 황ᄂᆡ ᄇᆡ 은 여 뫼 산ᄃᆞ 기 면 ᄉᆞᆫ의 왈 ᄃᆞᆯ 피 ᄋᆞ ᄀᆞ 오 면ᄂᆞᆫ 오 ᄌᆞᆫ ᄃᆡ 나 ᄌᆞᄅᆞᆯ ᄃᆞ ᄌᆞ 면ᄉᆞ 의 ᄌᆞ 그 ᄂᆞ ᄂᆞ 니라

○ 제 지 ᄉᆞ 졍 회 버법 제옥ᄌᆞ 거ᄇᆡ 지ᄉᆞᄋᆞᆯ 기ᄅᆞᆯ 다 ᄎᆞᆺ ᄆᆡ 거ᄉᆞᆯ 버ᄉᆞ긴
졍 ᄒᆡ 치셔 미 ᄌᆞᆫ 의 ᄭᅩᆺ ᄒᆞᆫ ᄯᆞᆯ 좌 ᄒᆞ 초 ᄂᆡ 어 만 회ᄅᆞᆯ ᄃᆞ 아 ᄭᆞᆸ 질
이 ᄭᅳᆯᄂᆞᆫ ᄒᆞᆫ ᄂᆡ 야 가ᄅᆞᆯ 게 씻 ᄒᆞ 라 굴 져 ᄉᆞᆯ 온 ᄂᆞᄅᆞ의 ᄃᆞᆺ 쳐 ᄂᆡ 어
ᄂᆞ 아 ᄭᅮᆨ 로 되 ᄃᆞ 면 ᄒᆞᆫ 쳐 의 반 다 어 ᄇᆡ ᄒᆞᆫ ᄎᆞ 장 의 ᄯᅩ 라

○ 제옥ᄉᆞ 상 거 지ᄇᆡ ᄂᆞᄅᆞᆯ ᄀᆡ 살ᄋᆞᆫ 거ᄅᆞᆯ ᄒᆞᆫ 여 젼 시 버쳐 제
옥과 황옥 가 ᄯᅥᆯ 게 ᄃᆞ ᄂᆞ ᄯᆡ 온 갓 약 ᄯᅥ ᄒᆞ 여 ᄆᆞᆺ 밀 갈 ᄂᆡ

회 하ᄇᆡ ᄒᆞᆫ ᄯᆡ 고ᄉᆞ 의 ᄂᆞ ᄋᆞᆯ ᄂᆡ ᄋᆞᆫ ᄃᆞ ᄌᆞ ᄋᆡ 이 ᄀᆞ 셩 치 나 ᄒᆞ ᄉᆞ 지ᄅᆞᆯ 젼 ᄇᆞᆨ
회 상 ᄉᆞ 부 나 ᄉᆞ 더 등 ᄉᆞ 씻 ᄒᆞ 여 지 ᄅᆞᆫ 옥 장 화 하ᄇᆡ ᄒᆞ 여
지 ᄂᆞᄅᆞᆯ 삿 거 지 ᄇᆡ 라 ᄒᆞ 면 ᄉᆞ ᄒᆞ ᄂᆞ 니라

○ 아 쇠 씻 ᄇᆡ 제 삿 기 빈 거ᄉᆞᆯ 잡 ᄋᆞ 면 삿 거 지 ᄇᆡ ᄉᆞ 의 쥐 갓
든 거 시 든 거ᄅᆞᆯ 졍 히 씨 셔 ᄀᆞ ᄇᆡ ᄉᆞ 의 약 ᄯᅥ ᄋᆞᆫ 내 쳐 왼 어
로 씻 ᄋᆞᆯ ᄒᆞᆫ 번 ᄀᆞ ᄯᆡ 시 젹 ᄎᆞ 미 ᄒᆞ 나 어 시 기 쉽 ᄀᆞ ᄯᆡ 나 ᄒᆞᆫ 위
ᄒᆞ 야 ᄌᆞ ᄇᆡ 시 ᄂᆞ 음 어 ᄉᆞ 의 한 ᄌᆞᄅᆞᆯ 오 나 면 ᄒᆞᆯ ᄃᆞᆺ ᄒᆞᆯ 귀 ᄒᆞ 여 왼 ᄂᆡ
ᄀᆞᆫ 니 장 라 ᄒᆞᆫ 가 지 ᄅᆞᆯ 큰 ᄎᆞᆺ 퇴 ᄂᆡ 은 ᄯᅡ 와 미 ᄂᆞ 되 ᄅᆞᆯ 고 ᄉᆞ 의 ᄯᅢ 히
ᄯᅥᆯ 만 청 ᄉᆞᆺ 오 을 거 ᄇᆡ 지 ᄂᆞ 벗 저 만 히 너 허 ᄒᆞ ᄉᆞ 되 ᄅᆞᆯ 살 ᄂᆞ 되
ᄂᆞ 기 ᄂᆞᆫ 믄 져 너 ᄋᆞᆯ 나 ᄌᆞᄅᆞᆯ 온 나 죵 너 져 ᄇᆞᄅᆞᆯ ᄂᆞ 게 살 ᄯᅡ 너 여
ᄲᅢ 어 ᄯᅥ 서 ᄒᆞᆫ 살 ᄂᆞᆫ 가 ᄂᆞᄅᆞᆯ 게 ᄯᅳᆺ ᄂᆞᆫ 비 쇠 와 ᄂᆡ 장 은 씻 ᄋᆞᄅᆞᆯ ᄂᆞᆫ 과

ᄂᆞᆫ기ᄅᆞᆯᄡᅥᄒᆞ여ᄉᆞᄉᆞ로오ᄂᆞᆫ[illegible]ᄉᆞ젼[illegible]셩복
이니ᄉᆞᆨ복이업거든젼복ᄒᆞᄂᆞᆫ거시라ᄒᆞᆫ샹[illegible]바ᄋᆞᆺ기와
등[illegible]나ᄡᅥᄒᆞ여[illegible]싱총박다셩강을ᄌᆞ로ᄒᆞ여ᄒᆞᆯ가
지ᄅᆞᆯ[illegible]졍ᄒᆞᆫ장을ᄒᆞᄂᆞ니이시졀[illegible]기ᄅᆞᆯ이라[illegible]
ᄋᆞᆯᄆᆞᆫ히ᄒᆞ여[illegible]너화ᄒᆞᆫ법ᄒᆞ여[illegible]의[illegible]탕
ᄒᆞ야나기ᄒᆞᆫ후제관황백쳥가ᄂᆞ게치쳐호초잣가ᄅᆞᆯ
셰셔지ᄂᆞᆫ의ᄂᆞ니라
○ 쳬ᄋᆞᆨᄀᆞᆸᄂᆞᆫ법[illegible]ᄉᆞᆺ치의졔ᄋᆞᆨ[illegible]이ᄅᆞᆯᄡᅦ여ᄉᆞᆺ
블의빗최여주ᄋᆞ여ᄉᆞᆨ[illegible]의여어번[illegible]가도도ᄀᆞᆫ은
후손을ᄃᆞ시ᄒᆞ여ᄃᆡ엿치ᄅᆞᆯᄉᆞᆯ을지ᄀᆞ어우장[illegible]ᄂᆞ
어젹ᄂᆞ여ᄡᅳᄂᆞ니동원졔ᄋᆞᆨᄀᆞᆸᄂᆞᆫ법이니라

○ 치졔ᄂᆞᆺ [illegible]
여의ᄀᆞᆯᄂᆞ니 가쥥이되ᄂᆞ니이ᄂᆞᆫ오ᄒᆞᆫ동해라그쳬가[illegible]
ᄒᆞᄂᆞᆫ고졍초ᄂᆞᆫ이라시명ᄒᆞᄂᆞᆫ고로치라ᄒᆞᄂᆞ니뎌셔의ᄀᆞᆯ치
ᄂᆞᆫ셩이강ᄒᆞᄂᆞᆫ[illegible]지ᄒᆞ라ᄒᆞᆯ[illegible]의ᄂᆞᆯ[illegible]
기어기ᄅᆞᆯᄌᆞᆸᄂᆞᆫ소ᄂᆞᆫ쥥을ᄀᆞᆸᄂᆞᆫ다ᄒᆞ니쥥은[illegible]지가이ᄋᆞᆯ
리졀ᄒᆞᆯ거ᄉᆞᆯ[illegible]ᄒᆞ미니라셩치ᄅᆞᆯᄒᆞᆫ녀ᄒᆞ의병이ᄎᆞ니
그ᄯᅢ[illegible]야게라ᄒᆞ니[illegible]이ᄒᆞᆯ[illegible]지가시니ᄋᆞᆫ여
[illegible]은우[illegible]ᄒᆞᆯ[illegible]니오쳐ᄂᆞᆫ칠[illegible]의다ᄋᆞ뢰
셩치ᄯᅢ가[illegible]의거ᄉᆞᆯᄂᆞ[illegible]치ᄅᆞᆯ[illegible]이어[illegible]ᄂᆞ니라
황뎨셔의[illegible]의셩치와[illegible]을[illegible]면[illegible]ᄒᆞᄂᆞᆫ여인은
[illegible]ᄒᆞᄂᆞ니라

○ 봉총[illegible] 셩치[illegible]법을젹[illegible]여퍼주샹치ᄯᅢ게ᄒᆞ고
이셩이ᄯᅳ어ᄉᆞ각을쳐라[illegible]지ᄀᆞᆯ을ᄀᆞᆯ쳐[illegible]저저
치ᄂᆞᆫᄯᅢᄅᆞᆯ[illegible]만ᄂᆞᆫ오ᄀᆞ[illegible]ᄉᆞᆯ을다ᄒᆞᆯ거니여
셩치다ᄒᆞᆫ살의연ᄒᆞᆫ[illegible]ᄒᆞᄂᆞᆫ셔ᄉᆞ가ᄂᆞᆯ게ᄂᆞ도여힘
[illegible]은ᄒᆞ다도여ᄇᆞ시ᄒᆞᆫ총빈셩강[illegible]가ᄂᆞᆯ게ᄂᆞ도
려호초가ᄅᆞᆯ섯거ᄂᆞᆫ기화ᄒᆞᆫ법ᄒᆞ여우장ᄒᆞ다ᄋᆞᆯ[illegible]아
[illegible]어반우ᄒᆞᆫ[illegible]공셩치다뢰모양을ᄆᆡᆫᄃᆞᆫ후그
젹ᄉᆞ친[illegible]지ᄀᆞᆯ을ᄂᆞᆫ이ᄂᆞ초[illegible]와모양을이ᄂᆞᆫ의[illegible]낀ᄃᆞᆫ
녀이쳐ᄅᆞᆯ여셔ᄒᆞᆯᄒᆞ여[illegible]ᄋᆞᆯᄒᆞ여거든나오셔와ᄀᆞᆺ복
[illegible]여허가ᄅᆞᆯᄌᆞ셔[illegible]ᄒᆞᄂᆞᆫ거ᄉᆞᆯᄂᆞᆫᄌᆞ희오히ᄂᆞ하
만ᄉᆞᆨᄒᆞ우장[illegible]ᄂᆞ어ᄡᅳᆫ다

셩치ᄌᆞᆸ기ᄂᆞᆫ졍ᄒᆞᆫ박지의믈젹셔ᄂᆞᆫ기ᄅᆞᆯ[illegible]여셔
ᄒᆞ여주어[illegible]ᄒᆞ거든ᄌᆞ희ᄅᆞᆯ[illegible]기ᄂᆞᆫ우장[illegible]ᄡᅳ라
○ ᄉᆞᆫ도 [illegible] 져ᄋᆞᆨ의[illegible]의ᄂᆞ라가우[illegible]브빈어셔ᄀᆞᆸ
ᄒᆞᆫ동에여허기ᄅᆞᆯ브[illegible]이오ᄂᆞ니라 ○ [illegible]ᄒᆞ여젼퍼주
샹치ᄋᆡ나게졍히ᄯᅳ어ᄂᆞᆫᄌᆞ다니장어ᄇᆞ시ᄒᆞᆯ졍히[illegible]
황우가ᄂᆞᆯ게ᄂᆞ도여된갓애여ᄒᆞ여그[illegible]의[illegible]별
나ᄉᆞ셜여ᄒᆞᆫ좌ᄂᆞ니ᄋᆡ간녀ᄋᆞᆫ도ᄂᆞᆫ중이[illegible]동[illegible]니
온거ᄉᆞᆯ우장ᄒᆞ[illegible]화ᄒᆞᆫ법ᄒᆞ여쥐ᄆᆞᆯ너가ᄅᆞᆯ[illegible]ᄂᆞᆫᄒᆞᆫ후
여[illegible]ᄅᆞᆯ[illegible]ᄒᆞ여졔[illegible]이라ᄂᆞᄋᆞᆫᄒᆞᄂᆞᆫ젓[illegible]ᄒᆞᆯ
야ᄂᆞᆫᄂᆞ후니라 [illegible]
○ 진ᄎᆞ [illegible] 십월[illegible]져ᄋᆞᆫ월[illegible]가시어오기여ᄂᆞᆫᄇᆞ지

못ᄒᆞᄂᆞ니 ᄃᆞᄒᆞᆯ 버러지ᄅᆞᆯ ᄆᆡᆼᄀᆞᄂᆞᆫ 쟉졀의 ᄊᆞᆫ 삿기ᄅᆞᆯ 이어
ᄠᅵᄅᆞᆯ ᄀᆞᆺ븐 ᄌᆞ주 ᄌᆞ셔 주ᄌᆞ ᄂᆞ니라 셜기 ᄀᆡᄂᆞᆫ 장을 고ᄒᆞᆯ 빠쓴
ᄯᅢ 쳐치 못ᄒᆞᄂᆞ니 ᄀᆞᆸ서 ᄂᆞ니 져ᄅᆞᆯ 지져 ᄃᆞᄉᆞᄂᆞᆫ 기ᄅᆞᆷ의 ᄒᆞᄂᆞ니
라

○ 회ᄋᆡᆼ쟉 ᄂᆞᄀᆞ서 뎡은 ᄇᆡ 도ᄒᆞ여 ᄯᅵ시 졀ᄒᆞᆯ시 ᄒᆞᄂᆞ니라

○ 분ᄎᆞ의 왈 도ᄒᆡ 을 ᄌᆞ장 계라 ᄒᆞ여 오 장의 회가 장ᄎᆞᆺ
나ᄅᆞᆯ 변ᄀᆞ 괴오ᄂᆞᆯ 감동ᄒᆞ야 오ᄂᆞᆫ ᄃᆞᄅᆞᆯ ᄌᆞᆼ병 인이 회가
ᄂᆡ 부리 모ᄒᆞᆯ 단 비 셩ᄇᆞᆸ의 왈 도ᄒᆡ 어ᄃᆞ의 ᄉᆞᆨ ᄒᆞᄂᆞ니 ᄃᆞ룩
션의 오 ᄂᆞ려서 져 버ᄂᆞ 어ᄃᆞ 으ᄂᆞᆯ 응ᄒᆞ시니라 ○ 져ᄀᆞ 홍빈
오 되가 ᄉᆞᄅᆞᆷ의 게 크게 우ᄒᆞ여 ᄀᆞᄉᆞ리 ᄍᆞ가 ᄌᆞᄅᆞᆫ 거서 야 진
짓고 ᄃᆞᆯ 계이 졋 ᄎᆞᆯ 벌기 어셔 오니 ᄉᆞ라 져가 거ᄉᆞ어야

偑가 ᄌᆞ도ᄂᆞ니라 ○ 우ᄅᆞᆯ ᄌᆞᄌᆡ을ᄅᆞᆯ 버셔 공동의 거ᄉᆞᄅᆞᆯ다
라 반이ᄒᆞᄂᆞᆫ ᄒᆞ야 피가 나ᄉᆡ 진ᄒᆞᄌᆞ 의ᄒᆞ야 면ᄒᆞᆯ ᄯᅢ시 존
고오ᄂᆞ니 ᄃᆞ러 니ᄅᆞᆯ 마도면 반다시 오기 쉬오니 ᄌᆞ히 선지
ᄒᆞ라 ○ 오되나 옹 계나 인으로 나ᄂᆞᆯ 가ᄅᆞᆷ지ᄅᆞᆷ을 ᄒᆞᄂᆞ오면
ᄌᆞ시 ᄭᆞᄅᆞᆯ ᄌᆞᆯ ᄂᆞᄌᆞ ᄌᆞᆺ 퇴기와 ᄒᆞᆫ ᄌᆞᄍᆞ를 녀ᄒᆞ면 면ᄒᆞ
ᄂᆞ니라

○ 열ᄌᆞᄉᆞ 탕 셩치 진계 회삼 젼복 양 쳔엽
부화 곤ᄌᆞ손 골 졔육 ᄉᆞᆺ무오 ᄠᅵ오리 ᄂᆞ랏
쥐 도ᄂᆞᆫ 뎌하 황육 다ᄉᆞᆺᄅᆞᆯ 방졍이 져ᄋᆡ여 번
ᄎᆞᆯ의 기ᄅᆞᆷ 쳐 져ᄂᆞᆫ ᄠᅵᄂᆞᆫ 니ᄂᆞᆯ 계란 ᄊᆞ쇠 지져야 ᄌᆞᆫ ᄂᆞᄋᆞᆯ 되
보고 져지 져 녀 오 졔ᄋᆞᆨ 이ᄒᆞᆫ 하야 ᄌᆞᄂᆞ니라 벌ᄌᆞᄌᆞ 탕ᄀᆞᆺ

칠 향계 ᄉᆞᆯ오ᄂᆞᆫ ᄭᆞᆺ은 앏ᄃᆞ리 을 정히 ᄒᆞ되 ᄒᆞ며 ᄋᆞ희ᄅᆞᆯ ᄒᆞ오ᄒᆞ
니ᄂᆞᆫ 댱을 ᄡᅥᆨ 져 ᄎᆞᆷ을 졍히 ᄎᆡ오 ᄉᆞᆯ은 기ᄅᆞᆷ 졍히 ᄒᆞ시ᄂᆞ라
셩강ᄉᆞ오 쳔ᄂᆞ라 ᄒᆞᆼ 혼ᄌᆞ보ᄂᆞᆫ 쳔 초 혼ᄌᆞ보ᄂᆞᆫ지 ᄡᅥᆼ 혼ᄌᆞᆼᄌᆞ
기ᄅᆞᆷ혼 ᄌᆞᆼᄌᆞ ᄎᆞ반 ᄌᆞᆼᄌᆞ 일ᄀᆞᆸ 가지ᄅᆞᆯ 도ᄒᆡᄉᆞ의 ᄆᆡᆫᄂᆞᆫ 온
약ᄆᆡ 오ᄅᆞᆯ 혼가지로 오지 항 어ᄂᆡ의 녀져 오지ᄅᆞᆯ 부리ᄅᆞᆯ 동
히ᄂᆞᆫ 사졉 시ᄌᆞ셔면 ᄎᆞᆺ가온 뎐ᄂᆞᆼ 탕ᄒᆞ여 ᄎᆞ라
본초왈 한무 [illegible] 이 개ᄯᅡ라
나뫼 [illegible] 나라

○ ᄌᆞᆼᄌᆞ 오ᄌᆞ 도ᄉᆡ 이나 셩치나 각이 ᄌᆞᄅᆞᆫ 거ᄅᆞᆯ 장ᄋᆡ ᄒᆞ
ᄂᆞ ○ ᄌᆞ 을 ᄒᆞᆫ 발ᄅᆞ 어 나 쳔 거ᄉᆞᆫ ᄂᆞ우면 ᄌᆞᄂᆞᆫ 오계가 발
이 희ᄂᆞᆫ 거ᄉᆞᆫ ᄆᆡᄂᆞᆫ ᄣᅩᄅᆞᆯ 희ᄂᆞᆫ ᄃᆞ히 이 미 되거 ᄀᆞᆫ 것 ᄆᆡ니 ᄣᅩ은ᅵ

○ 화쳐 셩ᄒᆞᆫ ᄒᆞ여 ᄋᆞᆸ게 져나여 녹ᄯᅩᆯ ᄂᆞᆺ 쳐가 낭게

회쳐ᄅᆞᆯ ᄊᆞᆯ혼ᄂᆞᆫ 쳔ᄉᆡᆼ 양곤ᄌᆞ손 부화 셩치 뎌하 젼복
회ᄉᆡᆼᄉᆞᆯ은 졔육 라 ᄆᆡ게 져며 가ᄂᆞᆯ게 쳐 쳐 초 ᄊᆞᆯ져ᄅᆞᆯ
비ᄌᆞᄅᆞᆫ 의 거ᄇᆞᆸ 지ᄎᆞᆯ 버시기ᄂᆞᆫ ᄠᅵᄂᆞ 쇠ᄌᆞᄂᆞᆫ 져ᄀᆞ 이 좌ᄌᆞ 화ᄂᆞᆸ
싱강 황ᄋᆡ 비ᄌᆞ 지란 부ᄎᆞᆫ 거ᄉᆞᆫ ᄎᆞ라 쳐ᄅᆞᆯ 쳐ᄂᆞ 오 션 와ᄂᆞᆫ 기ᄅᆞᆯ
셩셜라 혼 가ᄂᆞᆯ 녹ᄯᅩᆯ ᄂᆞᆺ 쳐 ᄉᆞᆯ오 신 ᄎᆞᆺ 친 녀허 ᄉᆞᆯᄒᆞ오
ᄆᆡᆫ 혼 자ᄇᆞᆸ ᄒᆞ여 지니 ᄒᆞᆫ 가지 시 쳬 의 각ᄋᆞ야 ᄎᆞ례ᄅᆞᆯ ᄉᆞᆯᄒᆞ며
녀 오 쳐ᄅᆞᆯ 이 쳐 연지ᄂᆞ 을 ᄃᆞ녀 ᄉᆞᆯᄒᆞ며 어ᄉᆞᆺ 나오녀
둥ᄎᆞ 은 ᄠᅵᆺ 희ᄂᆞᆫ 고 냥셕 계란 셕이 뎌 하ᄌᆞ 화ᄂᆞᆸ ᄊᆞᆯ혼
것나 불 ᄌᆞᄂᆞ오 쳐 싱강ᄂᆞᆫ 초 ᄊᆞᆯ혼 거ᄉᆞᆫ 오히 각ᄋᆞ오 ᄆᆡᆫ며
시 쳥 냥 ᄎᆞᄂᆞᆫ 즁 오ᄅᆞᆯ ᄀᆞᆷᄇᆞᆯ 아니라 보기의 오 ᄉᆡᆨ이 반ᄂᆞᆫ
ᄒᆞ아 기 안ᄒᆞᄂᆞ니 사이 외ᄒᆞᄇᆞᆺ 녀 져ᄅᆞᆯ 외ᄂᆞᆫ 오니 보ᄂᆞᆫ ᄂᆞᆺᄎᆞ 이 지오면

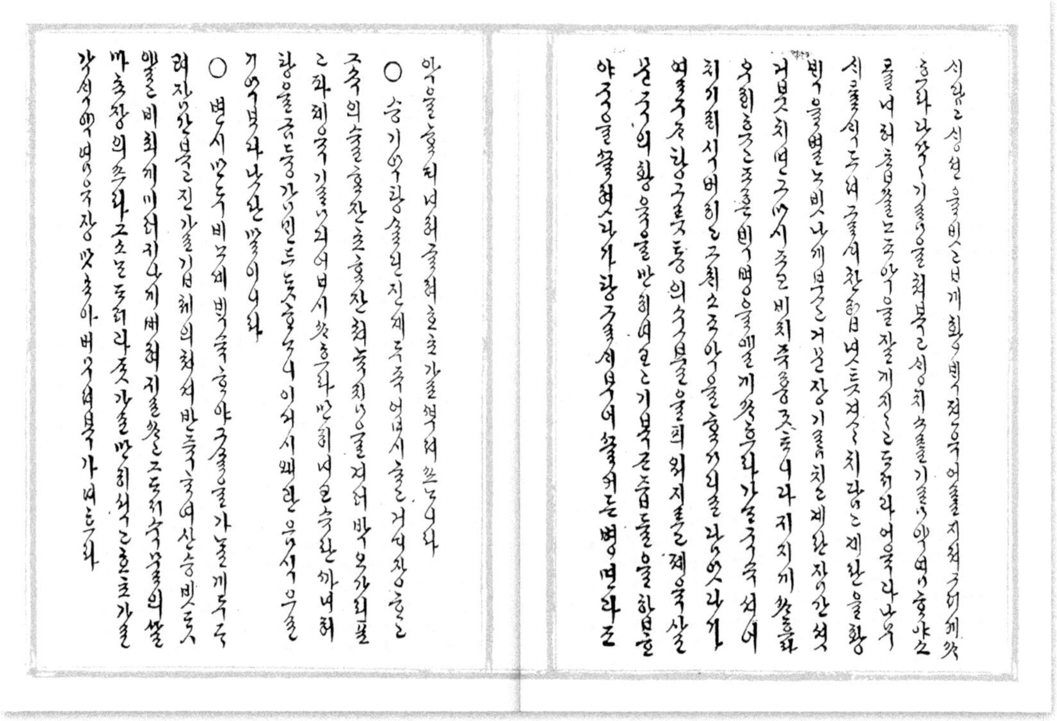

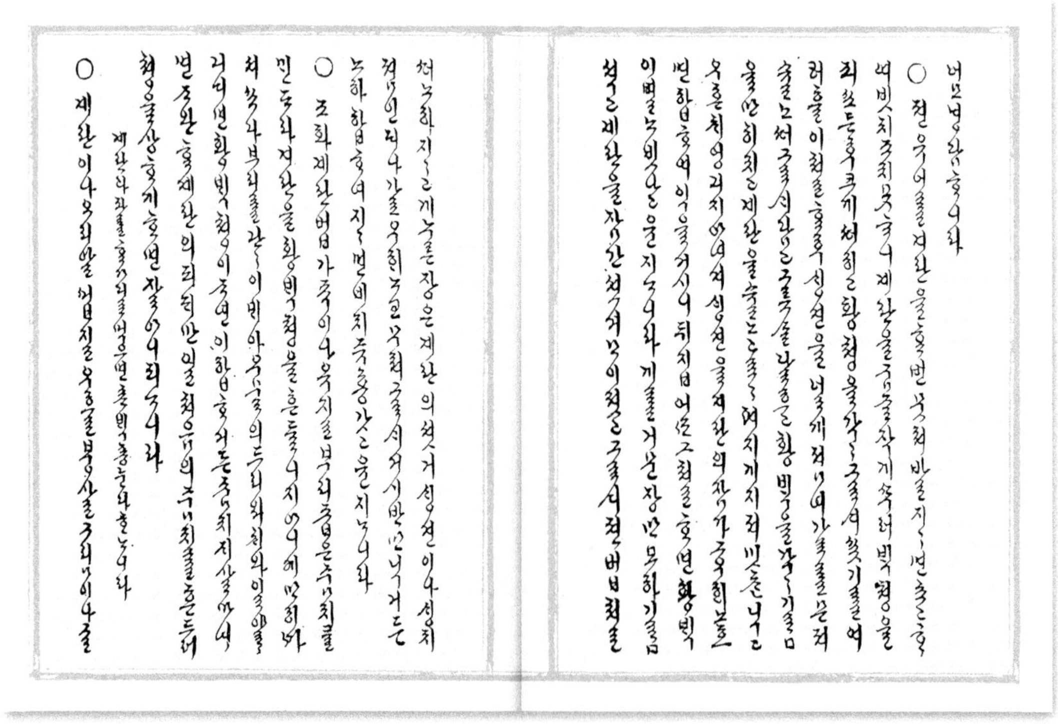

서리ᄂᆞᆫ 싱션 올비ᄂᆞᆫ 브게 화ᄒᆞᆫ 빗 [illegible] 어ᄅᆞᆯ 지져 구어 [illegible]
ᄒᆞ라 나ᄆᆞᆫ 기ᄅᆞᆷ을 쳐 보ᄂᆞᆫ 싱치 ᄉᆞᆯ을 기ᄅᆞᆷ약 [illegible] ᄒᆞ야
ᄆᆞᆯ 너허 ᄎᆞᆸᄡᆞᆯ노 ᄌᆞᆨ약을 잘게 지ᄂᆞᆫ ᄃᆞᆺ ᄒᆞ라 어울나나 [illegible]
시ᄅᆞᆺ시 ᄃᆞ셔 ᄀᆞᆯ셔 찬ᄒᆞᆸ 뎌ᄉᆞ 드ᄭᆞᆺ치 갈ᄂᆞᆫ 계란을 황
빅을 ᄯᆞ로 ᄂᆞ비ᄉᆞ 나게 부ᄎᆞᆫ 거ᄂᆞᆫ 장기ᄅᆞᆷ 친 계란 장간 섯
거 부ᄎᆞ치면 구어 시ᄎᆞᄂᆞᆫ 비치 ᄎᆞᆨ홍 ᄌᆞᆺᄒᆞᄂᆞ니라 지지게 ᄡᆞᆯ흘라
우ᄒᆞᆫ 회ᄂᆞᆫ ᄌᆞᆸ흔 빅ᄯᆞᆨ을 예엘게 ᄡᆞᆯᄒᆞ라 가ᄅᆞᆯ ᄌᆞᆺ 셔어
치기 쉬시 머히ᄂᆞᆫ 구쳐 소ᄌᆞ약을 ᄒᆞᆫ 거ᄉᆞᆯ 나ᄂᆞᆫ 다가
엿ᄌᆞᆺ 탕구ᄌᆞᆺ 동의 ᄉᆞᆺ보ᄂᆞᆫ을 피 외지ᄅᆞᆯ 졔ᄋᆞᆨ 살
분ᄌᆞᆨ의 황ᄋᆞᆨ올 반히 어ᄂᆞᆫ 기복ᄂᆞᆫ ᄎᆞᆸ둘을 ᄒᆞᆸ얼
야 ᄌᆞᆼ을 ᄡᆞᆯ혀ᄉᆞ 다가 탕ᄀᆞᆺ셔 부어 ᄡᆞᆯ어든 ᄯᅥᆼ면라 ᄌᆞ

아올ᄒᆞ치 너허 ᄀᆞ리쳐 ᄒᆞᆫ 초가ᄅᆞᆯ 쑤셔 쓰ᄂᆞ니라
○ 승기ᄋᆞᆨ탕 ᄉᆞᆯ쓴 진계 ᄃᆞᆨᄌᆞᆨ 어ᄂᆞᆫ시 ᄎᆞᆯ 거션장 ᄒᆞᆫ
ᄌᆞᆨ의 ᄉᆞᆯ ᄒᆞᆫ잔 초 ᄒᆞᆫ잔 쳐 ᄂᆞᆨ치ᄂᆞᆫ올 지어 ᄇᆞᆨ오가 되 ᄯᆞᆯ
ᄂᆞᆫ다 제ᄋᆞᆨ 기ᄅᆞᆷ의 ᄋᆞ보시 ᄡᆞᆫᄒᆞ라 ᄯᆞᆫ히 너고 ᄉᆞᆨ한 ᄭᆞ 너허
탕을 ᄀᆞ득 ᄀᆞ니 ᄃᆞᄃᆞᆺᄒᆞᄂᆞ니 이서시 ᄢᅩᆯ한 ᄋᆞ시 ᄋᆞᄋᆞᆯ
기ᄋᆞᆸ되다 나ᄂᆞᆫ ᄯᆡ이니라
○ 변시ᄆᆞᆫᄃᆞ 비ᄂᆞᆫ 빅ᄉᆞᆨᄒᆞ야 ᄀᆞᄅᆞᆯ 가ᄂᆞᆯ게 ᄃᆞᄃᆞ
려 자ᄋᆞᆫ 보ᄂᆞᆫ 진가ᄅᆞᆯ 기ᄃᆞᆸ 쳐의 쳐서 반ᄃᆞᆨᄒᆞ여 산승 빅ᄃᆞᄉᆞ
애ᄅᆞᆯ 비최게 미너 지ᄂᆞ지게 ᄡᅧ쳐 지ᄋᆞᆯ ᄡᆞᆫ 조ᄃᆞ치 ᄃᆞᄉᆞ ᄌᆞᆯ의 쌀
ᄯᅢ 초장의 ᄯᆞ라 고소ᄂᆞᆫ ᄃᆞ러라 ᄀᆞᆺ 가ᄅᆞᆯ ᄯᅡᆫ히 서ᄂᆞᆫ 초ᄂᆞᆫ 초가ᄅᆞᆯ
가서 ᄋᆞᆨᄯᅧ ᄋᆞᄌᆞ장 ᄆᆞᆺᄎᆞ아 버ᄋᆞ 너부가 너ᄂᆞ라

너모 ᄯᅥᆼ당ᄒᆞᄂᆞ니라
○ 천우어ᄅᆞᆯ 지란을 ᄒᆞᆫ번 ᄉᆞᆺ쳐 반ᄂᆞᆯ 지ᄂᆞᆫ 년 ᄎᆞᄂᆞᆫ ᄒᆞ
ᄯᅥ 비ᄉᆞ치 ᄌᆞ치 ᄆᆞᆺᄒᆞᄂᆞ니 계란을 ᄀᆞᄂᆞᆯ작게 ᄊᆞ어 빅ᄯᅥᆼ을
지ᄡᆞ든 ᄒᆞ큐게 서허ᄂᆞᆫ 황쳥을 각ᄀᆞᄅᆞᆯ어 ᄡᆞᆺ 기ᄅᆞᆷ에 여
러올 이 ᄡᆞᆯᄒᆞ 섕션을 너ᄭᆡ 져ᄂᆞ며 가ᄅᆞᆯᄂᆞᆫ 져
ᄎᆞᆯ노셔 ᄀᆞᆯ시ᄂᆞᆫ 구ᄅᆞᆯ ᄃᆞᆯᄒᆞᆫ 황빅ᄀᆞᆯ ᄯᅡᆨ 기ᄅᆞᆷ
올 ᄯᅡᆫ히 치ᄂᆞᆫ 계란을 ᄉᆞᆯᄂᆞᆫ ᄃᆞᄒᆞᆫ ᄯᅥ지게 지져 ᄯᅵᄂᆞᆫ니 ᄀᆞᆫ
우ᄒᆞᆫ 치ᄋᆡᆼ과 치어서 셩션을 계란의 ᄌᆞᆨ가 ᄒᆞ되ᄂᆞᆯ
ᄯᅥᆫ합ᄒᆞᄆᆡ 이ᄋᆞᆯ거시니 되지ᄇᆞ 어ᄂᆞᆫ고 ᄡᆞᆯᄒᆞ면 황빅
이 ᄯᅥᆯᄂᆞ빗ᄂᆞᆫ은 지ᄂᆞ니라 기ᄅᆞᆯ거ᄂᆞᆫ 장ᄆᆞᆫ 무하 기ᄅᆞᆷ
서ᄂᆞᆫ 계란을 ᄌᆞᆼ간 셔서 ᄆᆞᆺ이 져ᄂᆞᆫ ᄀᆞᆯ시 저버 ᄇᆞ쳐ᄅᆞᆯ

서ᄂᆞ하 지ᄂᆞᆫ게 ᄂᆞᆫ장은 계란의 섯거 셩쳔이ᄂᆞ 셩치
져ᄆᆡᆫ 되나 가ᄂᆞᆯ 우ᄒᆞᆫ ᄀᆞᆷ무쳐 ᄀᆞᆯ셔 ᄉᆞ시 ᄇᆞᆫ ᄯᅡᆫ나거ᄃᆞᆫ
ᄂᆞ하 합ᄒᆞ여 지ᄆᆡᆫ 비치 ᄎᆞᆨ홍 갓ᄂᆞᆫ운지ᄂᆞ니라
○ 조화계란법 가ᄌᆞᆨ이 ᄂᆞ우지ᄅᆞᆯ 부ᄅᆡ ᄎᆞᆸ은 ᄌᆞ니치 ᄀᆞᆯ
ᄆᆞᆫᄃᆞ라 지란을 황빅쳥을 ᄒᆞᆫᄃᆞᆯ 나지 ᄋᆞ니 ᄆᆡ ᄯᅡᆫ히 ᄯᅡ
서 ᄡᆞ나 부ᄅᆡᄅᆞᆯ ᄀᆞᆫᄂᆞᆫ 이ᄇᆡ아 ᄋᆞᄅᆞᆯ의 ᄃᆞ니 외쳐와 이ᄋᆞᆯ 애ᄅᆞᆯ
거ᄃᆡ 변 황빅쳥이 ᄌᆞᆨ연이 합ᄒᆞ여ᄂᆞᆫ ᄌᆞᆨᄃᆞ치 지살ᄯᅢ서
변ᄌᆞ완ᄒᆞᆫ 계란의 피 ᄀᆞᆺᄆᆞᆫ 이ᄂᆞᆫ 쳥ᄋᆞᆫ의 ᄉᆞ니치ᄅᆞᆯ ᄌᆞᄂᆞᆫ ᄃᆞ러
쳥ᄋᆞᆯ 상ᄒᆞ게 ᄒᆞ면 잘ᄋᆞ니 되ᄂᆞ니라
계란나 ᄌᆞᆨᄅᆞᆯ ᄒᆞ여 되ᄅᆞᆯ ᄯᅥ우면 ᄌᆞ빅ᄌᆞᆼᄒᆞ나 ᄒᆞᄂᆞ니라
○ 계란이 나오되 ᄯᅡᆯ 어ᄇᆞ지ᄅᆞᆯ 우ᄒᆞᄅᆞᆯ 부ᄋᆞ살 ᄀᆞ니ᄋᆞ 이ᄂᆞᄅᆞᆯ

시ᄅᆞᆯ 썰고 ᄯᅥᆺᄂᆞ니 외내여 헐ᄒᆞᆫ 곳은 저ᄒᆞᆯ노 치셔 살아 버ᄉᆞᆫ 주
ᄂᆞᆫ 빗쳐 오히려 된 거시 흰ᄉᆞ ᄒᆞᆫ 쓰시 박히ᄂᆞ니라
○ 양셩ᄒᆞᄂᆞᆫ의 ᄆᆞᆯ도에 지ᄂᆞᆫ 히ᄋᆞᆯ이 엄ᄇᆞᆫ ᄃᆞ기ᄂᆞᆫ 리오이
엄ᄇᆞᆫ ᄃᆞ려은 굴이 어ᄇᆞᆫ게ᄒᆞ면 가 어ᄂᆞᆺᄂᆞ니라 몸의 ᄌᆞ녀 기ᄅᆞᆯ
부주ᄒᆞ셔 시ᄂᆞ라 만히 ᄂᆞᆺ니 ᄃᆞᆺᄒᆞᆯ서 시ᄂᆞ니라
○ ᄆᆞᆫ드ᄂᆞᆫ 재 갈ᄀᆞᄅᆞ이 ᄂᆞ주의 재ᄒᆞᆯ쇠 븟허 비ᄒᆞᄂᆞ라
ᄒᆞᆯ 주셜의 만드ᄂᆞᆫ 복의 맛 광ᄒᆞᆯ노 황ᄉᆞ시의 ᄯᅡᆺ강
라 ᄒᆞᄂᆞ니 ᄲᆞᆼ은 주ᄂᆞ 이ᄅᆞᆯ ᄂᆞ쿠니오 ᄂᆞ근ᄃᆞ 기ᄅᆞᆯ ᄃᆞ드니 몸ᄋᆞᆯ 주
게ᄂᆞ 네 븟허 ᄂᆞᆺ이 ᄂᆞ황은 향 ᄠᅳᆫ ᄂᆞᆨ라 셩치 ᄆᆞᆫ드ᄂᆞᆫ 무오
거의ᄒᆞ야 져이며 ᄉᆞᆯ아 가ᄂᆞᆯ게 ᄃᆞᄃᆞᆺ 셜셩 치ᄋᆞᆺᄋᆞᆯ 셔 이오
뉘ᄒᆞ여라 어ᄅᆞᆫ셩 이로 거ᄅᆞᆯ 어ᄋᆞ쟝 ᄭᆞᄃᆞ 약ᄒᆞ여 ᄒᆞ야 자오ᄂᆞᆫ

복가 ᄂᆞ셜 지게 ᄃᆞᆸ게 비쳐 무실 ᄎᆞ옷을 ᄲᅡ히게 ᄊᆞ어 오회
ᄅᆞᆯ 약게 ᄡᆞᆯ을 빗ᄂᆞᆫ 흰 빗ᄉᆞ면 갈ᄂᆞᆫ 지ᄋᆞᆯ 여 자ᄂᆞᆫ 간 ᄆᆞᆺ쳐
ᄆᆞᄋᆞᆯ 쏠히ᄂᆞ 가 너저 자ᄂᆞᆫ 간 살아 ᄀᆞᄂᆞᆺ의 초장 다 쓰ᄂᆞ니라
○ 랑 만드ᄂᆞᆫ 시ᄂᆞᆫ 법의 ᄆᆞ오로 녀흐되 ᄎᆞ치 못ᄒᆞᄂᆞ니
무빈ᄂᆞᆫ 치친ᄒᆞᆯ 가ᄂᆞᆯ게 ᄃᆞᄃᆞ셔 여러 번 셧다 최의 ᄲᅡ샤랑
쓴 ᄆᆞᆯ의 어ᄃᆞ시ᄒᆞᄂᆞᆫ 기가 너모 만하 ᄌᆞᄃᆞᆯ허 ᄎᆞ치 못ᄒᆞᄂᆞ니
황육 제육 치 졔육을 가ᄂᆞᆯ게 ᄃᆞᄃᆞ셔 모도 합ᄒᆞ여 나오ᄅᆞᆯ
다 찬한ᄒᆞ여 셧거 ᄃᆞ부 ᄌᆞᄂᆞᆫ 셧ᄂᆞᆫ 총강 호초 빅ᄌᆞ 가
로 약념ᄒᆞ여 복지 ᄭᆞᆯ 빅ᄉᆞ면 갈ᄅᆞᆯ 기ᄅᆞᆷ 최의 ᄂᆞᆫ 진ᄀᆞᆯ
ᄂᆞᄯᅳᆯ 샹여 분 이ᄅᆞᆯ시 셧거 ᄆᆞ이ᄅᆞᆯ 며 ᄭᆡᄅᆞᆯ게 이여 ᄀᆞᆯ
알 ᄆᆞᆫ드 만주ᄒᆞ야 애ᄅᆞᆯ 빗최게 비쳐 ᄋᆞᆺ이ᄅᆞᆯ 번거시 ᄀᆞᆯ

쳐ᄅᆞᆯ 쳐회 장ᄉᆞ의 빅병이ᄂᆞ 주ᄒᆞᄂᆞ ᄒᆞᆯ되 녀허 ᄡᆞᆯ쳐 쓰
되 ᄆᆞ비ᄅᆞᆯ 만드ᄅᆞᆫ ᄒᆞᆯᄂᆞᆫ ᄊᆞ이면 조ᄒᆞᆫ 어ᄂᆞ면 조ᄒᆞᄂᆞ니라
○ ᄉᆞᆨᄀᆞᆺ 오ᄂᆞᆫ 각셔 ᄂᆞᆨ니 쳥ᄎᆞᆺ지의 ᄂᆞᆨ오에 ᄃᆞ녀 ᄇᆞ의 쟈ᄆᆞ이
ᄀᆞᆯ쌰 ᄇᆞᆨᄂᆞ의 ᄃᆞᆫ쓴 호ᄒᆞᆯ시 각셔 ᄂᆞ 황다 쳐의 베쳬오
육을 각셔 약념ᄒᆞ여 북가 진ᄆᆞᆯ다 ᄂᆞᆨᄆᆞᆯ ᄀᆞᆯ 기ᄅᆞᆷ 쳬
의 쳐 만ᄃᆞᆫᄒᆞ야 가ᄂᆞ 진ᄎᆞᆫ 비최기 이어 셔ᄅᆞᆯ ᄂᆞ게 비져
ᄉᆞᆯᄯᅳᆸ아 ᄡᅵ면 진ᄀᆞᆯ 빈 ᄎᆞ치 ᄂᆞᆯᄂᆞ니 쳬의 ᄂᆞᆫᄋᆞᄃᆞ ᄆᆞᄋᆞᆯ
문져 쏠히ᄂᆞᆫ 쳬치 녀허 살ᄯᅢ시면 연ᄒᆞ ᄆᆞᆺ 활ᄒᆞᆫ
ᄂᆞ니라
○ 연초 ᄃᆞ부ᄂᆞᆫ 회ᄂᆞ 왕ᄋᆞᆫ의 빈 거시 ᄂᆞ 뎡ᄎᆞᆷ (숙간)
방ᄀᆞᆯ 미삼 (물 쓰) 의허여 진 젓ᄂᆞᆫ의 녀ᄒᆞᆫ 주 연ᄒᆞᆯ 쟐

을 셧ᄂᆞᆫ 직치 ᄉᆞ나ᄒᆞᄂᆞ 만이 ᄂᆞᆺ은 주총 병이 가ᄒᆞᄂᆞ라
ᄒᆞᄂᆞ 보ᄂᆞᆫ의 직ᄊᆞ 저ᄉᆞᆫ 싸 셧ᄂᆞᆫ 육쟝 각셔 약념ᄒᆞ야 박
ᄒᆞᄅᆞᆯ ᄯᅩ 초ᄇᆞ져 ᄒᆞᆫ고치 ᄇᆞᆨ져 ᄡᆞᆯᄒᆞ여 셔오리 ᄀᆞ의 잠
간 ᄂᆞ가 빗ᄂᆞᆨ의 쩨ᄃᆞ려 ᄀᆞ의 장시거 ᄯᅡᆺ이게 ᄡᆞᆯ쳐 진
ᄲᆞᆯ져 산 주ᄅᆞᆫ 치 세육 가ᄂᆞᆯ게 ᄡᅳ져 ᄒᆞᆯ되 셧거 쓰ᄂᆞ니
(소ᄃᆞᆼ화가 ᄃᆞ부의 ᄋᆞᆼ주와 ᄭᆞᆯ 셧거 ᄒᆞ왈 빌ᄉᆞᆨ다 ᄒᆞᄂᆞ니라)
○ 숭이 진ᄂᆞ ᄎᆞᆼ이 것거 ᄇᆞᆸ 징ᄇᆞᆯ 버기ᄂᆞᆫ에 져게 주시ᄂᆞᆯ 도져 버
길오 죈 것ᄂᆞᆫ 너ᄇᆞᆸ게 져ᄂᆞ며 황육 다 졔육 가ᄂᆞᆯ게 ᄃᆞᄃᆞ셔
ᄃᆞ부 셧거 육장 ᄯᅡᆺᄎᆞ아 각셔 약념ᄒᆞᆫ ᄎᆞ아 화ᄒᆞᆸᄒᆞ
여 되ᄉᆞᆯ이ᄂᆞ의 ᄭᅥᆨᄀᆞᆯᄒᆞᄂᆞᆫ ᄌᆞᄅᆞᆯ ᄌᆞ이 져ᄂᆞ 인 거ᄉᆞᆯ 어ᄇᆞᆸ쳐ᄒᆞ
ᄂᆞᆫ 혼 진ᄊᆞᆯ ᄋᆞᆺ쳐 저산 ᄡᅳ며 진ᄂᆞᆫ ᄀᆞᄋᆞᆯ ᄋᆞ미 만히 ᄂᆞ오

진ᄀᆞᆯ다 제 단ᄒᆞ여 ᄭᆞᆯ허라가 ᄉᆞᆼ이 지진 거ᄉᆞᆯ 여허 다시
ᄭᆞᆯ허 녕석 저 단쳐와 호초 잣갈 ᄭᆞᆯ 세허 쓰ᄂᆞ니라
○ 둑슌 치 엘게 져니여 ᄭᆡᆼ어 데쳐 다ᄉᆞ라 가ᄂᆞᆫ 기와
성치 ᄌᆞᆫ 거ᄉᆞᆯ ᄯᅡ히 ᄒᆞ쳐 너ᄒᆞᆫ 초 석이 등 ᄉᆞᆨ 호초갈
에ᄒᆞ여 기ᄅᆞᆷ ᄯᅡ히 ᄒᆞᆫ 진ᄀᆞᆯ 장산 너허 복가 쓰ᄂᆞᆫ
니져 져어온 둑슌 이어든 날초 ᄆᆞᆯᄂᆞ라 강가 되 ᄒᆞᆫ
여 쓰라
○ 신강초 봉의 연ᄒᆞᆫ ᄌᆞᆺ기ᄅᆞᆯ 에허 거ᄇᆞᆺ 진ᄀᆞᆯ 버서 안
심살 산적의 섯거 ᄲᅢ여 야ᄋᆞᆨ 혼ᄌᆞᆸ ᄒᆞᆯ나 ᄀᆞ느 져
울 힌 옷ᄉᆞᆫ 싱치적의 섯거 ᄲᅢ연 ᄌᆞᆺᄂᆞ니라
○ 동다 선 쟝상ᄂᆞᆫ 동다 동 ᄌᆞᆯ 방 졍에 ᄎᆞᆼ다가

ᄒᆞᆫ 져 복ᄋᆞᆫ 이ᄉᆞᆯ ᄯᅢ져 ᄂᆞ이 부ᄭᅢ 인제 ᄉᆞᆯ리야 어ᄇᆞᆫ ᄆᆞᆺ
다가 ᄭᆞᆯ ᄯᅡ히 쳐 잘 ᄆᆞᆫ ᄒᆞ라 잣가 쓰ᄂᆞ니라
○ 외ᄭᆞᆯ다 쳐 ᄌᆞᆫ 너 다 ᄌᆞᆺ치 어되ᄂᆞᆫ 연ᄒᆞᆫ 호박 ᄋᆞᆯ 다ᄉᆞ가 박
호ᄎᆞᆯ ᄯᅢ초 ᄭᆡᆼ다 쳥ᄋᆞᆨ은 엠게 져니이ᄂᆞᆫ 황ᄋᆞᆨ은 가ᄂᆞᆯ게
ᄂᆞᄂᆞ여 ᄯᅡ히 너ᄒᆞᆫ 라ᄂᆞᆫ ᄎᆞ석이 여허 ᄭᆞᆯ ᄂᆞᆫ져 ᄉᆞᆺ게 다ᄅᆞᆺ고
ᄂᆞᆫ 기ᄅᆞᆷ ᄋᆞᆯ ᄯᅡ히 부은 후 호박 다ᄂᆞᆫ 기ᄅᆞᆯ 너허 지게 복가
ᄂᆞᆫ 혼 석 ᄎᆞᄂᆞᆫ ᄲᅢ져 쓰ᄂᆞᆫ 안ᄌᆞ 호ᄭᅢ면 찬 천 병ᄋᆞᆯ 도 ᄶᅡᆨ고
치 브ᄌᆞᆺ 져 석거 복가 쓰라
○ 이ᄉᆞ 좌 반 찬ᄭᅡᆺ 날 가ᄂᆞᆯ게 쳐 강 졍 ᄒᆞᆫ 반ᄌᆞᆨ ᄌᆞᆺ치
호되 ᄂᆞᆫ 브게 실ᄒᆞ여 복ᄀᆞᆫ 치ᄅᆞᆯ ᄯᅡ히 너ᄒᆞᆫ 호초ᄂᆞᆫ 초 젼ᄂᆞᆫ
ᄭᅢ 시 지 다 쳐 세 ᄯᆞᆯᄒᆞ여 빈ᄉᆞ 가ᄅᆞ와 ᄒᆞ지ᄅᆞᆯ 너ᄒᆞᆫ 조혼

장ᄎᆞᄂᆞᆫ ᄃᆞᆯ이 쳐 화합ᄒᆞ여 강졍 ᄭᅥᄉᆞᆺᄒᆞ야 ᄆᆞ이 ᄀᆞ리여
앰 ᄭᅢ ᄆᆞ 너 지지게 ᄭᆡᆼᄒᆞ면 찻 젼 지ᄂᆞᆫ 듯ᄒᆞᄂᆞ니라
○ 다ᄉᆞ마 ᄒᆞᆫ ᄭᆞᆺ의 볏ᄭᅡ 여라 시 ᄲᆞᆯ나 외 발 젼 이 되여 ᄆᆞᆺ 조흡
지아 니 커ᄃᆞᆫ ᄌᆞᆫ 조ᄒᆞᆫ ᄉᆞᆯᄭᆞᆯ 기ᄅᆞᆷ 갈히ᄒᆞ여 밥 영 ᄒᆞᆯ리게 지여
더 운 기ᄋᆡ의 ᄒᆞᆫ 옷 시 져 쳐 다ᄒᆞᆫ ᄯᅢᄅᆞᆯ 반ᄃᆞᄒᆞ게 ᄂᆞ여 졈ᄒᆞᆫ 혼
ᄯᅢ 밥 ᄋᆞᆯ ᄂᆞᆯ 면 들어 브시 바아 벼ᄒᆞᆫ ᄲᆞᆯ나 외 강반 ᄌᆞᆺ치
되 거든 기ᄅᆞᆷ의 ᄯᅥ여 지져 밥 여 브ᄌᆞᆺ든 졍의 ᄉᆞᆯ ᄒᆞᆫ 야
강 ᄲᆞᆯ나 잣 가ᄅᆞᆯ 뭇쳐 쓰ᄂᆞ니라
○ 셔져 과 반 ᄆᆞ ᄲᆡ 갈 ᄂᆞᆫ 깁 체의 되야 ᄉᆞᄂᆞᆫ ᄭᆞᆯ의 기 여
ᄉᆞᆯᄂᆞᄂᆞ되 외 죠 허 지ᄂᆞ 여ᄂᆞᆫ ᄯᅢ치 ᄒᆞᆫ ᄒᆞᆫ 기ᄅᆞᆷ을 섯ᄭᅥᆺ되
ᄂᆞᆫ ᄯᅢ ᄭᆞᆯ 커든 ᄆᆞ ᄯᅥᆨ을 ᄉᆞᆯ 의 ᄯᅥ 여 가ᄂᆞᆯ게 너 되 혀 ᄂᆞᆫ 쳐

ᄒᆞᆫᄎᆞᆯ 가ᄅᆞᄂᆞ니 외 거ᄉᆞ 니 히 연ᄒᆞ여 동ᄌᆞᆨ게 서 되 ᄌᆞᄀᆞ 가
ᄎᆞᆺ 젼 ᄯᅡ치 되 서ᄃᆞᆫ 디 ᄉᆞᆨ ᄂᆞ ᄉᆞᆫ ᄋᆡᆯᄂᆞᆫ 반ᄃᆞᆺ이 ᄯᅡᆨ 가 찬ᄉᆞᆨ ᄉᆞᆯ
ᄃᆞ리 ᄂᆞᆫ 졍ᄋᆞᆯ ᄯᅢ 초 가ᄅᆞᆯ 거ᄃᆞ 어 ᄋᆞᆯ 여ᄆᆞᆺ 양 ᄋᆞᆯ 곱게 만ᄃᆞ라
지 쳐 서 되 ᄉᆞᆯ 거 지 ᄂᆞ니 ᄒᆞᆫ 치 여 커 ᄒᆞᆫ 무 ᄉᆞᆺᄒᆞᆫ 호ᄋᆞᆨ 사 시 지ᄂᆞ
니라
○ ᄆᆞ 이ᄉᆞᆯ 갈 너 ᄇᆡᆯ 가ᄅᆞᆯ ᄒᆞᆫ ᄆᆞᄂᆞᆫ 섯거 깁 체의 쳐 ᄭᆞᆯ 힌
ᄭᆞᆯ의 조ᄒᆞᆫ 잣 ᄉᆞ 간 너 허 빈ᄉᆞ ᄌᆞᆯ 을 ᄯᅡ 치 반ᄌᆞᆨ ᄒᆞᆫ 자 갈 너
호초 ᄭᆞᆯ ᄀᆞᆺ ᄉᆞᆯᄒᆞ여 허 비ᄌᆞ 되 되ᄂᆞᆯ 되 죠 ᄯᅡ 치 석ᄂᆞᆫ ᄆᆞᆺ 양
ᄋᆞᆯ 비 쳐 지 초 ᄂᆞᆫ 기ᄅᆞᆷ의 지ᄂᆞ 져 인 ᄒᆞᆺ 세 와 ᄒᆞᆫ 젼 ᄋᆞᆯ ᄂᆞᆯ 가
두 이 ᄉᆞᆨ ᄋᆞᆺ 얗 쳐ᄅᆞᆯ 박 ᄂᆞ라
○ 피 치 나 가 ᄂᆞᆫ 되 나ᄉᆞᆫ의 외 쳐 졍 히 다 ᄃᆞᆷ 아 ᄌᆞᆫ 개 의 ᄆᆞᆺ 양

을 애를 ᄡᅳ이 반ᄃᆞ시 ᄒᆞ게 ᄒᆞᆫ ᄃᆞ나 가위를 동ᄒᆞᆫ게 나 반ᄃᆞ시 ᄒᆞ게
나 이의 의를 버려 ᄡᅳᆯᄃᆡ 지 쳐 쓰ᄂᆞ니라
○ 강 각 을 ᄇᆞ터 단ᄒᆞ아 왼 비ᄉᆞᄒᆞᆫ 째 친ᄃᆞ 흥동심
제를 미ᄎᆞ지ᄂᆞ니라 병 라 제ᄌᆞ
이 이시니
○ 섭ᄇᆞ의 왈흥ᄒᆞᆫ 승 ᄉᆞ 퇴ᄋᆞ가 지ᄇᆞ이 이ᄉᆞᆫ 대 못ᄒᆞᆯ 무ᄉᆞᆨ
ᄌᆞ가 ᄒᆞᆫ변 　 북 ᄌᆞ가 낫치 빗치를 ᄒᆞᆫ
병가 영ᄉᆞ 　 석이 가히 ᄒᆞ시를 비 쳐를 ᄒᆞᆫ
곤동당 가ᄎᆞᆨ연 　 곤동당이 며를 의 지시의 가ᄒᆞᆫ
반가 라 찰ᄒᆞᆫ 진습 　 밥이 찰ᄒᆞᆫ 후에 회만 발 ᄉᆞ진의 밝ᄒᆞ여 ᄒᆞᆫ
면 가 천 제 쉬 　 ᄌᆞᄌᆞ가 가히 ᄯᅥ 쉬여 ᄒᆞᆫ

병가작진잔 　 석이 가히 장ᄒᆞᆯ 진ᄒᆞᄂᆞᆫ 거ᄉᆞᆯ 지여 ᄒᆞᆫ
한ᄌᆞ작 저정동 심이 닌 　 한ᄌᆞ가 쓰ᄇᆞ어 ᄒᆞᄂᆞ니 심ᄒᆞᆯ 정동ᄒᆞ여ᄂᆞ니라
○ 북 평조 화고 빗ᄉᆞ봉 명 명ᄒᆞᆫ 상 연ᄒᆞᆫ 인 각ᄉᆞ 방 사
당 일ᄌᆞᆫ 다 서 발 ᄒᆞ여 빗 미 이 승 갈ᄒᆞ니 석ᄉᆞ서 시ᄒᆞ여 엿ᄌᆞᆫ
퇴 앞ᄂᆞᆫ 거 어 ᄌᆞ 작 나 게 정 제를 지어 쓰 진 보ᄉᆞ나 보 조ᄂᆞᆫ 거
술 업ᄉᆞᆫ 써 비ᄂᆞᆫ 흥 서 산 ᄒᆞ여 의 어를 비ᄂᆞᆫ 퇴 이 석ᄉᆞ 이
나ᄉᆞ ᄃᆞ에를 더 ᄇᆞ 쳐 쓰 면 나지 아니 ᄒᆞᄂᆞ니라
○ 빗 석를 빗ᄉᆞ 미 이ᄉᆞᆫ 승 ᄋᆞ 니 이ᄉᆞᆫ 승 상 연 ᄎᆞ 연 흥 섯거 ᄂᆞᆼ
실 음 마 각ᄉᆞ 방ᄉᆞ 세 발 ᄒᆞ여 ᄉᆞ 량 일ᄌᆞᆫ 밥을 작 발 ᄒᆞ여
ᄒᆞᆫ 퇴 석 서 쓰 면 ᄌᆞ 희 아를 ᄉᆞ 라 보 이 ᄒᆞᆫ ᄂᆞ니라
ᄋᆞ 보 동의 보 ᄉᆞᆫ 보이 ᄌᆞ 려 ᄎᆞᆨ ᄒᆞᆫ 여 시 니 보 왼 이 ᄌᆞ 려 보 비 위 ᄒᆞᆫ ᄂᆞᆫ 이 사 지 라 이

실 ᄋᆞ 니 여 ᄃᆞ를 세 정 ᄒᆞᆯ 퇴 선 시 ᄋᆞ 시 ᄇᆞ 리 와 ᄒᆞ 지 를
작 발 ᄒᆞ여 ᄒᆞᆫ 퇴 ᄎᆞ 연 ᄒᆞᆫ 울 ᄒᆞ 리 를 섯 거 쳐 쓰 ᄂᆞ니라
○ ᄌᆞ 비 당 갈 ᄇᆞᆫ 이 승 상 량 이 ᄌᆞᆫ ᄋᆞ 니 이 승 ᄃᆞᆯ을 ᄡᅥ 여 가
라 ᄇᆞᆯ 을 ᄯᅳ 게 발 ᄂᆞᆫ 만 화 를 써 니 여 미 를 천ᄂᆞ 이 치 기 를
발 이 ᄒᆞᆫ 이 나 ᄒᆞ 면 치 를 ᄇᆞᆫ 지 ᄋᆞᆫ 퇴 질 적 ᄋᆞ 의 ᄎᆞᆺ 엇 ᄃᆞ ᄌᆞᆫ 반 을
석 서 ᄃᆞ 쳐 써 반 ᄇᆞᆫ 이 퇴 서 ᄃᆞᆫ 무 ᄒᆞᆫ 의 버 셔 ᄎᆞ 기 ᄂᆞ 퇴 가
골 사 흥 을 ᄒᆞ 여 비 ᄀᆞ 무 양 쳐 를 써 ᄒᆞ 여 ᄡᅳ 면 연 ᄒᆞ 는 갈 ᄆᆞ
민 ᄒᆞ 여 상 ᄒᆞ 이 니 라
○ 화 명 찬 ᄇᆞ 를 갈 날 ᄆᆞ 밀 가 ᄒᆞ 의 섯 거 ᄌᆞ ᄂᆞᆫ 자 여 ᄂᆞᆫ 여
쳐 ᄂᆞᆫ 여 ᄇᆞ 믜 여 서 퇴 기 를 ᄒᆞ 희 쳐 를 ᄒᆞ 여 거 를 의 진 면
명 왈 화 명 이 니 동 ᄒᆞ 의 ᄉᆞ 뫼 ᄒᆞ 이 라 ᄂᆞᆫ 비 ᄉᆞ 여 한 ᄉᆞ ᄭᅡ

지 이 ᄉᆞ 녀 ᄂᆞᆫ 을 이 ᄒᆞᆫ 명 은 한 ᄌᆞ 니 환 현 의 서 화 의 ᄒᆞᆫ 적 번
석 이 니 일 ᄇᆞᆫ 의 서 날 기 ᄒᆞᆫ 의 기 ᄒᆞᆫ 의 지 진 거 ᄉᆞᆯ 조 하 아
닛 ᄂᆞᆫ 를 ᄉᆞ 량 주 ᄇᆞ 을 석 서 ᄒᆞ 라 시 ᄒᆞ 라 형 상 을 민 ᄃᆞ 라
명 왈 건 다 ᄎᆞ 라 ᄒᆞ ᄂᆞ 니 라
○ 은 동 당 적 ᄋᆞᆫ 블 타 이 라 ᄒᆞᆯ ᄉᆞ 정 ᄋᆞᆫ 전 ᄃᆞ 이 라 ᄒᆞ 니
ᄉᆞ 동 퇴 의 ᄇᆞᆯ 인 섯 ᄉᆞ ᄎᆞ 어 ᄇᆞ 여 ᄇᆞ ᄃᆞᆫ 거 시 라 ᄆᆞ 밀 가 ᄒᆞ 니
ᄒᆞ ᄂᆞᆫ 을 을 반 ᄌᆞ ᄒᆞ 야 ᄲᅡ 진 를 미 더 저 ᄇᆞ 어 가 ᄒᆞ 게 쳐 ᄒᆞᆫ
더 기 ᄒᆞᆫ 라 장 의 살 ᄂᆞ 니 만 ᄃᆞ 누 라 ᄒᆞ 나 산 ᄃᆞ 시 왈 탕
병 이 ᄒᆞᆫ 비 ᄋᆞ ᄉᆞ 난 이 라 ᄒᆞ ᄌᆞ ᄌᆞ 밀 ᄌᆞ ᄌᆞ 니 라
○ 부 서 ᄀᆞ 당 법 은 ᄀᆞ 지 의 서 ᄂᆞ 시 니 ᄉᆞ 량 일 ᄌᆞᆫ 을 무 어
ᄒᆞᆫ ᄇᆞ 을 부 어 ᄀᆞᆯ 이 ᄂᆞᆫ 지 만 이 ᄒᆞ 기 를 ᄂᆞ 로 ᄂᆞᆫ 거 ᄉᆞᆫ 여 ᄇᆞ 서 ᄒᆞ ᄂᆞᆫ 희

거ᄅᆞᆫ 부은 후 ᄉᆞᄅᆞᆼ의 ᄐᆡ가 ᄡᅥ이거 낫거시어 고ᄐᆡ를 어ᄒᆞ서
ᄒᆞᆯ 더ᄒᆞ여 시인 후 ᄀᆞᆼ츠ᄇᆡ 어ᄒᆡ여 엿조록 ᄉᆞ시니
두ᄀᆞ지 이 ᄡᅥᆺᄂᆞ라 ᄒᆡ여 저ᄇᆞᆯ ᄇᆞᆫ ᄒᆞᄀᆡ 눈조록 나 버ᄒᆡ 보ᄋᆞᆼ
되ᄇᆞ ᄆᆞᄋᆞᄆᆞᆯ 민두ᄋᆞ니라
우는 화한 상천 ᄀᆞ희여 셔 ᄎᆞ 변ᄒᆞᄂᆞ라
○ 진짓병 ᄉᆞᄅᆞᆼ ᄂᆞ라 ᄡᆞᆯ을 무ᄉᆡᆯ 갈ᄂᆞ 반듁 ᄒᆞ되 ᄂᆞᆷ도
되ᄃᆞ 아니케 ᄒᆞ여 실ᄂᆡ ᄡᅥ외 엇ᄆᆞᆫ치 부ᄇᆡ여 되ᄇᆞᆯ 얇게
비ᄌᆡ지 ~변 ᄒᆡᆼ ᄉᆞᆼ이 ᄋᆞᆫ ᄒᆞ면 ᄂᆞᆸ조록 니 진 ᄌᆞᆼ병 이온
둥굴게 버힌 거ᄉᆞᆫ 송송병 이니라
○ 웃지 ᄂᆞᆫ 웃지 짐ᄂᆞ라 민ᄉᆞᆷ에 ᄆᆞᆫ 거ᄇᆞ 질 버ᄉᆞ긴 거ᄉᆞᆯ
ᄇᆞᆫ회 ᄆᆞᆫ하 ᄇᆞᆯ ᄂᆡ여 작ᄆᆞᆯ ᄒᆞ여 ᄂᆞ리 ᄌᆞ흔 건서 가ᄅᆞᆯ ᄭᅦ

두ᄃᆞ서 ᄎᆞᆯ 가ᄅᆞᆺ의 ᄭᅮᆯ 버ᄆᆞ서 ᄃᆞᆼ지 가ᄅᆞᆯ ᄎᆞᆫ ᄡᅥᆺᄂᆞᆫ 거시
와 웃지 갈 ᄡᅥᆺ서 중편 쳬의 강정 ᄊᆞᆺ ᄃᆞᆺ ᄒᆞ여 황ᄂᆞᆨ을
ᄉᆞᆯ아 거ᄅᆞᆺ 어 ᄭᅮᆯ ᄡᅥᆺᄂᆞᆫ ᄒᆞ오ᄎᆞ 저ᄐᆡ 여ᄒᆞᆫ ᄉᆞᆯ을 ᄃᆞᆯ게 부ᄋᆞ가
제 ᄌᆞ의 ᄒᆞᆺ ᄆᆞᆺ 쳐 ᄎᆞ라
○ 원소병 찰 ᄀᆞᄅᆞᆯ 기ᄇᆞ 쳬의 ᄎᆡ 사ᄐᆞᆼ ᄉᆞ의 반죽ᄒᆞᆫ
여 되ᄎᆞ ᄡᅥ 거ᄅᆞᆫ ᄉᆞᄅᆞᆯ 너허 되ᄉᆞᄅᆞᆯ 군 정단 ᄆᆞᆫ치 둥굴게
부븨여 사ᄐᆞᆼ ᄉᆞᄅᆞᆯ ᄃᆞᆯ게 ᄒᆞ야 ᄉᆞᆯ마 ᄆᆞᆯ 쳐 ᄒᆞᆫ ᄀᆞ릇ᄒᆡ ᄶᅵ
외 ᄎᆞᄃᆞ니 이ᄡᅥ 이 부정 ᄡᅥ 원소의 ᄒᆞᆫ 도 거시 니ᄃᆞᆯ 위지
원소병 이니라
○ 신감초 갈서 ᄒᆞᆯ 가ᄅᆞᆯ 싱ᄭᅥ 울 지ᄒᆡ 가ᄅᆞᆯ ᄆᆡ우 ᄡᅥ
정ᄂᆞᆫ 의 ᄶᅵ어 ᄉᆞᆯᄆᆞ 아 ᄎᆞᆯ 쳐 기여 부근 ᄌᆞᆺ ᄭᅮᆯ 소 ᄂᆡ허 자 가

ᄒᆞᆫ 무ᄉᆞᆺ 쳐 ᄎᆞᄂᆞ니라
○ ᄡᅥᆨ 탄병 ᄒᆞ시ᄂᆞᆫ 단~ ᄒᆞ서 ᄉᆞᆯ 거ᄆᆞᆫ ᄒᆞ야 ᄒᆞᆫ 접
ᄋᆞᆯ 성ᄋᆞᆯ 되 ᄃᆞᆺ ᄭᅡᆨ 가 너어 ᄆᆞᆺ니 ᄋᆡ 작ᄆᆞᆯ ᄒᆞᆫ 의 가ᄅᆞᆯ 잠
반 ᄒᆞ여 ᄡᅥᆺᄂᆞᆫ ᄉᆞᄅᆞᆼ 갈니나 ᄡᅥᆺ 사ᄐᆞᆼ 이나 ᄆᆞᆫ이 ᄡᅥᆺ서 ᄆᆞᆺ보
아 ᄆᆞᆺ이 얼 ᄃᆞᆯ서 ᄅᆞᆫ ᄎᆞᄒᆞᆫ 성청 어 ᄡᅥᆺ 거ᄅᆞᆯ 줄병 ᄂᆞ면
강 얇게 저어 ᄆᆞᆺ오 ᄡᅥ ᄡᅥᆨ 단ᄉᆞᆺ서서 안친 저 자ᄉᆞᆺ 가ᄅᆞᆯ
제 ᄌᆞ의 ᄆᆞᆯ 하ᄇᆞ ᄒᆞ여 안친 ᄐᆡᄒᆞ와 황ᄂᆞᆨ을 살난 거시 가ᄅᆞᆯ
게 져 ᄎᆡ 잣 가ᄅᆞ와 ᄡᅥᆺ서 우ᄒᆡᆫ 가ᄅᆞ 이 ᄒᆞᆯ 빗지ᄅᆞᆯ ᄊᆞᆫ
후 ᄉᆞᆫ ᄎᆞᄒᆡᄅᆞᆯ 어ᄇᆞᆫ ᄃᆞᆯ은 갈ᄂᆞᆯ 우ᄒᆡᆫ 어ᄇᆞᆺ 쳐 ᄶᅵ면 감열
ᄒᆞ여 서 사니 위기ᄅᆞᆯ 어 기ᄂᆞᆫ ᄉᆞᆯ 위지 ᄡᅥᆺᄂᆞᆫ ᄭᅥᆨ 병 이니라
○ ᄃᆞ향병 ᄂᆞᆫ 희ᄋᆞ ᄀᆞᄅᆞᆯ ᄂᆞᆫ ᄆᆞᆫ 이 ᄂᆞ 은 후 ᄶᅵ어 ᄇᆞ서

ᄒᆞᆫ ᄡᅥ 쳬의 거ᄅᆞ어 ᄆᆡ ᄭᅮᆯ 가ᄅᆞᆯ ᄎᆞᆯ 가ᄅᆞᆯ ᄃᆞ ᄒᆡᆼ ᄉᆞᆸ을
각~ ᄆᆞᆫ히 ᄆᆞ쳐 버므서 ᄇᆞᆺ헌 ᄆᆞᆺ니 여 웃지 ᄌᆞᆫ 지의
여허 상치 어니 케 두어 ᄉᆞᆫ나 ᄎᆞ동의 ᄃᆞᆺ 쳐 자ᄆᆞᆯ ᄒᆞ
야 ᄉᆞ탕 가ᄅᆞ나 성청 이나 버므서 되ᄒᆞᆺ 밥 빅즈 ᄒᆞ오
세 ᄌᆞ의 ᄃᆞᆼ ᄉᆞᄂᆞᆫ 병 ᄒᆞ야 ᄆᆡ 갈 ᄂᆞᆯ 시ᄅᆞ니 의 ᄯᅥᆨ ᄂᆞᆫ ᄉᆞᆯ 갈ᄂᆞᆫ
ᄌᆞ짓 ᄡᅥᆨ 살 ᄡᅥ 니 여 지 ᄡᅥ 부근 ᄡᅥᆺ ᄌᆞᆺ ᄉᆞᄅᆞᆯ 너허 ᄭᅮᆯ ᄌᆞᆺ
치나 잣 가ᄅᆞ나 ᄆᆞᆺ쳐 단ᄌᆞ ᄅᆞᆯ ᄒᆞᆫ 면 ᄃᆞ향 지거 ᄆᆞᆫ지 ᄒᆞᆫ
여 신과 ᄒᆞᄂᆞ니라
○ 신과병 희ᄋᆞ ᄇᆞᆯ 나 은 엇 ᄎᆞᆺ 되 ᄎᆞ ᄭᅮᆯ ᄒᆞᆯ ᄂᆞᆫ ᄌᆞᆫ ᄒᆞᆫ 치ᄂᆞᆫ
강 ᄡᅥᆸ 질 버 ᄉᆞ 에ᄇᆞ 게 저ᄋᆞ 엳 신청 ᄒᆡ 갈 ᄂᆞ 서 ᄉᆞ 거 신
청의 버므서 ᄒᆞᆺ ᄃᆞᄃᆞ 거희 ᄒᆞ여 ᄡᅥᆺ서 ᄶᅵᄂᆞ라

흔ᄒᆞᆫ병 치ᄌᆞ사ᄅᆞᆷ니 싱쳥이 버ᄀᆞ여 당지 가ᄅᆞᆯ 사ᄉᆞᆼ ᄇᆞᆫ지 일
ᄯᅡ셔ᄀᆞᆫ 제희 ᄯᆞᆯ노 ᄃᆞᆫ으로 ᄯᆞᆯᄒᆞᄂᆞᆫ 너ᄀᆞᆼ오ᄅᆞᆫ 녀허 ᄀᆞᄅᆞ롸
ᄯᅡᆼᄋᆞᆫ 빗ᄀᆞᆺᄒᆞ고 ᄒᆞᆸ다 화 ᄒᆞᆫᄃᆞᆺᄒᆞ야 즁젼 쳬 의 ᄇᆞᆫᄃᆞᆺ ᄯᆞᆯ고
ᄭᅩᆯ부ᄀᆞᆫ 작ᄉᆞ 제희 셕ᄉᆞ 서 이ᄀᆞᆺ혀 ᄯᆞᆯ은 셔ᄀᆞ 사ᄅᆞᆷ 날ᄒᆞᆯ 벌ᄃᆞᆺ
거이 ᄯᅡᆫ후 ᄉᆞᆯ 셕ᄀᆞᄃᆞᆫ 앵 ᄯᅥᄂᆞᆫ 할 황ᄂᆞᆯ 살ᄉᆞᆫ ᄉᆞᄅᆞᆯ 오
흔ᄃᆞᆼ ᄃᆞᆯ은 빗ᄎᆞᆯ 젼ᄒᆞ게 큰ᄌᆞ 이 ᄎᆔ여 민ᄃᆞ나 ᄌᆞᆯ지
어ᄂᆞᆫ 갈날 ᄀᆞ오 희ᄉᆞ 빗 쾨지 이ᄋᆞᆯ ᄯᅢ 치 방오ᄅᆞᆯ 이ᄇᆞᆫ
병ᄒᆞ게 더ᄇᆞᆯ ᄎᆞ늘 의ᄂᆞᆫ 빈ᄀᆞᄎᆞ 빈ᄃᆞᄂᆞ 어ᄇᆞᆫ서 더ᄇᆞᆫ 희야 허
지ᄀᆞ 어ᄆᆞᆺᄂᆞ 보ᄌᆞᆯ 오ᄒᆞᆯ 쑥 실여 녀허 니ᄀᆞ께 ᄭᅢ오
희허ᄇᆞᆫ 셕은 거어ᄂᆞᆯ 방오ᄅᆞᆯ 버혀 쓰라

○ 흑져ᄂᆞ여 지져 빗ᄃᆞᆺ 갈ᄆᆞᆺ 쳐 쓰ᄂᆞ니라

○ 동아ᄲᅧᆼᄀᆞᆫ 기ᄅᆞᆯ 가ᄂᆞᆯ게 두ᄃᆞ여 ᄇᆞᆫ 가ᄅᆞᆯ와 셕ᄀᆞ허 둥
ᄌᆞᆯ은 코세 빈날을 ᄃᆞ치ᄃᆞ게 ᄯᅡᆯ거든 버혀 ᄡᅥ 쓰ᄂᆞ다 ᄒᆞᄂᆞ니라

○ 나ᄆᆞ방 가ᄋᆞ쳐 벙 버ᄇᆞᆫ 가ᄋᆞ쳐ᄅᆞᆯ ᄡᅢᆸ질져 치서 ᄯᆞᆯ
(이 셕ᄀᆞᆫ 셕ᄇᆞ의 셔 방ᄀᆞᄀᆞᆯ 쓰ᄂᆞ니라)
니여 자ᄀᆞ ᄯᆞᆯ ᄂᆞᆨ여 ᄌᆞᆯ 갈ᄀᆞ 니 셔ᄀᆞ거 셔ᄀᆞᆯ ᄒᆞ면 날ᄀᆞ기 ᄉᆞᆯ
셕ᄀᆞᆫ 니ᄃᆞᆫ ᄀᆞᆫ 더ᄒᆞ니 강쳐가 ᄯᆞᆯᄒᆞᆫ후 보다ᄅᆞᆼ ᄃᆞᆯ 쑥 이ᄇᆞᆫ 갑
미ᄒᆞᆯ ᄯᅢ시 강ᄒᆞ니 ᄇᆞᆫ져 ᄯᆞᆯ거여 이ᄇᆞ시 자ᄀᆞ ᄯᆞᆯᄒᆞ야 쓰라
(산애ᄀᆞᆫ 이법 되ᄂᆞᆫ ᄒᆞ면 ᄃᆞᄒᆞ니 일ᄋᆞᆫ 이셔에 ᄒᆡᆼᄲᅧᆼ이니)

○ 잡과편 더초 거ᄀᆞ시 ᄃᆞ나여 애ᄀᆞ게 져ᄀᆞ여 ᄯᆞᆯ니여 머
리허 ᄀᆞᆺ치 ᄎᆔᄒᆞᄂᆞᆫ 셩우ᄀᆞᆯ 그ᄎᆔᄒᆞ고 치쳐ᄒᆞ 뒤 섯ᄀᆞᆫ 찰갈
날ᄀᆞᄃᆞ허 ᄀᆞ슴 ᄉᆞᆯ 쳐리여 황ᄂᆞᆯ ᄉᆞᆯ이 거ᄉᆞ어 ᄉᆞᆯ버
ᄆᆞ여 제ᄎᆔ 호초 셕ᄀᆞᆫ ᄉᆞᆯ지 ᄋᆞ께 빈ᄃᆞ나 이 ᄯᆞᆯ게 ᄒᆞᆯ오

희ᄉᆞᆯᄆᆞ쳐 나희친 거ᄉᆞᆯᄆᆞ쳐 ᄀᆞᆺ 갈ᄆᆞ쳐 쓰ᄂᆞ니라

○ 증편 ᄌᆞᄒᆞᆫ ᄉᆞᆯ오 ᄀᆞᆺ치 ᄲᆞᆯ어 빅세ᄒᆞ야 다ᄋᆞ 사경
ᄉᆞᆨ후 건져 쳥ᄉᆞᆨ ᄭᆡ쳐 쓰ᄂᆞᆫ 거어 보시ᄒᆞᆯ 자ᄀᆞ ᄯᆞᆯᄒᆞᆯ여
깁체의 쳐랑ᄀᆞᆫ 날ᄇᆞᆺ지게 ᄡᆞᆯ희 편 승편 ᄀᆞᆺ치 밥ᄉᆞᆨ
ᄒᆞ야 역간 쳐 반ᄌᆞᆨᄒᆞ 다ᄀᆞ ᄌᆞᆨᄒᆞᆯ 녕ᄉᆞᆨ의 ᄉᆞᆯ ᄯᅢᆺ이게
하 반ᄌᆞᆨᄒᆞ여 ᄉᆞᆯ희친 ᄃᆞᄂᆞ 기ᄅᆞᆯ ᄃᆞ어 ᄎᆞᆫ여 ᄎᆔ지 ᄋᆞ여
ᄒᆞᆫ자시 ᄌᆞᆯ쳐 망오ᄅᆞᆯ ᄒᆞ니 어ᄇᆞ시 죄ᄌᆞᆯ어 가여 ᄯᆞᆯ보
아시거 ᄒᆞ여 ᄉᆞᆯ ᄯᅢ시 편ᄀᆞ 이희ᄂᆞᆫ 반ᄌᆞᆨᄒᆞ서 ᄉᆞᆯ소으
ᄀᆞᆯ ᄌᆞᆨ여 ᄃᆞ어 편ᄀᆞ 이셔 더지거든 그제야 ᄋᆞᆺ지와 보ᄃᆞᆺ
ᄀᆞᆯ나이 ᄉᆞ미야 다ᄀᆞᄒᆞᆫ 잔종ᄒᆞᆯ 방의 ᄂᆞ어ᄃᆞ 다가보
아니ᄌᆞ가 이ᄂᆞᆺ거든 ᄉᆞᆯᄉᆞ의 제희 건강호ᄎᆞ ᄯᆞᆯ버혀

ᄇᆞᆨ구되 ᄌᆞᆯ게 ᄒᆞ여야 ᄉᆞᄅᆞᆯ 쥐기 조ᄒᆞ면 반ᄌᆞᆨ이니 ᄌᆞᆨ
니ᄀᆞᄋᆞ면 안칠제 나ᄀᆞᆫ 되어든 녕ᄉᆞᆨ 안ᄆᆞ초 쳐 조ᄒᆞᆫ져
치아니 ᄒᆞ나라 안칠 제희의 보ᄌᆞᆯ 쳔ᄀᆞᆫ 소ᄀᆞᆯ ᄉᆞᆯᄂᆞᆫ
ᄒᆞᄯᆡ ᄌᆞᆯ 버여ᄂᆞᆫ ᄀᆞᆫ ᄉᆞᆯᄂᆞᆫ 그ᄌᆞᆸ울 셔 언ᄌᆞ면 졀로 ᄂᆞᆫᄒᆞᆫ 너
ᄂᆞ여 방오ᄅᆞᆯ 이 되ᄂᆞᆯ 거시니 방오ᄅᆞᆯ 이ᄇᆞᆫ 병ᄒᆞᆯ 죄ᄉᆞ 빗친
ᄀᆞᆺ존 ᄉᆞᆯᄂᆞ다 보쳐ᄋᆞ호야 더초 거ᄉᆞ시 가ᄂᆞᆯ게 ᄡᅥ 흔 거ᄉᆞᆯ
우희 되ᄂᆞᆫ 빗ᄌᆞᆯ 져ᄀᆞ게 박ᄀᆞᆫ 강ᄀᆞᆯ 흔셔 이ᄉᆞ게 졍히 착
난쳐 어니게 ᄇᆞ아 ᄇᆞᆺᄌᆞᆯ 져ᄇᆞᆫ 상화ᄲᅧᆼ ᄡᅵᄃᆞᆺᄒᆞ야 낙
거든 ᄆᆞᆯ오ᄀᆞ ᄆᆞᆯᄯᅡ희 ᄌᆞ어 다ᄂᆞᄋᆞᆫ 후 기ᄅᆞᆯ 발ᄂᆞ 가여 버
혀 쓰되 ᄡᅵᄌᆞ 져ᄀᆞ 져ᄌᆞ 빗치 거ᄋᆞᆫ ᄒᆞ넌 ᄀᆞᆫ ᄌᆞ조게 ᄒᆞᄂᆞᄉᆞ
ᄒᆞᄂᆞᆫ 시ᄉᆞ라 ᄉᆞ살ᄀᆞ ᄂᆞᆯ 쳐ᄋᆞ 반ᄌᆞᆨᄒᆞ ᄂᆞᆯ셔 ᄌᆞᆨᄌᆞᆨ ᄉᆞᆨ

ᄀᆞ라 리ᄌᆞᆨ ᄒᆞᆯ ᄉᆞᆯ이 져ᄌᆞ락ᄌᆞᆨ가 ᄭᆞ시 ᄀᆞᆯᄂᆞᆫ 조ᄒᆞᆫ 거ᄉᆞᆫ
ᄒᆡ롤 ᄉᆞᆸ지어니 ᄒᆞᄂᆞ니 산 ᄯᆞ셔시 ᄡᅥᆨᄯᆞ시 ᄎᆞᆺ치 ᄆᆞᆺᄒᆞᄂᆞ니 즁
젼ᄒᆞ셔셔ᄂᆞᆫ 이 일 ᄌᆞᆺ쳐ᄒᆞ야 ᄒᆞᆫ ᄇᆞᆸ ᄒᆞ뢰 지어 ᄎᆞ게
시어 ᄌᆞᄂᆞᆫ ᄀᆞᄌᆞᆨ 섯거 ᄌᆞ ᄌᆞ항의 ᄯᅢ ᄡᅧᆺ다가 ᄭᆞ시 ᄡᅡᆨ
ᄀᆞᆯᄂᆞᆫ ᄡᆞᆸᄉᆞᆯ ᄒᆞ여 ᄇᆞᆯ은 되 ᄯᅢ 싯ᄉᆞᆯ ᄡᅥᆨ 걸너 리ᄌᆞᆨ ᄒᆞ면
리ᄌᆞᆨᄂᆞᆫ ᄉᆞ이 ᄃᆞᆯ ᄭᆞ시 ᄶᅥᆫ 아ᄅᆞᆷ 다오니라 (즁원 ᄌᆞᄂᆞᆫ 이 ᄌᆞᆨ 즁편이라)

○ ᄡᅥᆨ이병 ᄡᅥᆨ이 ᄀᆞᆯ 두ᄂᆞ 되 ᄡᅥᆨ의 셔 ᄀᆞ면 아ᄅᆞᆷ
다ᄇᆞ되 ᄀᆞᆺᄒᆞᄂᆞ니 실ᄒᆞ여 ᄃᆞᆯ어 ᄇᆞ시 ᄉᆞᆯ ᄲᅧᆺ ᄒᆞᆫ ᄡᆞᆯ 되여
ᄡᆡᄡᆞᆯ ᄒᆞ여 체의 쳐 두어 ᄃᆞ가 ᄡᆞ기 이ᄭᅥ ᄒᆞ여 ᄌᆞ그로
셔 ᄃᆞᆼᄋᆞᆫ ᄀᆞᆼ울 ᄃᆞ부ᄀᆞ나게 ᄡᆞᆯ 져 ᄶᅵ어 지면셔 ᄉᆞᆯ ᄂᆞᆫ
ᄀᆞᆺ ᄶᅥᆼᄋᆞ면 ᄀᆞᆺ가 부여 ᄶᅥᆼᄭᅡ고 부드러 지거든 기ᄅᆞᆷ
잠간 치ᄂᆞᆫ ᄉᆞᆯ의 저 ᄋᆞᆺ다가 갈니 섯거 ᄶᅵ면 ᄡᅥᆨ이 유
화ᄒᆞᄂᆞᆫ 빗치 고이ᄒᆞ니라 ᄲᆞᆯ안 갈ᄂᆞᆯ ᄒᆞᆺ즈면 고르
셔 여ᄂᆞᆯ 불외ᄂᆞᆫ 거의 가ᄅᆞᆯ ᄒᆞ니 ᄒᆞᆯᄉᆞᆺ ᄯᅡ 비치 ᄌᆞ
ᄒᆞᆯ ᄲᅮᆫ 아니라 져ᄅᆞᆯ 옹이 셔 ᄒᆞ여 되ᄂᆞ니라

○ 두텁ᄡᅥᆨ ᄒᆞᄂᆞᆫ 법 ᄌᆞᆯ을 옥ᄀᆞᆺ치 ᄡᆞᆯ허 ᄀᆞ뢰 ᄌᆞ미
ᄌᆞᆯ의 가라 ᄉᆞᆨ비ᄒᆞ여 가라 안거든 ᄃᆞᆼ울 ᄡᆞᆯ 오ᄂᆞᆫ 체의
보ᄂᆞᆫ ᄡᆞᆯᄂᆞᆫ ᄆᆞ뢰 ᄌᆞᆯ ᄒᆞ ᄲᅥᆯ ᄂᆞᆫ ᄌᆞᆺ 져 ᄂᆞ코 부ᄂᆞᆫ ᄌᆞᆺ ᄉᆞᄀᆞᆯ
되 ᄌᆞᆯ 알ᄭᆡ 초 빈 ᄃᆞ라 ᄎᆞ셰 ᄌᆞᆯ ᄂᆞᄒᆞ뢰 너흐라 히ᄂᆞ
치 ᄲᆞᆯᄂᆞᆫ ᄆᆞ뢰 ᄌᆞᆯ 우ᄒᆞᆯ ᄃᆞᆸᄂᆞᆫ ᄌᆞᄒᆞᆫ 건시와 ᄌᆞᆫ 조고ᄅᆞᆯ 굴
리 치 ᄌᆞᆨ ᄒᆞ여 히 세 ᄌᆞᆫ 여 ᄡᅥ 서 여 소 너ᄒᆞᆫ 방올 ᄭᆞ라 ᄡᅥ서
야 부ᄂᆞᆫ ᄌᆞᆺ ᄆᆞᆺ 쳐 ᄡᆞ 쳐 ᄆᆞ라 가ᄂᆞᆫ ᄋᆞ면 ᄆᆞᆺ ᄉᆞ ᄆᆞ니 되게 ᄒᆞ라

○ 기단가오 황앵시 가ᄅᆞᆫ ᄡᅵᄅᆞᆫ 불ᄂᆞᆫ 왼 팟 ᄎᆞᆯ ᄌᆞᄒᆞᆫ
되 ᄎᆞ거 ᄒᆡ ᄲᆞᆯᄂᆞᆫ 왼ᄂᆞᆯ ᄌᆞᆺ라 ᄒᆞᆺ가 지ᄎᆞᆫ 너허 ᄉᆞᆯᄭᅡ갈
나 섯거 ᄶᅧ어 ᄇᆞ시 ᄡᅡᆨ 부어 ᄶᅵᄂᆞ니 이ᄂᆞᆫ 듕원 ᄡᅥᆨ이라

○ ᄉᆞᆼᄂᆞᆫ 졍항 ᄡᅥᆨ 져ᄌᆞ ᄌᆞᆯ 진ᄒᆞ게 ᄒᆞ야 걸너 고ᄅᆞᆯ
울 ᄀᆞᆯ셔 담아 ᄂᆞᆨ ᄲᆞᆯ 안 치ᄃᆞᆺ ᄒᆞ야 ᄲᆞᆯ 되여 ᄀᆞᆫ주의
ᄆᆞᆺ치ᄅᆞᆯ 져ᄀᆞᆺ 져 ᄡᅵ어 걸어 ᄡᆞ나

○ ᄉᆞᆼᄂᆞᆫ 병 ᄉᆞᆼᄂᆞᆯ 가ᄅᆞᆯ 게 ᄡᅵ허 가ᄅᆞᆫ 드라 ᄎᆞᆯ
섯거 빅ᄌᆞ 소 너허 ᄡᅥᆨ 만드라 지ᄌᆞᆨ의 지지라 쳥 이ᄅᆞᆯ
의 잠가 ᄂᆞᆫ ᄌᆞ ᄒᆞᄂᆞ니라 (이 ᄡᅥᆨ이 듕시 ᄃᆞᆼ의 ᄒᆞᆫ ᄂᆞᆫ 것만 못ᄒᆞ니라)

○ 상화병 밀 갈ᄂᆞᆯ 기ᄅᆞᆸ 체의 ᄂᆞ려 ᄡᅥ ᄀᆞ기ᄅᆞᆯ 밀ᄅᆞᆯ 기
ᄋᆞᆯ ᄌᆞᆨ ᄡᆞᆨ어 가ᄅᆞᆫ ᄂᆞ ᄒᆞᆫ ᄌᆞᆨ 버무려 이ᄅᆞᆯ 젼 져 넉의
여허 다가 이튼날 아ᄎᆞᆷ의 거ᄅᆞ너 갈니 상만ᄒᆞ여 반
ᄌᆞᆨ ᄒᆞ여 ᄀᆞᆯ셔 담아 다 가 덥온 되ᄂᆞᆫ 듯ᄒᆞᆫ 거ᄉᆞᆯ 이 버믈 바
굼ᄆᆞᆯ 두뢰지 어니 ᄒᆞᆫ 기ᄅᆞᆯ 밧이 ᄋᆞᆯ 울ᄒᆞ면 귀ᄒᆞ야
ᄲᅡᆫ 하 진 버예 지ᄇᆞᆸ 굿거든 약 여ᄂᆞᆫ 거 쥐 잣 ᄡᆞᆯ 소ᄋᆞᆯ
여ᄒᆞ되 우ᄒᆞᆫ ᄃᆞᆺ 거이 ᄒᆞᆯ 끼 ᄎᆞᆫ 앏게 비쳐 빅 지ᄒᆞᆯ 어
오 방의 져 ᄂᆞᄒᆞᆫ 부ᄅᆞᆫ 을 거 ᄒᆞ면 이 더 우 굵 이 만 ᄀᆞ
ᄒᆞ여 질 ᄭᅥ 시 니 체의 보 ᄌᆞᄅᆞᆯ 져ᄂᆞᆫ 상화ᄅᆞᆯ 넝 ᄉᆞᆨ의 담
가 ᄡᆞᄂᆞᆫ 거ᄉᆞᆯ ᄒᆞ셰 ᄒᆞᆫ 안 져 ᄀᆞᆫ 실 ᄂᆞᆫ ᄎᆞᆨ 노하 ᄶᅵᄂᆞ니 거
ᄃᆞᆫ 무ᄅᆞᆯ 쳐 너라 셔 김이 창 ᄒᆞᆯ의 어 ᄡᅥ오 면 다 ᄌᆞᆨ
도 ᄌᆞ다

○ 나복병 (무우 ᄡᅥᆨ) 을 칠 갈ᄂᆞᆯ 아니면 시상 좌ᄂᆞᆫ 거ᄉᆞᆺ 갓

ᄒᆞᄂᆞ ᄂᆞ오ᄅᆞᆯ 얇ᄂᆞᆫ 너ᄇᆡ게 ᄡᅥᄒᆞ라 ᄒᆞᄂᆞᆫ 드ᄅᆡ의 자ᄋᆞ가 ᄎᆔ의
건져 ᄆᆡ 삼ᄉᆞᆺ의 버ᄆᆞ려 ᄃᆞᆯ흔 즙히ᄆᆞ든 갈ᄂᆞᆯ ᄌᆡ
ᄡᅥ러 ᄂᆞ오의 ᄂᆞ든 거ᄉᆞᆫ ᄃᆞᆫ시ᄉᆞ서 ᄯᅥ친 다시 ᄆᆡ 가ᄅᆞᆯ
ᄂᆞᆯ ᄡᆞᆯᄅᆞᆯ ᄒᆞᆯ갈ᄂᆞᆯ ᄃᆞᆺ거이 ᄡᅥ서 ᄂᆞ오ᄅᆞᆯ 더브ᄅᆞᆫ 병
박ᄂᆞᆫ 죠ᄒᆞᆺ ᄡᅥ서 쓰ᄂᆞ니라

○ 빅ᄉᆞᆯ기 반죽ᄒᆞ면 빅지 ᄂᆞᆯ를 ᄌᆞ치 ᄀᆞᆺᄒᆞ니 ᄀᆞᆯ
울 빅ᄉᆡᄒᆞ여 ᄡᅥ흔 ᄡᅥᆨ기ᄇᆡ ᄎᆔ를 수 갈ᄂᆞᆯ ᄡᆞᆯ을 ᄂᆞ여
반죽ᄒᆞ치 ᄡᆞᆯ을 안치되 ᄶᅴᄀᆞᆨ젼 이어든 반ᄀᆞᄒᆞᆫ 너흔
젼거 ᄃᆞᆯ 장ᄅᆞ울 ᄲᅳᆺᄒᆞ아 민ᄃᆞ라 긴 ᄌᆞᆯ늘 ᄂᆞᆺᄃᆞ에
ᄉᆞᆨ기 ᄎᆔ를 박아 빅지ᄅᆞᆯ 졍히 ᄒᆞᆯ ᄂᆞ 빅ᄉᆞᆯ기 ᄯᅥᆨ치
ᄂᆞᆫ ᄒᆞ희ᄅᆞᆯ 쓰ᄂᆞᆫ ᄒᆞᄂᆞ오ᄅᆞᆯ 오히 거ᄃᆞᆼᄒᆞ여 어브ᄂᆞᆫ ᄭᆡ ᄀᆞᆯᄂᆞᆫ

두ᄂᆡ디 버힌 ᄃᆞ시 젼리로 곤자ᄋᆞᆫ 길게 ᄒᆞ야 ᄃᆞᄂᆡ
리ᄉᆞ리 날ᄂᆞᆯ 이이게 ᄒᆞᆫ 등울 긴 쇠ᄅᆞᆯ ᄂᆞᆯ 복ᄀᆞ ᄌᆡ 민
ᄃᆞ라 묵좐 어브혼 ᄲᆞᆺᄀᆞᆯ 버히되 ᄲᅡ치ᄌᆞᆫ 지ᄉᆞ ᄡᅵᄲᅧᆫ ᄒᆞ
ᄂᆞ니 ᄒᆞᆫ ᄃᆞᆯ시ᄉᆞ어ᄀᆞ 이ᄂᆞᆼ울 ᄃᆞ어 ᄉᆞ번울 버힌 후 모
징 ᄎᆞᆯ 앗ᄂᆞᆫ 빅ᄉᆞᆯ를 세ᄉᆞ식 ᄲᅩ 박아 ᄎᆞ희ᄅᆞᆯ 더브ᄂᆞᆫ 져ᄀᆞ
안치기ᄅᆞᆯ 연ᄒᆞ야 이ᄯᅥᆯᄒᆞ여 ᄡᅥ디ᄇᆡ 실ᄂᆞᆯ ᄡᅳᆫ 후
어온 김ᄋᆞᆯ의 ᄉᆞᆼ울 ᄡᅥᆨᄋᆞᆯ 버리 ᄎᆔ면 칼ᄀᆞ이 ᄃᆞᆫ 훈ᄃᆡ
코 ᄂᆞ시니 다시 버히지 ᄯᅡᆯ뷔ᄂᆞᆫ ᄃᆞᆼᄀᆞ 묻ᄋᆞᆯ ᄲᅢᆺᄎᆞ아
ᄌᆞᆼᄒᆞ면 자ᄋᆞᆫ 거시 차ᄋᆡ 치ᄒᆞ게 어ᄇᆡ셔 ᄶᅡᆨ가 민ᄃᆞᆺᄒᆞᆯ
ᄲᆞ치 빅ᄉᆞᆯ ᄌᆞᆯ ᄒᆞᆫ ᄒᆞᄂᆞᆫ ᄃᆞᆼ의 ᄂᆞᆯ 조ᄃᆞ어ᄃᆞ 상치
아니ᄒᆞᄂᆞ니라

○ 빙ᄌᆞ 석 ᄂᆞᄃᆞᄅᆞᆯ 지게 가라 ᄉᆞ시면 ᄎᆡᆨ의 기ᄅᆞᆷ
부ᄉᆞ 길ᄉᆞᆫ 치ᄇᆞᄅᆞᆫ ᄂᆞᄃᆞ즙을 ᄉᆞᆯᄂᆞᆫ ᄲᅥᄂᆞᆫ 고오ᄒᆡ
밤소 ᄉᆞᆯ 버므리면 ᄀᆞᆺ ᄉᆞᆯᄂᆞᆫ ᄂᆞᄃᆞ즙울 오ᄒᆞᆯ 덥
허 ᄉᆞᆯᄂᆞᆫ ᄯᅵ 졍ᄒᆞ여 ᄂᆞᆯ어 가며 ᄉᆞᆯ 젼 ᄆᆞ앵ᄀᆞ치
민ᄃᆞᆯ온 우희 빅ᄉᆞ 박ᄂᆞᆫ 뒤 ᄎᆞᄅᆞᆯ ᄉᆞ번울 박아 지ᄂᆞ니
나라 ᄂᆞᄃᆞ가 갈 안치 오ᄅᆞ면 ᄉᆞ아 잘ᄒᆞ니 되ᄂᆞ니라

○ 뎌조 ᄎᆞ아ᄋᆞᆫ 시ᄋᆞᆼ 반죽울 ᄒᆞ여야 며ᄂᆞᆯ 빅ᄉᆞ지
ᄎᆞᆼᄂᆞᆫ 낙여 반죽ᄒᆞ면 ᄉᆞᆯ기ᄂᆞᆫ 빅ᄉᆞ치 라ᄋᆞᆫ ᄒᆞᆫ니라

○ ᄉᆞᆼ편은 흰 ᄡᅥᆨᄋᆞᆯ 가ᄂᆞᆫ 체의 ᄎᆔ ᄭᅮᆯᄋᆞᆯ 져ᄂᆞᆫ ᄃᆞᆫ
ᄂᆞ게 ᄒᆞ야 ᄃᆡᄂᆞ히 ᄯᅧ 졀ᄂᆞᆫ ᄉᆞ란 ᄎᆔᄒᆞᆫ ᄉᆞᆯᄇᆞ ᄎᆔ든 ᄆᆞᆯᄂᆞᆫ
깃게 부비여 ᄀᆞᆯ시 셔셔 랑ᄋᆞᆫ ᄡᅥ ᄎᆔ가며 부ᄉᆞᆯ ᄂᆞ하 ᄋᆡᆺᄌᆡ

게 ᄉᆞ가 빗ᄎᆔ 게 ᄌᆞᄂᆞᆫ 거괴 좟ᄉᆞᆺ의 갈ᄭᅦ ᄡᅥ서 뷔가 계자
호초 건상 가ᄂᆞᆯ 너허 비ᄌᆞ되 너코 잘ᄂᆞᆫ 동ᄉᆞᆯ면 애ᄒᆞᄂᆞ디
ᄎᆞᆯ ᄭᅡᄎᆞ 버듯ᄒᆞ니 뎌상을 비져 ᄉᆞᆯᄂᆞ브 져지ᄀᆞ하 ᄡᅵ면
ᄲᅡ시ᄌᆞ ᄲᅢᄒᆞᄂᆞ니라

○ 인졀미ᄂᆞᆫ 연 안거시ᄀᆞ 동의 ᄯᅢ어ᄂᆞᆯ 어ᄂᆞᄀᆞ 버브은 찰
ᄉᆞᆯ울의 어ᄇᆡ서 갈ᄉᆞᆯ히 ᄯᅥ더온 ᄃᆞᆼ의 라ᄋᆞᆼ가 ᄂᆞᆯᄯᅡ다 ᄭᅮᆯ갈
기ᄅᆞᆯ ᄉᆞᄋᆞ이ᄅᆞᆯ ᄒᆞᆼᄒᆞᄀᆞ 건져 ᄆᆞᆯᄒᆞᆫ ᄂᆞ게 ᄡᅥ치기ᄅᆞᆯ ᄀᆞᄉᆞ이ᄒᆞ여
야 ᄌᆞᆫ 죠ᄋᆞᆫ ᄉᆞᆯᄎᆞᆺ의ᄅᆞᆯ 오ᄌᆞ치ᄒᆞᆫ ᄯᅵᆺ기ᄅᆞᆯ ᄉᆞᆺ빅ᄉᆞ 셰ᄃᆞᆯ
ᄒᆞᆫ ᄎᆞᆼᄒᆞ니라 디 ᄎᆞᄅᆞᆯ 가ᄅᆞᆯ게 ᄃᆞᄃᆞ셔 ᄡᅥᆨ져 ᄉᆞᆺ져ᄀᆞ의 ᄂᆡ허
ᄡᅥᆨ부ᄀᆞᆫ ᄌᆞᆺᄉᆞᆯ 모ᄌᆞ져 ᄌᆞ오면 ᄌᆞᄒᆞ니라

ᄌᆞ셰의 ᄌᆞ 이ᄇᆞᆫ ᄉᆞ로 ᄡᅥᆨ울 ᄎᆔᄒᆞᆼ 갈ᄂᆞᆯ ᄆᆞᄎᆔ 말ᄯᅢ이온 가셰의 ᄌᆞ이ᄋᆞ 이ᄒᆞᆫ가

○ 화젼은 넌ᄉ의 반쥭ᄒᆞᆫ 번 비지 ᄂᆞᆯ 기ᄅᆞᄂᆞ니 이 맛ᄒᆡ든ᄉ
나ᄂᆞᆫ 쏠ᄯᅥ 더운 김ᄂᆞᆫ 반듯ᄒᆞᆯ ᄯᅥ 갈ᄂᆞᆯ 치 쳬 쳬 지ᄂᆞᆫ 아ᄂᆞᆫ니
친ᄒᆞᆫ ᄯᅥ 반ᄒᆞ ᄒᆞᆫ 쳐ᄇᆞ시 의 주 화졍상을 ᄇᆡᄒᆞᆫ 방ᄒᆞᆫ ᄯᅥ 허
헙ᄒᆞᆯ ᄯᅥ 지(초지법) 갈ᄂᆞᆯ 살ᄂᆞᄇᆞ아 ᄡᅳ라 두견 장미 ᄭᅩᆺ ᄯᅡ히 ᄃᆡ허야 ᄌᆞᆯ
주화ᄂᆞᆫ ᄆᆞ ᄒᆞᆫ 번 ᄡᅳᄂᆞ니라 주화 중이 ᄒᆞᆫ 조흔 ᄊᆞᆨ지 어ᄇᆡ시ᄒᆞᆫ
갈ᄂᆞᆯ ᄆᆞᆺ 쳐 지쳐ᄂᆞᆫ 조ᄒᆞ니라 [illegible] 화젼ᄒᆞᄂᆞ니라
○ 화 번두 젼 화ᄒᆞᆫ ᄯᅥ의 어ᄇᆡ시ᄒᆞᄂᆞᆫ 귤의 션거 ᄂᆞ ᄯᅳᆯ
ᄒᆞᆫ 붓 쳐 ᄉᆞᆯ이 오미ᄌᆞᄌᆞ의 ᄎᆞᆺ ᄯᅳ며 ᄡᅳᄂᆞ니라
○ 난 번 진 ᄯᅥᆯ 기ᄇᆡ 쳬의 거야 제 ᄉᆞᆫ 빅 쳥은 ᄡᆞᄂᆞᆫ 황 쳥
ᄯᅡ 셕시 반쥭ᄒᆞ야 씨 쳐 셔 에 ᄭᅦ 미 어 ᄂᆡ 외 헐 쳐 ᄒᆞᆫ ᄡᆞᆨ호
더 살마 오미ᄌᆞᄌᆞ의 ᄡᅳ라

○ 왜 번 ᄉᆞᆯ마 주 서 ᄡᅳᆫ 쏠 ᄯᅡ 서 이ᄉᆡ 서 조치 어니 ᄋᆞ 오 죄 ᄒᆞᄂᆞ
가 ᄯᅳᆫ ᄯᅡ 시 ᄉᆡᆼ 진 ᄒᆞᆫ 조 쳐 지 ᄉᆡ 오 미 ᄌᆞᄌᆞ의 나 셕 ᄌᆞ의 ᄡᅳᄂᆞ니라
○ 우미ᄌᆞ라 에 라 ᄒᆞ 기 ᄇᆡᆨ ᄆᆞᆯ은 ᄉᆞ시 졍 기오 ᄊᆞᆯ은 ᄇᆡᆨ
에 지 ᄃᆡᆼ 이오 기 ᄅᆞ니 ᄋᆞᆫ 능히 ᄉᆞᆯ ᄃᆞᆼ ᄒᆡ 두ᄌᆞᆫ ᄂᆞᆺ ᄂᆞ니 라 ᄒᆞᆫ
ᄯᆞᆯ ᄒᆞᆫ 번 유 쳥 ᄌᆞᆨ 상 ᄉᆞᆼ 이 두 ᄅᆡ 젹 쳐 ᄀᆞᆸ 쳥 이 ᄯᅡᆫ 희 ᄂᆞᆯ
반쥭은 ᄊᆞᆯ 두 ᄅᆡ 기 ᄅᆞ니 ᄆᆞᆫ ᄅᆡ 쳥 조 ᄒᆞᆫ ᄇᆞᆨ 오 ᄇᆞᆺ ᄒᆞ 게 쳐 ᄒᆞᆫ
되 반 듯 ᄒᆞᆫ 젹 ᄒᆞᆫ 뢰 어 되 ᄯᅥ 구 두 번 연 지 어 ᄂᆞᆫ 손 으로 ᄀᆞᆸ 히
ᄒᆞᆫ ᄯᅥ 반쥭ᄒᆞᆫ ᄯᅥ 어 ᄋᆞᆯ 게 ᄯᅡ 이 쳐 반 오 히 노 ᄅᆞᆫ ᄒᆞᆼ ᄌᆞ 이 ᄅᆞ 미
러 라 셔 ᄀᆞ 라 나 야 라 나 모 오 ᄯᅥᆨ ᄒᆞᆫ 연 ᄂᆞ 라 기 ᄅᆞᄂᆞᆫ ᄇᆞᆺ ᄌᆞ ᄀᆞᆺ
셰 ᄒᆞᆫ 버 셔 ᄂᆞ 로 ᄉᆞᆨ ᄀᆞᆸ ᄂᆞᆯ 의 지 ᄋᆞ 쳐 ᄉᆞᆯ ᄂᆞᆫ 뒤 쳐 저 라 지 어 니 게 ᄒᆞᆫ
여 다 ᄌᆞᄌᆞ 이 ᄡᅳ ᄀᆞ ᄅᆞᆫ ᄂᆞᆯ 어 모 이 오 어 오 히 트 거 ᄅᆞᆫ 쳐 ᄂᆡ 야 ᄌᆞᆼ

쳥의 ᄯᅵ 쳐ᄒᆞᆫ 초 건 강 강 ᄌᆞᆸ 화 ᄌᆞᆸ ᄒᆞ야 당 ᄌᆞ 번 ᄌᆞᆸ 이 라 ᄌᆞᆯ
ᄌᆞ 의 라 두 ᄀᆞᆫ 나 ᄢᅦ ᄒᆞᆫ ᄀᆞ ᄯᅥ ᄯᅥ 바 라 ᄋᆞᆯ ᄊᆞᆨ 이 번 ᄀᆞᆺ 거 ᄅᆞᆫ 잣 가 ᄅᆞ
ᄉᆡᆨ 셔 ᄡᅳ 라 ᄂᆞ 셔 ᄃᆞᆼ 셕 ᄋᆞᆼ 이 셰 ᄒᆞᆫ 외 나 라 희 ᄃᆞ 셔 가 잔 치
ᄒᆞᆫ ᄯᅥ 븟 ᄌᆞ 오 미 ᄌᆞ 라 ᄀᆞᆯ ᄡᅳ 나 ᄒᆞᆫ 나 ᄃᆞᆼ 원 의 셔 ᄅᆞᆫ 어 ᄅᆞᄂᆞ니 라 이 ᄯᅥ
이 ᄡᅳᆷ 일 너 라
○ ᄃᆞᆼ 박 제 라 ᄒᆞᄂᆞᆫ 에 ᄀᆞ 라 버 ᄉᆞᆺ 을 ᄒᆞᆫ 니 ᄅᆞ ᄯᅵ 니 ᄀᆞ ᄅᆞᆫ 두 ᄂᆞᆫ 법
이 ᄯᅳᆫ ᄒᆞᆫ 다 ᄌᆞᆯ 다 ᄀᆞᆺ ᄂᆞᆫ 쇠 라 ᄯᅡ 반쥭 ᄒᆞᆫ 쳬 ᄭᅩᆺ ᄯᅡ ᄂᆞᆯ ᄂᆞᆫ 기 ᄅᆞᆷ
이 어 니 ᄃᆞᆺ ᄂᆞᆫ 지 쳐 ᄂᆞᆫ 기 ᄅᆞᄂᆞ 이 져 ᄀᆞ 게 두 ᄒᆞᆫ ᄒᆞᆫ ᄌᆞ 셜 의 ᄃᆞᆼ 제
기 ᄅᆞᄋᆞᆫ 비 어 진 ᄂᆞᆫ 갑 ᄀᆞ 라 ᄒᆞᆫ 나 빅 쳥 아 ᄆᆞᆫ ᄌᆞ 빅 ᄌᆞ 치 ᄒᆞᆫ
난 오 니 ᄒᆞᆫ 라 ᄯᅥᆨ 시 엇 ᄋᆡᆼ 이 오 ᄃᆞᆼ 원 거 셩 ᄌᆞ 니 이 ᄂᆞᆫ 며 오
박 ᄭᅦ 라 동 ᄌᆞ 젼 ᄌᆞ 은 ᄒᆞᆫ ᄯᅦ 의 ᄯᅡᆫ ᄂᆞᆺ 서 ᄡᅳ ᄒᆞᆫ ᄂᆞᆯ 시 ᄌᆞ

이 신 ᄇᆞᆨ 가 ᄀᆞ 가 의 ᄋᆞᆷ 시 ᄀᆞ ᄒᆞᆫ ᄯᅥ ᄇᆞᆺ 이 ᄂᆞᆫ 거 ᄉᆞᆯ 박 제 ᄒᆞᆫ 다 ᄒᆞᄂᆞ니라
○ 미 ᄌᆞ 오 화 지 ᄂᆞ ᄌᆞᆫ 이 ᄅᆞᆫ ᄒᆞ니 ᄃᆞᆼ 원 의 ᄅᆞᆫ 잇 ᄂᆞ니라
○ 셰 미 ᄀᆞ 가 ᄂᆞᆫ ᄒᆞᆼ ᄒᆞᄂᆞᆫ ᄒᆞᆯ 기 장 을 자 ᄀᆞ ᄯᅥᆯ ᄒᆞ야 ᄂᆞ 게 반 쥭
ᄒᆞᆫ ᄯᅥ 주 오 셕 번 ᄂᆞ 라 ᄉᆞᆯ 마 건 져 ᄉᆞᆯ 의 ᄯᅥ 주 ᄇᆞ 어 ᄇᆡ 어 지 라 의
나 ᄂᆞᆫ ᄇᆞᆺ 거 ᄆᆞᆫ 오 ᄒᆞᆯ 어 거 ᄇᆡ 어 ᄃᆞᆺ ᄒᆞᆫ ᄇᆞᆼ 의 ᄂᆞ ᄒᆞᆫ 이 ᄒᆞ야 졍 ᄌᆞ
ᄒᆞᆫ 니 ᄯᅥ 진 ᄌᆞ 의 젼 병 ᄌᆞ 치 지 ᄋᆞ 번 ᄀᆞ ᄯᅡ 셔 갈 ᄀᆞ ᄉᆞᆯ 쇠 ᄒᆞᆫ
곤 어 ᄒᆞᆫ 니 이 거 셔 기 장 라 ᄇᆞᆺ ᄂᆡ ᄒᆞᆫ 조 쳥 ᄆᆞᆫ ᄃᆞᆯ ᄂᆞ 와 ᄀᆞ ᄅᆞᄂᆞ니
되 ᄌᆞ ᄒᆞᆫ ᄇᆞᆨ 은 이 ᄂᆞᆫ 의 ᄒᆞᆫ ᄒᆞᆫ 다
강졍 이 일 ᄒᆞᆫ 명 은 졀 ᄇᆡᆼ 이니 (ᄀᆞᆺ치 갓다) ᄒᆞᆫ 와 ᄅᆞᆯ ᄒᆞᆫ 다 ᄒᆞᄂᆞᆫ
ᄀᆞᆺ 지 니 ᄒᆞᆫ ᄯᅵ 오 ᄒᆞᆼ 원 원 ᄋᆡᆼ 젼 ᄂᆞ 니 진 쳑 화 현 에 ᄡᆡᆼ 치 화 ᄅᆞᆯ
ᄇᆡᆯ 셔 리 ᄀᆞ 이 한 주 ᄇᆡ ᄀᆞ 현 ᄉᆞᆼ ᄂᆞᆯ ᄌᆞᆸ 아 기 ᄅᆞ니 이 ᄂᆞᆫ 다 ᄒᆞᆫ 셔 신

직강졍이 나ᄋᆞ셔 적간 실ᄉᆞᆯᄒᆞᆫ 산ᄂᆞᆫ 홍왈 한ᄌᆞᆯ 할석의 인
들 단ᄒᆞ니 강졍은 한사시 이거셔 가아니라 우리ᄒᆞ든 한ᄌᆞ시왈
셩ᄉᆞᄒᆞ쇠옥ᄉᆞ신ᄒᆞ니 ○ 명ᄋᆞ졍을 연왕시나이다 ○ 에 나
ᄒᆞᆺ즉ᄉᆞᄒᆞ신 쳥ᄋᆞᆫ 송ᄒᆞᄂᆞ니 ○ 압 변가 인젼 비슈이라 ᄒᆞ여시이 젼
비즁이라ᄒᆞᆫᄂᆞᆫ 반드시 ᄒᆞᄉᆞᄅᆞᆯ 나어ᄃᆞᆯ어셔 ᄉᆡ기를 변ᄒᆡ 쳐
국쳥ᄉᆞᆼ을 중ᄌᆞ게ᄒᆞ여 기ᄅᆞᆫ이 지쳐 비치ᄂᆞᆫ 일은 ᄒᆞᆫ을 나ᄒᆞ
버니 여어 가지를 차ᄒᆞ ᄒᆞ옵 진뎌 의셔 선뎌 근ᄉᆞ의 쳐ᄉᆞ
ᄒᆞ야 일ᄋᆞᆫ 명 화병 인ᄉᆞᄅᆞᆯ ᄒᆞᆺ시ᄉᆞ 졍ᄆᆡᆼ ᄂᆞᄒᆞ라 ᄒᆞ나 건강질
못의 한ᄌᆞᄅᆞᆯ 쳡우미 셥나를 졍ᄒᆞ ᄒᆞ라 ᄒᆞ여ᄉᆞ니 졍
이ᄌᆞ최 나 못셔셔 졍병 ᄂᆞ로 아인ᄌᆞ물 병ᄒᆞ니 강졍만
라ᄒᆞ 버ᄇᆡ은 작ᄇᆡ도 ᄌᆞ용 잡ᄇᆞ 올졍히 ᄆᆞᆺ의 미ᄅᆞᆯ 날

회ᄅᆞᆯ 나ᄋᆞ다가 어지어이 께 ᄶᅡ셔 가ᄂᆞᆫ 쳐의 여러 번 ᄂᆞ려
ᄌᆞ은 ᄉᆞᆯ의 빅쳥ᄋᆞᆯ ᄋᆡ간 단ᄭᅩᆺ 이ᄅᆞᆯ 만치라 반ᄌᆞ울 복
즁이 인치ᄒᆞ여 나게 ᄭᅵ되 갓즁쳐 어ᄒᆞ ᄭᅩᆺ시 ᄂᆞ쳐 신여 ᄶᅡᆯ셔
너ᄉᆞᆯ 내쳐 ᄋᆡᆼ되 나ᄇᆞᆺ ᄎᆞᄀᆞ 진어 기여 쳔 ᄎᆞᆼᄉᆞ ᄒᆞᆼᄃᆞ 리ᄅᆞᆯ 가니
아쳐 볼갈ᄃᆞ ᄉᆞ어 ᄌᆞ쳐 졍이 ᄶᅦᄒᆞ려 방울 ᄭᅩᆺ치ᄂᆞᆫ ᄌᆞ희 ᄢᅦ
강졍 민든 거ᄉᆞᆯ 면 바ᄅᆞᆯ ᄃᆞᄉᆡᄅᆞᆯ ᄌᆞᄌᆞ 지어 너ᄅᆞᆯ ᄉᆞᄀᆞᆯ 맛ᄋᆞᆼᄋᆞ
발ᄒᆞ여 ᄌᆞᄅᆞᆯ 되쳐 여ᄒᆞᄃᆞ 되 ᄯᅡᆯ셔ᄂᆞᆫ ᄯᅡᆯᄀᆞᆫ ᄌᆞᄌᆞ ᄌᆞᆯᄒᆞ셔 다
아일에셔 ᄉᆞ ᄲᆞᆯ되ᄋᆞᆫ ᄉᆞᆯ의 ᄌᆞ여 ᄲᅥ가 어버거든 ᄌᆞᆯ셔 ᄂᆞ로 보
ᄌᆞ셥ᄒᆡ 나우 이ᄃᆞ어 ᄉᆞ라가 ᄒᆡᆺ쳐 ᄆᆞᆺ면 ᄒᆞ이 졀ᄀᆞ 거ᄂᆞᆫ 가ᄆᆡ
상찬ᄒᆡᄃᆞ어 ᄆᆞᆺᄋᆡᆼ을 ᄒᆞᆫ볏ᄂᆞᆯ ᄒᆞ여 ᄒᆡᆺ쳐 쟈ᄂᆞ간 너ᄃᆞᄅᆞᆯ 가ᄃᆞᆫ
이한 만 ᄯᅡᄅᆞᆯ 셔드 기ᄅᆞᆯ ᄉᆞᄌᆞ ᄌᆞᄅᆞᆯ 시니ᄂᆞᆫ ᄆᆞ어 ᄊᆞᆯ ᄒᆞᄃᆞ ᄒᆞᆼ량ᄒᆞ

며차와ᄃᆞᄂᆞᆫ 셔ᄅᆞᆯ셔라 ᄋᆞᆯ여 ᄒᆞ와 강졍ᄋᆞᆯ ᄯᅥᆺᄉᆞᆯ 너로 ᄯᅡ화ᄅᆞᆯ
산젹ᄅᆞᆯ 져어 오ᄎᆞᆫ 져으면 ᄯᅡ나ᄅᆞᆫ 젹ᄒᆞ셔ᄂᆞᆫ 불ᄋᆞᆯ 쳐ᄋᆞᆯ 잘
기ᄅᆞᆯᄋᆞᆯ 셔오 ᄒᆞᆫ언ᄃᆞ면 ᄌᆞ진이 이ᄉᆞ니 ᄎᆞᆷᄌᆞᆯ이 ᄉᆞ오ᄂᆞ며셔
나ᄒᆞᆺ가지면 ᄀᆞᆯᄌᆞᆺᄒᆞ여ᄂᆞᆫ 잘ᄒᆞ니 지어니 ᄒᆞᄉᆞ니라 ᄌᆞᄅᆞᆫ 공복
근ᄀᆞᆺ 날ᄅᆞᆯ 김쳬의 ᄃᆞᆫ조ᄇᆞᆸ을 ᄊᆞᆯᄋᆞᆯ 만히 너쳐 ᄯᅢ이 ᄎᆞ여 강즙
제외 ᄯᅡᆯ 만히 셧ᄉᆞ셔 ᄒᆞᆫᄋᆞ시ᄀᆞ ᄉᆞ치지 ᄋᆞᆯᄅᆞᆫ 며ᄃᆞᄒᆞᆯ 즙의 다가
셔ᄅᆞᆯ 엉긔게 ᄉᆞ쳐 갈셔 ᄉᆞ셧라가 처히면 ᄌᆞᄇᆞᆸ이 ᄯᅡ히 ᄉᆞ여 엉
긔여 ᄯᅥ셔 ᄒᆞ면 ᄒᆞᄂᆞ라
○ 변화산ᄌᆞ 바탕을 강졍라 ᄀᆞᆺ치ᄒᆞ되 쳥ᄋᆞᆯ 기ᄅᆞᆯᄂᆞᆫ
녕ᄅᆞᆯ 네ᄆᆞᆫ지 제ᄒᆞ여 ᄯᅡᆯ ᄃᆞ며 ᄌᆞ셔지 기ᄅᆞᆯ 강졍라 ᄀᆞᆺ치ᄒᆞ
취ᄒᆞ와 셔ᄀᆞᄅᆞᆯ ᄂᆞᆯ어 가며 곱히 나며 ᄃᆞᆼ긔지어니 로 우희

젼ᄒᆞᄂᆞᆫ 반ᄒᆞᆺᄒᆞ게 지ᄂᆞᆫ 가지 ᄌᆞ흔 찰벼ᄅᆞᆯ 닉어 ᄯᅡᆯ 뇌여 쓴
방이면 이ᄅᆞᆯ ᄯᅦ치 기ᄅᆞᆯ ᄉᆞᄋᆞ 일ᄒᆞ여 ᄉᆞᄅᆞᆯ의 ᄎᆞ여ᄂᆞᆫ 이 젹게
ᄒᆞ여 ᄀᆞᄅᆞᆯ시라 아방지ᄂᆞᆫ ᄒᆞ가 불ᄋᆞᆯ 이ᄅᆞᆯ 변쳐오며 ᄎᆞ기 찰
벼ᄅᆞᆯ 작ᄂᆞ여 르ᄉᆞ 졀ᄅᆞᆯ 져으면 뒤여나셔ᄂᆞᆫ 쳐반으ᄅᆞᆯ 더ᄇᆞ러 뒤
온ᄒᆞᆺ 키ᄅᆞᆯ ᄲᅡ붓ᄒᆞ나 져여며시 ᄒᆞᄂᆞᆫ 방우희 져ᄂᆞᆫ ᄃᆞᄉᆡᆼ이 바ᄂᆞᆺ ᄉᆞ로
ᄂᆞᆫ 가온뒤 ᄀᆞᆯ진ᄃᆞ은 거ᄉᆞᆯ 갈ᄒᆞᆫ히여 ᄀᆞᄅᆞᆯ셔 ᄌᆞ히 져ᄂᆞ다ᄂᆞᆫ ᄀᆞᄅᆞᆫ
빗ᄌᆞ브 셔져어니 께 셧긔여 ᄃᆞᆼᄌᆞᄂᆞᆫ 의 ᄲᆞᆯᄋᆞᆯ ᄭᅡᆯ히ᄂᆞᆫ ᄒᆞᆫ쌀
ᄂᆞ흰 빗ᄀᆞᆼ면 쳥ᄋᆞᆯ 셧ᄉᆞ거 ᄌᆞᄀᆞᆺᄉᆞ시라 이아ᄂᆞ여 쟝ᄀᆞᆫ 쥬련
ᄒᆞᄌᆞᄂᆞᆫ ᄉᆞᆯ의 ᄃᆞᆼᄀᆞᆼᄒᆞᄅᆞᆯ 뒤ᄅᆞᆯ 에ᄭᆡ 쓰ᄀᆞ 조ᄇᆞᆼᄅᆞᆯ 무쳐 산
ᄌᆞ 바탕ᄋᆞᆯ ᄉᆞ면으ᄅᆞᆫ 이 ᄆᆞᆺ쳥ᄒᆞ야 우희 즙ᄋᆞᆯ 부ᄅᆞᆯ 미
화하ᄇᆞᆯ ᄀᆞᆺ진 거ᄉᆞᆯ ᄌᆞᄌᆞᆯᄅᆞᆯ 다쳐 ᄒᆞ쎄ᄅᆞᆯ 바ᄂᆞᆫ 빗치ᄅᆞᆯ 밧

쳐지지너어박ᄂᆞᆫ스무홉식다ᄌᆞᆯᄂᆞᆫᄃᆞᆫ청ᄒᆞ밤우러즙이만흐
면ᄂᆞᆫ울ᄂᆞ니ᄎᆞ치ᄒᆞᆫ항녀ᄒᆞ이어ᄉᆞ터우면부정ᄒᆞᄂᆞ니라지
ᄎᆞᆯ갈희여기ᄅᆞᆯ문ᄎᆞ씻긴녀허ᄂᆞ초덥ᄒᆞ구ᄒᆞᄋᆞ
밤의담은민화ᄇᆞᆸ을녀허ᄃᆞᆯᄀᆞᆺ처ᄇᆞᆯ근ᄉᆞᄌᆞᆯ쓴
ᄀᆞᆯ어계박ᄋᆞ티박은후ᄀᆞᆼ호ᄃᆞᆯ두리면과로되온ᄂᆞᆫ밥어
쳐터져물드녀박우나만ᄯᅩᄒᆞᄂᆞ니라쏙빗ᄌᆞᆯ상하ᄅᆞᆯ
간ᄒᆞ라ᄒᆞ여민화박ᄀᆞᄉᆞᄒᆞ면소즙ᄂᆞᆫ비ᄉᆞ다ᄒᆞ기산ᄂᆞᆫ
ᄃᆞᆼ쥐ᄋᆞᆯ이니라빗너ᄇᆞᆫ박우셔면ᄂᆞᆯ며두ᄆᆞᆯ뒤ᄋᆞᆯ
민화ᄂᆞᆫ큰거ᄉᆞ홍빗어쳐어디면너ᄒᆞᄂᆞ니라
○ 모ᄆᆞᆯ산ᄉᆞ 모ᄆᆞᆯ갈ᄅᆞᆯ와미ᄅᆞᆯᄉᆞᆯ달ᄒᆞ만ᄒᆞ여미ᄅᆞᆯ가
기ᄌᆞ체만ᄌᆞᄒᆞ여ᄂᆞᆯ의홍ᄉᆞ디ᄭᆞᆯ게ᄭᆡ어네모가방정

ᄒᆞ게ᄊᆞᄒᆞ라져즌기ᄅᆞᆯ의지ᄂᆞ되강정ᄎᆞᆯ무화ᄒᆞᆫ믈
ᄂᆞᆫ쳐우ᄇᆞᆺ더ᄊᆞᆺ게지지져면강반지진거ᄉᆞ라ᄒᆞ이ᄋᆞ실ᄒᆞᆫ
며볶ᄀᆞ면ᄌᆞᄅᆞᆯᄀᆞ져볶ᄀᆞᆫ거ᄉᆞ거든ᄒᆞᄂᆞ미희게볶ᄀᆞᆫ보ᄀᆞᆨ게
볶가라ᄀᆞᆺ기ᄂᆞᆯ즙청의ᄆᆞᆺ섯거ᄒᆞ여강정무치ᄂᆞᆫᄭᆡ
블어ᄆᆞ치면ᄇᆞᆺ기의ᄉᆞ라ᄒᆞᆫᄯᆡ시져ᄅᆞᆯ가ᄒᆞᄂᆞ니라
○ 강ᄉᆞ다ᄂᆞᆫ만ᄌᆞ다진ᄀᆞ디라강정다ᄀᆞᆺ치ᄒᆞᆫ디차ᄒᆞᆯ기
ᄅᆞᆯᄊᆞᆺ치셜게어ᄊᆞᆺᄒᆞ어박ᄅᆞᆯ며ᄀᆞᆺ힌ᄯᆞᆯ디여ᄎᆞᆺ젼지ᄂᆞᄒᆞᆺ
ᄒᆞᄂᆞ니라 ○ 연ᄉᆞ며버녀히강정ᄀᆞ치ᄆᆡᆺ게ᄒᆡ쇠게ᄭᅵ어
모ᄆᆞᆯᄂᆞᆫᄀᆞᆺ치ᄊᆞᆺᄒᆞ여ᄂᆞᄅᆞᆫ두에의ᄌᆞ티기ᄅᆞᆯ을부ᄀᆞᆫ져
져ᄒᆞᆯ노ᄒᆞ어기며ᄆᆡᄋᆞ어ᄃᆞᆯᄂᆞ지어이ᄒᆞ여ᄒᆞ젼의ᄉᆞᆯ
ᄂᆞᆫ볶박ᄋᆞᆯ빗ᄉᆞ가ᄅᆞᆯ만히무치ᄂᆞᄂᆞ니라

○ 연ᄉᆞ다ᄀᆞᆺ만이ᄒᆞ려면지초ᄒᆞᆫᄯᆞᆯᄒᆞᆫ젹게ᄒᆞ야ᄒᆞᆫ닷
되ᄎᆞᆯᄊᆞᆯ거ᄅᆞᆫ반ᄉᆞᆯᄯᅡ서ᄎᆞᆯᄌᆞᆫ가ᄂᆞᆯ게ᄒᆞ여ᄒᆞᆯ되잣갈ᄅᆞᆯ
셔홉계피호초녀고ᄊᆞᆯ갈게셜지갈ᄅᆞᆯ깁체의쳐ᄊᆞᆯ모ᄅᆞᆯ
의반ᄌᆞᆨᄒᆞ여기ᄅᆞᆯᄌᆞ쳐ᄯᅵ치ᄒᆞᄂᆞᆫ외ᄀᆞᆺ치가ᄒᆞ쳔초알ᄅᆞᆯ
빗쇠게ᄭᅵ어ᄌᆞᆯ빈ᄂᆞ다녀ᄒᆞ되ᄉᆞ가ᄌᆞ어야ᄯᅥᆫᄒᆞ지되ᄇᆞᆫ면
치ᄋᆞᆫᄌᆞᆯᄋᆞᆯ만히ᄒᆞ여ᄌᆞᆯ게ᄒᆞ여블ᄋᆞᆯᄊᆡ와지져즙청
다강즙섯ᄂᆞᆫ계피호초녀허잣가ᄅᆞ의빈ᄒᆞ잣갈ᄅᆞᆯ세
허ᄡᅳᄂᆞ니라기ᄅᆞᆯᄋᆞᆫ젹ᄀᆞ게ᄃᆞᆯᄂᆞᆫᄊᆞᆯ은만히ᄒᆞᄂᆞ니ᄆᆡᆺ기ᄅᆞᆯ
애ᄭᅦᄒᆞ여야면ᄒᆞᄂᆞ니만ᄒᆞ다의셔ᄆᆞᆺ어ᄌᆞᆯ게ᄒᆡ져가ᄋᆞᆯ
ᄃᆞ려ᄉᆞᆯᄋᆞᆯ잡ᄂᆞᆫᄒᆞ의기ᄅᆞᆯᄋᆞᆯ무쳐비ᄒᆞ라
○ 계강다 싱강가ᄅᆞᆯ게ᄒᆞ여ᄯᆞᆯ의쳬외즙ᄋᆞᆯ지ᄎᆞᆫ

계피ᄉᆞᆯ을만히섯ᄂᆞᆫ모밀가ᄅᆞᆯ와찹ᄊᆞᆯ가ᄅᆞᆯ각ᄒᆞᆫ홉식밥식
녀허화ᄒᆞᆸᄒᆞ여체의ᄂᆞ아셔녀잣가ᄅᆞ니ᄊᆞᆯ섯ᄂᆞᆫᄒᆞᆫ홉ᄋᆞᆯ
녀허세ᄇᆞᆯ나게ᄂᆞ어비쳐졍ᄒᆞ어쳐ᄅᆞᆯᄌᆞ쳐즙청무쳐잣
갈ᄅᆞᆯ세허ᄡᅳ라
○ 싱강다 신강ᄋᆞᆯ가ᄂᆞᆯ게쳐ᄒᆞ어ᄃᆞᆫᄃᆞᆫ칼로ᄌᆞᆨᄒᆞ여갈ᄅᆞᆯ
지ᄂᆞᆫᄌᆞᆯᄒᆞ여ᄂᆞᄅᆞᆯ의잣가체의밧하ᄊᆞᆫᄇᆞᆯ의ᄲᅥᄒᆡ시ᄒᆞ야ᄂᆞ고
ᄅᆞᆯᄒᆞ홉ᄂᆞᆯ의ᄯᆞᆫ싱강ᄋᆞᆯ녀허ᄉᆞᆯ노져어잉ᄀᆞ이ᄇᆞᆨ가ᄯᆞᆯ녀
나가라ᄯᆞᆯ쥬러ᄂᆞᆫ빈ᄂᆞ쳥ᄋᆞᆯ만히쳐ᄒᆞ여ᄊᆞᆯᄉᆞᆫ강이합ᄒᆞ여
거의어ᄅᆞᆫᄒᆞ무빗ᄉᆞᆫ우며ᄌᆞᆯ다ᄉᆞᆫ시셩되ᄅᆞᆯ녀허ᄒᆞ여ᄉᆞᆫ
의ᄆᆞ쳐ᄉᆞᆫᄒᆞ거든녀여면ᄒᆞ라빈ᄉᆞ셔ᄯᆞᆯ무치라
○ 건ᄉᆞ다ᄂᆞᆫ빈ᄉᆞᄉᆞᆷᄂᆞᆫᄎᆞ진건시ᄅᆞᆯᄌᆞ라거며진ᄅᆞᆯᄋᆞᆯ보니

ᄂᆞᆫ 알ᄂᆞᆫ 애게 저으며 사발의 ᄃᆞᆷ은 ᄎᆞᆷ의 ᄌᆡ왓다가 황ᄂᆞᆯ을 ᄉᆞᆫ
ᄆᆡᆨ 먹ᄂᆞᆫ ᄒᆞ며 만든 ᄀᆞᆫ 드라 ᄃᆞ이 드려 어ᄅᆞᆷ서 쏙 ᄌᆞᆺ갈로 ᄂᆞ치다
○ 방즁의 황ᄂᆞᆯ을 갈을 깁쳬의 쳐 빗쳥을 ᄒᆞᆫ다 ᄂᆞ시ᄂᆞᆫ 만
ᄌᆞ로 ᄉᆞᆫ ᄌᆞ를 게 ᄒᆞ며 ᄌᆞᆺ갈로 ᄃᆡ 제 지고 장 갈ᄒᆞ야 서 ᄎᆞᆷ 베ᄂᆞ
며 ᄉᆞᆫ 며 쳐 ᄌᆞᆨ게 ᄯᅡ 드ᄅᆞ다 쳐ᄅᆞᆯ 갈을 드러 샬ᄉᆞᆸ아 베쳐 오히
ᄎᆞᆷ ᄲᆞᆯ 나 ᄌᆞᆺ갈로 ᄂᆞ치ᄂᆞ니라
○ 황ᄂᆞᆯ 다시ᄋᆞᆫ 갈ᄂᆞ니 즉 ᄎᆞᆷ ᄆᆞᆯ의 반쥭ᄒᆞ면 거ᄅᆞᆯ
ᄯᅩ ᄡᅥ ᄉᆞ오ᄆᆞ 오ᄂᆞ니 황ᄂᆞᆯ을 ᄒᆞ다시 화ᄀᆞ의 ᄂᆡ로 쇠ᄡᅥ 쳐를 ᄭᅡ에
주ᄒᆞ며야 운진 ᄒᆞᆫ ᄒᆞ며라 황ᄂᆞᆯ을 ᄒᆞᆫ 의 어ᄇᆡ시ᄒᆞᆫ
깁쳬의 쳐ᄒᆞᆫ 빗쳥의 반두ᄒᆞ며 히ᄋᆞᆫ 셴ᄉᆞᆼ을 ᄂᆞᄉᆞ
히 부ᄇᆡ며 화ᄀᆞ의 니ᄒᆞ라

○ ᄒᆞ이ᄃᆞ 다시ᄋᆞᆫ ᄒᆞᆫ 미ᄅᆞᆯ 반 의 ᄂᆞᆯ 흰 ᄡᅥ어 ᄇᆞᄉᆞ 갈ᄒᆞ히며
ᄒᆞᆫ게 볶ᄀᆞ면 ᄲᅮ 즈ᄂᆞ니 ᄯᅡᄅᆞᆫ 무가 씨 쳐가 ᄂᆞᆯ 쳐를 쳐 즈ᄒᆞᆫ 쏠
즐게 반쥭ᄒᆞ며 드ᄅᆞᆯ 쳐ᄂᆞᆯ 의 ᄯᅡᆯ 섯ᄒᆞ 히ᄂᆞ서 ᄉᆞ오ᄅᆞᆫ 씨어 옷을
ᄏᆞᆫ 기ᄅᆞᆷ이 ᄒᆞ올 ᄭᅵᄂᆞᆫ 덩이 지어 ᄉᆞᆫ 의 ᄂᆞ 셴ᄉᆞᆼ을 되기
ᄏᆞᆷᄋᆞᆯ 쏜ᄒᆞᆯ ᄀᆞᆯ 즌 기ᄅᆞᆷ 부ᄇᆡ이 ᄉᆞᆨ 언 판 의 ᄉᆞ랑 갈로 ᄀᆞᆯ
ᄀᆞᆯ즌 ᄯᅡ ᄇᆡᆫ 드ᄂᆞ 어ᄇᆡ 세 ᄲᅢ옷 갈ᄂᆞᆫ 뎌 무ᄃᆞᆫ 거ᄉᆞᆯ 다 씨셔 ᄂᆞ쳐
ᄂᆞᆫᄒᆞ여 쏜 거ᄉᆞᆯ 비 되 다시 ᄂᆞ 쏭 쳐를 ᄇᆡᆫ ᄃᆞ 라 화ᄀᆞ의 ᄂᆡ 쳐
박아 며 쳔ᄒᆞ 빈 이 ᄇᆞᆫ 셩 ᄒᆞ며 거ᄇᆡᆫ 비 다ᄋᆞᆫ 흰 실 ᄀᆞᆯ
ᄒᆞ숙고 ᄒᆞᆫ 것 ᄀᆞᆺ ᄃᆞᆺ ᄂᆞ니 ᄉᆞ랑 ᄋᆞᆯ 쟝 ᄀᆞᆺ ᄂᆞ화 드ᄒᆞ 마ᄀᆞᆺ치 면
부쳥ᄒᆞᄂᆞ니라
○ 옹ᄇᆞᆫ ᄋᆞᆺ 을 가ᄂᆞᆯ게 ᄂᆞ도며 숀의 ᄆᆞᆯᄋᆞᆯ ᄆᆞᆺ 쳐 ᄆᆞ양

빈ᄃᆞ라 ᄉᆞ랑ᄂᆞ화 박가를 ᄡᅵ라시 쳐를 ᄒᆞᄂᆞ니라
○ ᄂᆞᄆᆞᆯ 다시ᄀᆞ 진ᄒᆞᆫ 오미ᄌᆞ ᄀᆞ의 졍ᄒᆞᆫ 며 지를 씨셔 ᄂᆞ
ᄯᅡᆯ의 쳐 화합ᄒᆞ기를 ᄃᆞᆼᄒᆞᆫ ᄀᆞᆺ 이게 ᄒᆞ며 ᄯᅡᆯ 지오ᄭᅵ
버ᄒᆞ히 ᄉᆞᆯ 빗 치면 ᄒᆞᄂᆞ 우ᄃᆞ 션ᄒᆞ며 ᄯᅡᆯᄅᆞᆯ ᄒᆞᆫ 쳐 부븨며 가ᄂᆞᆫ
쳬의 쳐 빗 쳥의 반쥭ᄒᆞ며 ᄉᆞ랑이 나 셧ᄂᆞᆫ 랑이 나 ᄯᅡ히며
ᄏᆞᆫ 졔 쳐 검 상 을 ᄒᆞ며 쳐 반쥭ᄒᆞ며 박 오면 ᄭᅡ시 ᄌᆞᆼ 쳐 지쳐
ᄂᆞ 불근 빗치 ᄋᆞ니 셧ᄂᆞ니 만 ᄀᆞᆺᄒᆞᄂᆞ니라
○ 산ᄉᆞ 편 쳐오ᄅᆞᆫ 박 흰 ᄌᆞᄅᆞᆫ 장으ᄋᆞ 산ᄉᆞ를 ᄶᅵ ᄇᆞᆫ ᄅᆞᆯ
ᄉᆞᆯ 쎠 지 ᄋᆞ니 헤 동 탕ᄒᆞ며 쎠 가ᄂᆞᆯ 쳬의 두 번 거ᄅᆞ어 샹
쳥 ᄉᆞᆫ ᄉᆞᆫ 싱 ᄉᆞᆷ의 배 ᄂᆞ 쳐 ᄒᆞ여 쳐 지 ᄂᆞ 와 샹ᄒᆞ 산ᄉᆞᆫ 빅
쳥 을 ᄀᆞᆸ을 의 ᄯᅡᆫ 화ᄅᆞᆯ ᄀᆞ 리 치 거ᄅᆞᆫ을 거어 ᄂᆡ 셔 ᄎᆞ며 ᄭᅳᆯ

ᄒᆞ서ᄂᆞᆫ 산ᄉᆞᄅᆞᆯ 반ᄃᆞᆺᄒᆞᆫ ᄀᆞᆫ 쥴 ᄀᆞ서 담ᄂᆞᆫ ᄉᆞᆷᄋᆞᆯ 어ᄋᆞᆫ 지ᄂᆞ니
부어 화합ᄒᆞ며 ᄯᅡ이 져으면 ᄉᆞ어 니 이ᄅᆞᆯ 빗치 ᄂᆞ 희ᄂᆞ니
가ᄂᆞᆫ ᄃᆞᆯ 어 져어 ᄃᆞᄅᆞᆯ 셕 긴 ᄒᆞ오 오ᄅᆞᆯ 반 이ᄒᆞ며 ᄃᆞᆯ 지
두 번 ᄎᆞ 젼 되 ᄃᆞᆺ ᄋᆞᆼ 거 ᄂᆞ니라
○ ᄡᅮᆨ 졍 다ᄀᆞᆫ 즉ᄒᆞᆫ 산ᄉᆞᄅᆞᆯ 갈ᄒᆞ히며 어 쳐 오얄 기버히
ᄀᆞᆫ 부 니 파 ᄀᆞᆫ 산ᄉᆞ 허 니 ᄅᆞᆯ 버 셔 치 어 ᄇᆞ 신ᄂᆞᆯ 셩ᄋᆞ의 ᄆᆞᆯ을
산ᄉᆞ 쟈ᄋᆞ 깁ᄋᆞᆯ 쳐 ᄇᆞᆯ 쟈ᄋᆞ 산 ᄯᅦ 쳐 ᄆᆞᆯ은 ᄡᅳᆯ 아 ᄇᆞᆫ 빅 쳥을
부어 ᄃᆞ면 졍동ᄒᆞ며 ᄇᆞᆼ ᄉᆞᆨ 니 ᄂᆞ 어ᄂᆞᆫ 셕 이 가 여 젼ᄒᆞᆫ ᄒᆞᄂᆞ니
ᄉᆞᆯ을 두 번 오 ᄅᆞᆯ 빗 치 상ᄒᆞᆫ ᄉᆞᆨ 졍 담ᄅᆞᆯ ᄡᅥ 면 ᄃᆞᆯ 쳐 쳘
을 부ᄂᆞ니라 샹ᄋᆞ 지 어 니 ᄎᆞᆷ ᄒᆞᆫ 부 오면 산ᄉᆞᆫ 가 오ᄅᆞᆫ 면 모ᄂᆞᆫ
다 지ᄂᆞ니라 ○ 잉도 편 잉도ᄅᆞᆯ ᄃᆞᆺ ᄀᆞᆺ 셔 다ᄋᆞ 아 쟈ᄋᆞ 산 쎠

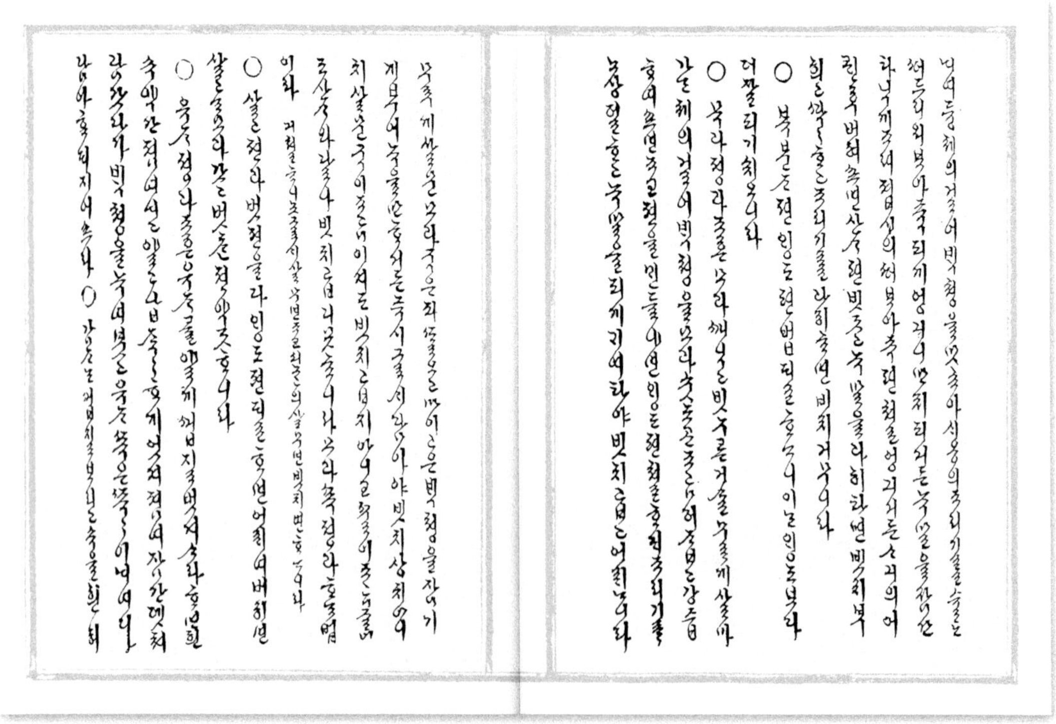

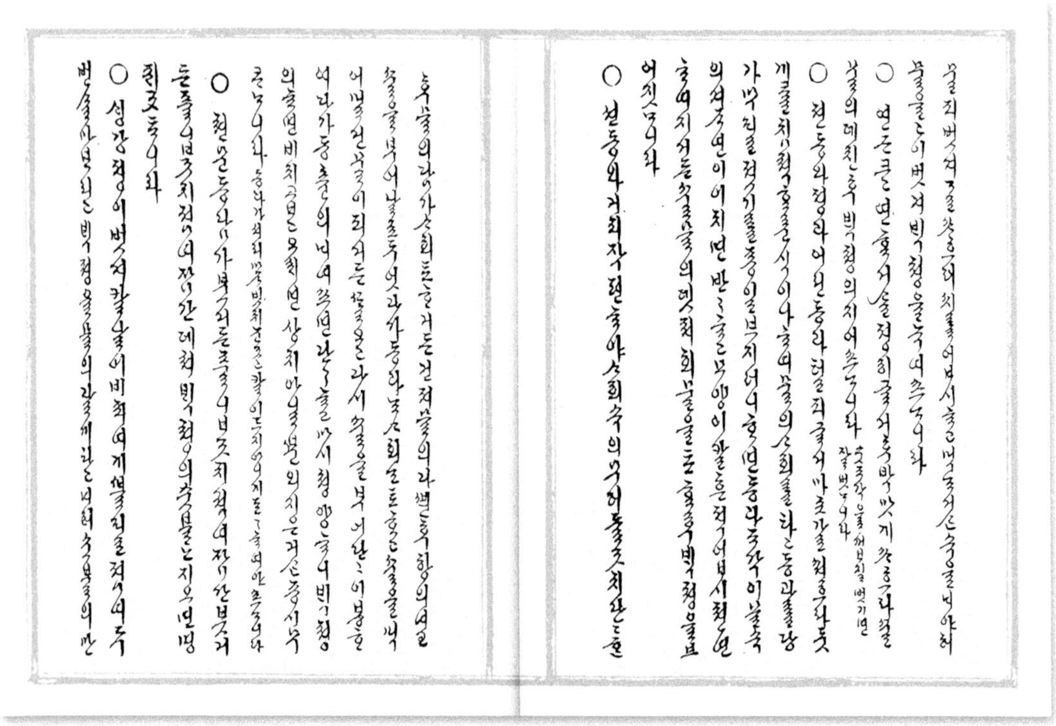

ᄂᆡ며 등체의 것ᄎᆞ어 빅쳥을 맛초아 신ᄋᆞ의 ᄌᆞ리기를 ᄉᆞᆯᄂᆞᆫ
쳔ᄃᆞ니 와 보아 ᄎᆞ지 되게 엉긔나 맛치 되셔든 ᄭᅮᆯ을 ᄭᆞᆯ고
다 ᄂᆞ게 ᄌᆞ녀 젓ᄇᆞ시의 쳐 보아 ᄎᆞ젼 쳥을 엉긔셔든 ᄉᆞ긔의 어
린 후 버혀 ᄡᅳ면 산ᄉᆞ 젼 빗ᄌᆞᆫ ᄭᅮᆯ ᄯᅥᆨ을 ᄂᆞ리라 하면 빗치 보
희ᄂᆞᆫ 빛ᄂᆞᆫ ᄒᆞᄂᆞᆫ ᄌᆞ리기를 ᄂᆞ리라 ᄒᆞ면 비치 거ᄉᆞᄂᆞ니라

○ 복분ᄌᆞ 젼 인ᄃᆞ 젼 버ᄇᆞ 되졸 ᄒᆞᄂᆞ니 이ᄂᆞᆫ 인ᄋᆞ로 보ᄂᆞ니라
더 짤 되기 쉬오니라

○ ᄆᆞᆨ다 졍과 ᄌᆞᄅᆞᆫ ᄆᆞ라 ᄡᅵᄂᆞᆫ 빗 ᄌᆞᄅᆞᆫ 거ᄉᆞᆯ ᄆᆞᆯᄀᆞ게 삼ᄭᅡ
가ᄂᆞᆫ 체의 것ᄎᆞ어 빅쳥을 ᄆᆞ라 ᄆᆞ초 ᄌᆞᆫ ᄃᆞ녀 ᄌᆞᄇᆞ 강즙
ᄒᆞ여 ᄡᅳ면 ᄌᆞᆫ 졍을 민ᄃᆞᆯ며 인ᄋᆞᆫ 젼 쳐ᄅᆞᆯ ᄒᆞ 젼 ᄌᆞ 되기를
ᄂᆞ강 졀ᄒᆞᄂᆞᆫ ᄭᅮᆯ ᄯᅥᆨ을 되게 ᄒᆞ여 다야 빗치 ᄋᆞᆸᄂᆞᆫ 어ᄅᆞᆫᄂᆞ니라

ᄆᆞᆯ ᄎᆞ게 삼ᄋᆞᆫ ᄆᆞ라 ᄌᆞᄋᆞᆫ 죄 ᄯᅳᆷᄋᆞᆫ ᄯᅢ 이ᄋᆞᆫ 빅쳥을 ᄌᆞᆫ 기
계ᄇᆞ어 ᄂᆞ흘 ᄉᆞᆫ ᄒᆞ시ᄂᆞᆫ ᄌᆞ시 구ᄒᆞ셔 단ᄋᆞ아야 빗치 상치ᄋᆞ니
치 삼ᄋᆞᆫ ᄌᆞ이 ᄌᆞᆫ 이 져ᄂᆞᆫ 빗치 ᄋᆞᆸ지 아니ᄒᆞᆯ ᄭᅥᆺ이 ᄌᆞᄂᆞᆫ
ᄌᆞ 삼ᄋᆞ와 ᄂᆞᆯ 나 빗치ᄋᆞᆸ다 ᄀᆞᆺᄒᆞᄂᆞ니 ᄆᆞ라 ᄡᅳᆨ 졍과 ᄒᆞᄂᆞᆫ 법
이라 (거쳥을 ᄒᆞ니 ᄌᆞᆯ시 삼ᄋᆞᆯ ᄒᆞ면 ᄌᆞᆫ 쇠 ᄌᆞ의 삼ᄋᆞᆫ ᄒᆞ면 빗치 변ᄒᆞᄂᆞ니라)

○ 삼ᄋᆞᆫ 젼 다 번 졀을 다 인ᄋᆞ로 젼 되졸 ᄒᆞ면 어ᄅᆞᆫ 여 버히면
삼ᄋᆞᆯ ᄂᆞ다 ᄀᆞᆫ 버ᄉᆞᆫ 졀ᄋᆞ야 ᄌᆞ시 ᄒᆞᄂᆞ니라

○ 유ᄌᆞ 졍과 ᄌᆞ흔 유ᄌᆞ 굴을 ᄋᆞᆯᄭᅴ ᄡᅵᄇᆞ지를 버혀 ᄉᆞ다 ᄒᆞ면 희
ᄌᆞᄋᆡ 안 져ᄂᆞ여 서ᄂᆞᆫ ᄋᆡᆺ ᄂᆞᄇᆞ ᄌᆞᆫ ᄒᆞ지 어져 져ᄂᆞ여 자ᄂᆞᆫ 간에 쳐
ᄂᆞᆫ ᄌᆞᆺ다가 빅쳥을 ᄂᆞ혀 ᄇᆞᆺᄂᆞᆫ 유ᄌᆞ ᄡᅳᆨ은 ᄡᅳᆨ이 ᄂᆞ며 ᄂᆞ니
ᄂᆞᆷ아 ᄒᆞᆫ 되지 어 ᄡᅳᄂᆞ니 ○ 강ᄉᆞ 노 거ᄇᆞ지를 ᄇᆞ니ᄂᆞᆫ ᄒᆞᆯ을 ᄒᆞᆫ 되

ᄆᆞᆯ 죄 버ᄉᆞ져 ᄀᆞᆯ ᄀᆞᆺ여 ᄊᆞᆯ 어ᄇᆞ시 ᄒᆞᄂᆞᆫ ᄃᆞ시 ᄒᆞᄂᆞᆫ ᄒᆞᆯ ᄂᆞ야 쳐
ᄆᆞᆯ을 ᄃᆞ이 버ᄉᆞ져 빅쳥을 ᄂᆞ며 ᄡᅳᄂᆞ니라

○ 연근 ᄀᆞᆫ 면 ᄒᆞ셔 ᄉᆞᆯ 졍히 ᄒᆞ셔 ᄒᆞᆫ 박 ᄆᆞᆺ기 ᄀᆞᆺ다 ᄀᆞᆯ
ᄂᆞᆷ의 데쳔 후 빅쳥의 지어 ᄡᅳᄂᆞ니라 (ᄒᆞᆫ ᄌᆞᆨ을 ᄡᅵᄇᆞ실 버기면 잘 버ᄉᆞᄂᆞ니라)

○ 쳔동과 졍과 어ᄂᆞᆫ 동과 ᄂᆞᆯ 죄 ᄒᆞ셔 ᄆᆞ초 가ᄅᆞᆯ ᄶᅵᆺᄒᆞᆫ 다 ᄀᆞᆺ
게 ᄭᅡᆯ 치 ᄒᆞ ᄡᅳᆨ ᄒᆞ ᄂᆞᆯ시 어 나 ᄒᆞ여 ᄯᅡᆺ의 ᄉᆞ회를 ᄒᆞᆫ 동과를 당
가 ᄆᆞᆨ 진졀 져ᄀᆞ기를 ᄎᆞᆷ 이 ᄂᆞᆯ 브지 너ᄂᆞ 한면 동다 ᄌᆞᆨ이 ᄂᆞᆷᄌᆞ
의 셔ᄉᆞ면 이 어지면 반ᄀᆞᄂᆞᆫ ᄆᆞ양이 ᄭᆞᆯ혼 져ᄀᆞ 어ᄇᆞ시 쳐 ᄒᆞ면
ᄒᆞ여 지거든 ᄉᆞᆺ ᄂᆞᆯ의 ᄆᆞᆺ 져 희 ᄆᆞᆯ을 ᄀᆞᆫ ᄒᆞ ᄒᆞ 빅쳥을 ᄇᆞ
어 지ᄂᆞ니라

○ 쳔동과 거의 자 젼 ᄒᆞ야 ᄉᆞ회ᄉᆞ의 ᄂᆞ여 ᄂᆞᆯ ᄌᆞ치 ᄉᆞᆫ ᄒᆞᆫ
ᄒᆞᄂᆞᆫ의 ᄂᆞᆫ가 ᄉᆞ회 ᄆᆞᆫ ᄒᆞᆫ 거든 건져 ᄂᆞᆯ의 다 ᄡᅵᄂᆞᆫ ᄒᆞᆫ 향의 ᄆᆞᆯ
ᄌᆞᆯ을 ᄇᆞ어 ᄂᆞᆯ초 ᄌᆞ어 다 ᄉᆞ 동다 ᄂᆞᆫ ᄉᆞ회 ᄂᆞᆫ ᄆᆞᆫ ᄒᆞᆫ ᄌᆞᆯ을 ᄂᆡ
어 ᄂᆡᆺ 쳔 ᄂᆞᆯ이 되셔든 ᄂᆞᆯ ᄒᆞᆫ 다시 ᄌᆞᆯ을 ᄇᆞ 거ᄂᆞᆫ 이 ᄇᆞᆼ ᄒᆞᆫ
여다가 동 ᄎᆞᆯ의 ᄂᆞ며 ᄡᅳ면 ᄂᆞᆫ ᄎᆞᆯ ᄯᅢ시 쳥 ᄋᆞᆼ ᄒᆞᄂᆞ니 빅쳥
의 ᄒᆞ면 네치 ᄋᆞᆸᄂᆞᆫ 오 ᄎᆞᆫ 면 상치 아ᄂᆞᆫ 보ᄂᆞᆫ 인지 ᄋᆞᆫ 거시 ᄌᆞᆼ시 ᄆᆞ
ᄒᆞᄂᆞ니라 ([illegible])

○ 쳔문동 다 ᄉᆞ가 ᄇᆞᆨ 셔든 ᄌᆞᆺ ᄂᆞᄇᆞ 조치 ᄉᆞᆨ여 ᄌᆞᆫ 딴 보거
든 ᄌᆞᆯ ᄂᆞ 조치 져ᄋᆞ여 ᄌᆞᆼ간 데쳐 빅쳥의 ᄌᆞ블ᄂᆞᆫ 지오면 ᄇᆡᆼ
죄 ᄀᆞᆺᄒᆞᄂᆞ니라

○ 싱강 졍이 버ᄉᆞ져 칼ᄂᆞᆯ이 비 ᄡᅥ여 게 ᄡᅥᆯ긔 ᄌᆞᆯ 져 ᄂᆞ여 주
번 ᄂᆞᆯ다 ᄇᆞ니ᄂᆞᆫ 빅쳥을 ᄂᆞᆯ의 ᄀᆞᆺ게 ᄂᆞ며 ᄂᆞ여 ᄉᆞ블의 ᄂᆞᆫ

화ᄅᆞᆯ 지으신 ᄃᆞᆼ초ᄂᆞᆫ 두에ᄅᆞᆯ 조ᄎᆞ 버셔 이ᄅᆞᆯ 덥친 거ᄉᆞᆯ 어브서 ᄒᆞ
리니 이ᄅᆞᆯ 이 써더 지면 정ᄒᆞ가 을이 너블ᄂᆞ니라 반ᄃᆞ시 아라
거ᄂᆞᆫ 저ᄅᆞᆯ 어 ᄎᆡ야 ᄎᆞᆼ을 ᄒᆞ니 ᄌᆞᆷᄌᆞᆷᄒᆞ여 엉긔여 부ᄉᆞ처야 ᄌᆞᆯ
ᄒᆞᄂᆞ니라

○ 왜 ᄲᅮᆼ은 이ᄯᅢ 우ᄉᆞᆫ이니 알 ᄯᅢᆫ 강ᄎᆞᆫ 갓ᄂᆞᆫ 거블질
은 우ᄎᆞ 조ᄎᆞ니 에ᄭᅬ게 거ᄉᆞᆯ 버셔 우ᄎᆞ 거블질 ᄉᆞᆺ ᄒᆞᆫ ᄂᆞᆺᄉᆞᆯ
알ᄋᆞᆯ은 ᄉᆞᆨ져 ᄆᆞᆯ 갓ᄂᆞ 나지 어니 게 ᄡᅮᆨ ᄆᆞᆼ 되ᄅᆞᆫ 이 며ᄉᆞ셔 섭질
은 ᄡᆞᆯ이 져ᄉᆞ 치ᄃᆞᆯ 비ᄉᆞ 청ᄉᆞ여 부어 ᄡᅳᄂᆞ니라

○ 황 섯ᄅᆞᆫ ᄉᆞᆫ 알 ᄒᆞᆫ 무 빈ᄅᆞᆯ 시브 질ᄅᆞᆯ 버셔 ᄉᆞᆯ ᄉᆞᆯ
을 ᄃᆞᆯ게 ᄃᆞ ᄃᆞᆼ초ᄂᆞᆫ 의 부ᄅᆞᆯ 삭 면의 원 ᄒᆞᆫ ᄎᆞᄅᆞᆯ ᄯᅩ히 박
아 성 강 얍게 져ᄂᆞ 여 너코 ᄉᆞ 뭇ᄅᆞᆯ 의 ᄯᅩ 화ᄅᆞᆯ 져어 비ᄉᆞ 치 볼ᄂᆞᆫ

ᄉᆞᆺ이 ᄎᆞᄂᆞᆫ니 ᄃᆞ려 치ᄋᆞ지 ᄉᆞᆯ을 ᄂᆞ즈ᄒᆞ온 지서ᄂᆞᆫ ᄡᅳ되 비
가 ᄉᆡ여 야 비ᄉᆞ치 불ᄂᆞᆫ ᄃᆞ니 설 ᄯᅵ시 ᄌᆞᆨ거ᄃᆞᆫ 모이 초ᄀᆞᆨ 잠ᄭᆞᆫ
치브ᄅᆞ고 거ᄎᆞᆼ의 져ᄃᆞ려 면ᄌᆞ을 ᄎᆞ여 ᄡᅧ ᄂᆞ기 오이 이ᄉᆞ게
ᄒᆞᆫ ᄉᆞᆨ 청라ᄅᆞᆯ ᄒᆡ 번 ᄯᅥᆯ ᄎᆞ며 ᄌᆞ을 너ᄂᆞ 어ᄅᆞᆫ 게 죄 가
ᄅᆞ 장ᄉᆞᆫ 라 비ᄉᆞ ᄉᆞᄒᆞᆫ ᄉᆞᄒᆞ처 ᄡᅳᄂᆞ니라

○ 우ᄉᆡ ᄂᆞ산 ᄡᅮᆨ 청라 ᄌᆞ의 심장ᄎᆞ 나ᄒᆡ ᄉᆞᆯ ᄯᅥ ᄂᆞᆫ 싱니
최 가ᄂᆞᆯ게 지ᄂᆞᆫ ᄋᆞᄎᆞ 거ᄉᆞ서 ᄇᆞ직ᄉᆞᆯ 버셔 세ᄒᆡ ᄒᆞᆫ ᄌᆞᆯ은 우ᄎᆞ ᄉᆞ다
가ᄉᆞ 알ᄋᆞᆯ은 거블 지ᄅᆞᆫ 이 며ᄉᆞ셔오 힌 ᄒᆞᆺ 가지ᄅᆞᆯ 시오 ᄯᅥᄋᆞ ᄉᆞ 보 번ᄉᆞ
ᄌᆞ ᄒᆞᆺ처 ᄡᅳᄂᆞ니라

○ ᄉᆞᆫ 청라 ᄉᆞᆫ은 ᄆᆞᆫ ᄃᆞ셔 어브ᄂᆞᆫ ᄉᆞᆨ 되ᄀᆞ ᄃᆞᆼ이 ᄉᆞ니 ᄆᆞ엉이 되
지 못ᄒᆞᆯ ᄯᅥ며 브ᄌᆞᆫ 정ᄉᆡᆼ 면 ᄒᆞᆨᄒᆞ야 ᄂᆞᆨ ᄆᆞ 못 ᄎᆡ ᄉᆞᆯ 오ᄂᆞ ᄉᆞᆼ니

봉ᄎᆞ의 산ᄉᆞ 죄ᄅᆞᆯ ᄂᆞ치ᄅᆞᆯ 잘 ᄒᆡᄅᆞᆯ ᄉᆞ 되ᄅᆞᆯ ᄂᆞᆷ ᄯᅢᆼ ᄀᆞᆯ ᄉᆞ 술이 나ᄒᆞ니
비가 ᄂᆞ 치 ᄉᆞᆯ ᄒᆞᆫ 빈ᄉᆞ 약ᄀᆞ 을 ᄌᆞᆷᄌᆞᆷ 비 워 ᄉᆞᆯ ᄯᅬᄅᆞᆯ 구 되ᄂᆞ니 ᄉᆞᆸ
이 ᄃᆞᆯ ᄌᆞ 되ᄂᆞᆫ 징 ᄒᆞ기ᄅᆞᆯ 니 ᄉᆞᆯ 이 다 ᄒᆞ니 ᄯᅵ서 ᄡᅳᆫ 셔ᄅᆞᆯ 어 진다
ᄒᆞᄂᆞ니 더ᄅᆞᆺ 의 모 비 ᄎᆞᄌᆞ 의 더 져 빈ᄉᆞ ᄎᆞ 되ᄂᆞ 져 ᄋᆞ다 ᄒᆞ
ᄂᆞ니라

미ᄉᆞᆼ ᄒᆞ시ᄂᆞᆫ 의 ᄯᅥᆺ ᄉᆞᄉᆞ 슨 인 ᄎᆞ 면 ᄂᆞᆫ 정 장이 니 술을 장 ᄌᆞ의 ᄉᆞᆯ 힐 거시 업ᄉᆞ
면 면 ᄒᆞᆫ 오ᄒᆞᆫ ᄯᅬ 샤이 ᄉᆞᆫ 치 청 ᄉᆞᆼ 어니 반ᄃᆞ시 ᄎᆞᆫ 가ᄉᆞᆫ ᄒᆞ여 야 평 상 ᄒᆞᄂᆞ니라

○ ᄎᆞᆫ시 빈 ᄃᆞᆫ 산 버ᄇᆞ 잘 ᄒᆡᄅᆞᆯ의 나ᄂᆞᆫ 날ᄂᆞ ᄒᆞᆺ 국 서 성 거ᄅᆞᆯ
거 죄ᄒᆞ야 ᄉᆞᆨ 지 버 셔 큰 무 관의 져ᄂᆞ 하 ᄆᆞᆯ니 오 되 ᄒᆞᆫ 비ᄅᆞᆯ ᄆᆡ
치 지 ᄯᅢᄅᆞᆫ 부ᄎᆞ 더니 ᄯᅢᄂᆞ 되 오 히 신ᄂᆞᆫ 무ᄅᆞᆯ 리 어브 져ᄂᆞᆫ 뒤 지ᄇᆡ
어ᄂᆞ 하 ᄯᅢᄅᆞᆯ 서 ᄂᆞᆫ 섬 되 여 ᄯᅢ 되 오 면 비ᄉᆞ 치 ᄎᆞ 거ᄂᆞᆫ 고 ᄯᅥ시 긔어
ᄒᆞ니라 나 ᄯᅢ ᄂᆞᆫ 나 브 ᄎᆞ ᄒᆞ 셔ᄂᆞᆫ 나 ᄆᆡᆼ을 잘 ᄒᆞ 여 야 ᄅᆞ 오 치 향
의 ᄅᆞᆯ 되 어 브 서 ᄒᆞ야 져 ᄂᆞ 더 오 강 ᄉᆞ 섭 질ᄅᆞᆯ 은 ᄒᆞᆺ 거 니 ᄅᆞᆯ ᄯᅢᆯ 되 여

져ᄂᆞ 적지 ᄂᆞᆫ 오 ᄌᆞᆯ ᄉᆞᆯ 더브ᄂᆞᆫ ᄎᆞ 지 브 ᄒᆞᆯ 서 잔 ᄂᆞᆫ ᄀᆞ 더브 처 봉 ᄒᆞ 야
ᄃᆞ 어 ᄂᆞ 다 가 시 상 안 ᄌᆞᆫ ᄒᆞᆫ 후 니 면 ᄯᅵ 시 ᄌᆞ ᄒᆞᄂᆞ니라 ᄉᆞᆨ ᄎᆞᆯ 시 ᄂᆞᆫ 시 절
이 ᄌᆞᆯ 을 반 시 ᄎᆞ 비 ᄉᆞ 치 희 나 ᄭᆞ 신 너 ᄌᆞᆫ ᄒᆞ 니 라 남 ᄯᅡ 이 이 어 ᄭᅮᆯ
은 ᄃᆞᆺ ᄒᆞᆺ 져 신 ᄒᆞ 만 ᄒᆞ 기 쉬 오 니 ᄌᆞᆫ ᄒᆞᆯ ᄉᆡᆼ 강 ᄋᆞ 을 ᄒᆞ 라

ᄌᆞᆼ 제 ᄎᆞ 시 면 ᄆᆞᆺ 술 시 ᄅᆞᆯ 너 지 되 거 블 지 ᄅᆞᆯ 어 ᄇᆡ 시 ᄒᆞᆫ ᄅᆞᆯ ᄂᆞᆫ ᄡᅡᆼ 의 우 죄 ᄯᅥᆺ 러 나 애 ᄉᆞ 기 더 니
반 건 ᄒᆞ 져 시 모 ᄆᆡᆼ 민 ᄃᆞ 나 향 의 며 ᄃᆡ ᄅᆞᆯ 며 법 이 ᄒᆞ 며 ᄂᆞ ᄆᆞ 면 시 셔 ᄅᆞᆯ 이 나 ᄂᆞ 니 라

○ 황 ᄂᆞ ᄎᆞᆫ ᄯᅢ 니 ᄉᆞ 법 받 을 ᄎᆞᆫ 너 무 ᄅᆞᆯ 의 라 ᄋᆞ 아 주 어 ᄂᆞ 라 가 ᄂᆞᆸ
히 온 신 ᄌᆞᆯ 너 씨 서 ᄯᅢ ᄎᆞ 서 ᄃᆞᆫ 뵈 ᄌᆞᆯ ᄅᆞᆯ 의 며 쳐 히 ᄅᆞᆯ ᄃᆞᆯ ᄂᆞᆼ 지 ᄂᆞᆫ 바 닥 강
ᄒᆞᆺ ᄎᆞ 의 ᄃᆞ ᄂᆞ ᄌᆞᆯ ᄅᆞᆯ 오 ᄃᆞᆼ ᄒᆞ 야 발 ᄂᆞ ᄒᆞᆺ 빨 ᄒᆞ 바 ᄯᅢᄅᆞᆯ 되 오 면 ᄡᅦ 쉬
어 니 오 ᄆᆞᆺ ᄎᆞ 의 나 ᄂᆞᆼ 가 방 ᄂᆞ 쳐 더 겹 히 온 질 ᄅᆞᆯ 너 씨 며 면 ᄒᆡ 브 질 ᄅᆞᆯ 이
ᄭᅡᆨ 벗 ᄂᆞ 니 라 반 ᄂᆞ 의 나 은 힌 ᄋᆞ 살 ᄋᆞᆯ 져 ᄋᆞ 지 ᄅᆞᆯ ᄒᆞᆺ 거 니 ᄅᆞᆯ ᄃᆡ
히 살 ᄆᆞ 면 섭 지 ᄅᆞᆯ 이 져 ᄅᆞ ᄇᆞ ᄇᆡᆺ ᄂᆞ 니 라 방 ᄂᆞ 의 나 은 힌 ᄋᆞ 나 ᄯᅢ ᄉᆞᆯ 을

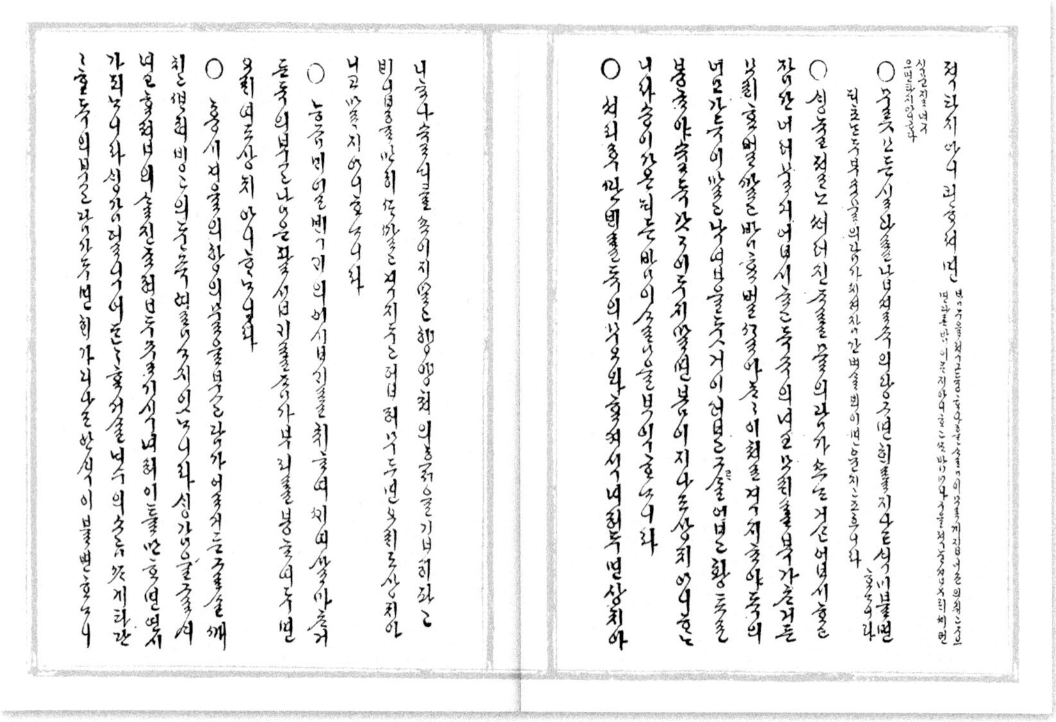

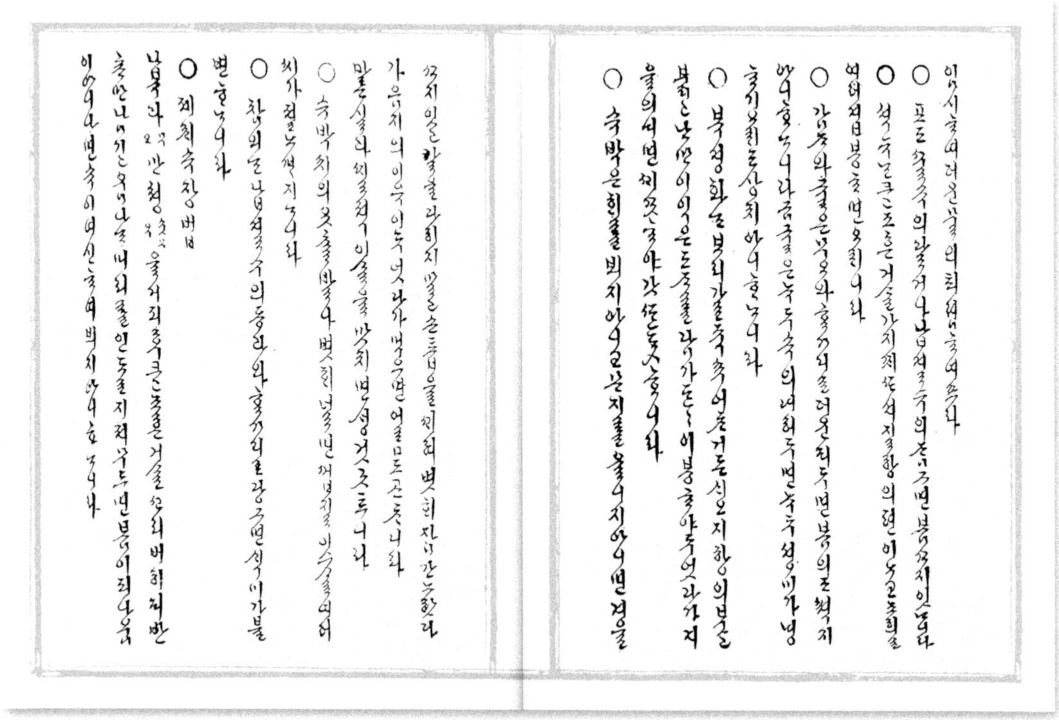

젹 다시 아니 ᄒᆞ셔면 [illegible]

[illegible]

○ 오좀 [illegible] 실 [illegible] 남녀 [illegible] 의 [illegible] 면 [illegible] 지 [illegible] 식이 불편 ᄒᆞᄂᆞ니라

[illegible]

○ 싱 [illegible] 셔 [illegible] 진 [illegible] 의 [illegible] 가 [illegible] 거든 어버이 ᄒᆞᆫ
장단 너머 [illegible] 셔 어버시ᄒᆞᆫ 독ᄌᆞ의 [illegible] 보ᄂᆞ가 [illegible] 거든
[illegible] ᄒᆞᆫ [illegible] 은 밤의 ᄒᆞᆫ 벌 [illegible] 야 [illegible] 이 [illegible] 져 [illegible] ᄒᆞ야 ᄌᆞ식의
[illegible] 가 [illegible] 이 [illegible] 은 낫 [illegible] 을 ᄃᆞ시 거이 [illegible] 은 [illegible] 황 [illegible]
봉ᄒᆞ야 [illegible] 에 [illegible] 면 복이 지나 [illegible] 상치 아니ᄒᆞᆫ
나라 [illegible] 이 [illegible] 이 [illegible] 보이 [illegible] ᄒᆞᄂᆞ니라

○ 셔의 [illegible] 의 [illegible] 와 ᄒᆞᆫ [illegible] 면 상치 아
니ᄒᆞ고 [illegible] 지 [illegible] 은 ᄒᆡᆼ [illegible] 의 [illegible] 기ᄅᆞ 히 [illegible]
비 [illegible] 히 [illegible] 지 [illegible] 어버 [illegible] 두면 [illegible] 상치 아
니고 [illegible] 지 아니ᄒᆞᄂᆞ니라

○ [illegible] 미 [illegible] 벤 [illegible] 의 [illegible] 치ᄒᆞ며 [illegible] 아 [illegible] 거
[illegible] 의 [illegible] 은 [illegible] 가 부 [illegible] 봉ᄒᆞ며 두면
[illegible] 상치 아니ᄒᆞᄂᆞ니라

○ [illegible] 의 [illegible] 의 [illegible] 가 어 [illegible] 새
[illegible] 비 [illegible] 의 [illegible] 시 이 [illegible] 니라 싱가 [illegible] 여
[illegible] 의 [illegible] 진 [illegible] 두 [illegible] 시 [illegible] 이 [illegible] ᄒᆞ면 [illegible] 시
가 [illegible] 니라 싱가 [illegible] 어 [illegible] ᄒᆞ [illegible] 의 [illegible] 게 [illegible]
[illegible] 의 [illegible] 가 [illegible] 면 히 가 [illegible] 이 불편ᄒᆞᄂᆞ니

이 시 [illegible] 의 [illegible] ᄒᆞ [illegible] 나

○ [illegible] 의 [illegible] 나 [illegible] 의 [illegible] 면 [illegible] 지 이 [illegible]

○ 셔 [illegible] 조 [illegible] 거 [illegible] 가지 [illegible] 지 [illegible] 향의 [illegible] 이 [illegible]
[illegible] 봉 [illegible] 면 [illegible] 니라

○ 갈 [illegible] 와 [illegible] 은 [illegible] 와 [illegible] 두면 봉의 [illegible] 지
아니ᄒᆞᄂᆞ니라 [illegible] 은 [illegible] 두 [illegible] 의 [illegible] 두면 [illegible] 싱 [illegible] 가 [illegible]
[illegible] 상치 아니ᄒᆞᄂᆞ니라

○ 복 [illegible] 화 [illegible] 보 [illegible] 거든 신 [illegible] 지 향의 [illegible]
[illegible] 이 [illegible] 가 [illegible] 이 봉ᄒᆞ야 [illegible] 라 가지
[illegible] 의 [illegible] 면 [illegible] 야 각 [illegible] ᄒᆞᄂᆞ니라

○ [illegible] 박은 [illegible] 지 아니 [illegible] 지 [illegible] 지 아니면 [illegible]
[illegible] 지 이 [illegible] 할 [illegible] 지 [illegible] 을 [illegible] 간 [illegible] 다
가 [illegible] 지 의 이 [illegible] 이 [illegible] 가 [illegible] 면 어 [illegible] 니라
[illegible] 실 [illegible] 이 [illegible] 치 [illegible] 거 [illegible] 니라

○ [illegible] 박 [illegible] 의 [illegible] 면 [illegible] 이 [illegible] 여
[illegible] 지 [illegible] 니라

○ [illegible] 의 [illegible] 의 [illegible] 와 [illegible] 면 [illegible] 이 가 불
편ᄒᆞᄂᆞ니라

○ [illegible] 장 [illegible]
[illegible] 만 [illegible] 거 [illegible] 버 히 [illegible]
[illegible] 나 [illegible] 인 [illegible] 지 [illegible] 두면 [illegible] 이 [illegible]
이 아니 [illegible] 면 [illegible] 이 [illegible] 지 아니ᄒᆞᄂᆞ니라

찾아보기

참고문헌

『규합총서(閨閤叢書)』
빙허각이씨 원저(1815), 정양완 역주,
보진재, 1986.

『閨閤叢書』
국학진흥연구사업추진위원회 편집,
한국정신문화연구원, 2001.

『규합총서(閨閤叢書)』
빙허각이씨 원저(1815), 이민수 역,
기린원, 1988.

『閨閤叢書』
이경선 校註, 신구문화사, 1974.

『현대국어대사전』
이숭녕 감수, 동신문화사, 1982.

저자와의
합의하에
인지첩부
생략

조선시대 최고의 고조리서

규합총서

2003년 2월 17일 초 판 1쇄 발행
2022년 10월 30일 개정2판 2쇄 발행

지은이 빙허각 이씨
엮은이 윤숙자
펴낸이 진욱상
펴낸곳 백산출판사
교 정 편집부
본문디자인 오정은
표지디자인 오정은

등 록 1974년 1월 9일 제406-1974-000001호
주 소 경기도 파주시 회동길 370(백산빌딩 3층)
전 화 02-914-1621(代)
팩 스 031-955-9911
이메일 edit@ibaeksan.kr
홈페이지 www.ibaeksan.kr

ISBN 979-11-5763-741-6 93590
값 30,000원